中国科普大奖图书典藏书系

植物的识别

汪劲武◎著

长江出版传媒 湖北科学技术出版社

图书在版编目（ＣＩＰ）数据

植物的识别 / 汪劲武著. — 武汉：湖北科学技术
出版社，2018.11
　　ISBN 978-7-5352-9872-0

Ⅰ．①植… Ⅱ．①汪… Ⅲ．①植物－识别－普及读物
Ⅳ．①Q949-49

中国版本图书馆CIP数据核字（2017）第288566号

植物的识别
ZHIWU DE SHIBIE

责任编辑：万冰怡　高　然	封面设计：胡　博

出版发行：湖北科学技术出版社　　　　　　电话：027-87679468

地　　　址：武汉市雄楚大街268号　　　　邮编：430070
　　　　　　（湖北出版文化城B座13-14层）

网　　　址：http://www.hbstp.com.cn

印　　　刷：武汉立信邦和彩色印刷有限公司　　　　邮编：430026

710×1000　　　1/16　　　　　　25.25 印张　　2 插页　　378 千字
2018 年 11 月第 1 版　　　　　　2018 年 11 月第 1 次印刷
　　　　　　　　　　　　　　　　　　　　　　定价：58.00 元

本书如有印装质量问题　可找本社市场部更换

总 序

我热烈祝贺"中国科普大奖图书典藏书系"的出版！"空谈误国，实干兴邦。"习近平同志在参观《复兴之路》展览时讲得多么深刻！本书系的出版，正是科普工作实干的具体体现。

科普工作是一项功在当代、利在千秋的重要事业。1953年，毛泽东同志视察中国科学院紫金山天文台时说："我们要多向群众介绍科学知识。"1988年，邓小平同志提出"科学技术是第一生产力"，而科学技术研究和科学技术普及是科学技术发展的双翼。1995年，江泽民同志提出在全国实施科教兴国战略，而科普工作是科教兴国战略的一个重要组成部分。2003年，胡锦涛同志提出的科学发展观既是科普工作的指导方针，又是科普工作的重要宣传内容；不是科学的发展，实质上就谈不上真正的可持续发展。

科普创作肩负着传播知识、激发兴趣、启迪智慧的重要责任。"科学求真，人文求善"，同时求美，优秀的科普作品不仅能带给人们真、善、美的阅读体验，还能引人深思，激发人们的求知欲、好奇心与创造力，从而提高个人乃至全民的科学文化素质。国民素质是第一国力。教育的宗旨，科普的目的，就是为了提高国民素质。只有全民的综合素质提高了，中国才有可能屹立于世界民族之林，才有可能实现习近平同志提出的中华民族的伟大复兴这个中国梦！

新中国成立以来，我国的科普事业经历了：1949—1965年的创立与发展阶段；1966—1976年的中断与恢复阶段；1977—

1990年的恢复与发展阶段；1991—1999年的繁荣与进步阶段；2000年至今的创新发展阶段。60多年过去了，我国的科技水平已达到"可上九天揽月，可下五洋捉鳖"的地步，而伴随着我国社会主义事业日新月异的发展，我国的科普工作也早已是一派蒸蒸日上、欣欣向荣的景象，结出了累累硕果。同时，展望明天，科普工作如同科技工作，任务更加伟大、艰巨，前景更加辉煌、喜人。

"中国科普大奖图书典藏书系"正是在这60多年间，我国高水平原创科普作品的一次集中展示。书系中一部部不同时期、不同作者、不同题材、不同风格的优秀科普作品生动地反映出新中国成立以来中国科普创作走过的光辉历程。为了保证书系的高品位和高质量，编委会制定了严格的选编标准和原则：①获得图书大奖的科普作品、科学文艺作品（包括科幻小说、科学小品、科学童话、科学诗歌、科学传记等）；②曾经产生很大影响、入选中小学教材的科普作家的作品；③弘扬科学精神、普及科学知识、传播科学方法，时代精神与人文精神俱佳的优秀科普作品；④每个作家只选编一部代表作。

在长长的书名和作者名单中，我看到了许多耳熟能详的名字，备感亲切。作者中有许多我国科技界、文化界、教育界的老前辈，其中有些已经过世；也有许多一直为科普事业辛勤耕耘的我的同事或同行；更有许多近年来在科普作品创作中取得突出成绩的后起之秀。在此，向他们致以崇高的敬意！

科普事业需要传承，需要发展，更需要开拓、创新！当今世界的科学技术在飞速发展、日新月异，人们的生活习惯和工作节奏也随着科学技术的进步在迅速变化。新的形势要求科普创作跟上时代的脚步，不断更新、创新。这就需要有更多的有志之士加入到科普创作的队伍中来，只有新的科普创作者不断涌现，新的优秀科普作品层出不穷，我国的科普事业才能继往开来，不断焕发出新的生命力，不断为推动科技发展、为提高国民素质做出更好、更多、更新的贡献。

"中国科普大奖图书典藏书系"承载着新中国成立 60 多年来科普创作的历史——历史是辉煌的,今天是美好的! 未来是更加辉煌、更加美好的。我深信,我国社会各界有志之士一定会共同努力,把我国的科普事业推向新的高度,为全面建成小康社会和实现中华民族的伟大复兴做出我们应有的贡献! "会当凌绝顶,一览众山小"!

中国科学院院士
华中科技大学教授　杨叔子 二〇一二九·廿八

北京大学著名植物分类学家汪劲武教授多年来在教课之余撰写了不少介绍种子植物不同科、属的文章，并发表在了《植物杂志》等刊物上，他在文中介绍了许多与植物有关的有趣典故、传说等，由于内容短小精悍，加之文笔生动，他的大量文章成为脍炙人口的植物学普及作品，受到各方面读者的欢迎。日前，我高兴地得知他于最近编写出一部全面介绍种子植物的巨著《植物的识别》，并看到有关此书的摘要介绍，全书包括 6 个部分：第一章 "认识植物好处多"，说明认识植物的重要意义；第二章 "识别植物的诀窍"，阐述在认识植物方面须注意了解的 10 个方面的知识；第三章 "常见科的鉴别"，作者从种子植物 400 多个科中选择比较重要的 72 个科加以介绍，这一章是本书的主体；后面的 3 章分别是 "属种鉴别趣味多" "到野外认植物去"和"世界植物珍闻"。这六部分丰富的内容使此书相当全面地介绍了植物分类学这门植物学的基础分支学科。

本书第二章的第 3 节是 "花——识别植物的'指路牌'"，我感到这一节的设立甚为重要，因为被子植物(有花植物)这个植物界中演化水平最高的大群现在拥有大约 400 个科、15 000 属、近 20 万种，这么多的科、属的形成主要是由于在长时期进化过程中花的构造发生多种分化的结果。由此我想到近代植物分类学之所以能于 18 世纪在欧洲兴起，是因为当时具备了 4 个基础条件，其中最重要的一个就是对花构造的认识。希腊植物学家体弗拉斯特(Theophrastus，前 370—前 285)按照生长习性将植物分为乔木、灌木、半灌木和草本，同时也注意到花的花瓣分生和合生、雌蕊子房上位和下位，以及无限花序、有限花序等形态特征。德国、法国、瑞士、意大利和英国随后出现的一些植物学家延续了对花的构造观察的重视，并利用花以及果实的各种形态特征对植物进行分类。第二个条件是 16 世纪植物标本室的建立。意大利植物学教授哥希尼(L. Ghini, 约 1490—1556)发明了压制植物干标本，他的学生策包(C. Cibo)于 1532 年建立了植物学历史上第一个植物标本室(herbarium)，这对植物分类学的发展起到很大的促进作用。第三个条件是 17 世纪二名命名法的制订。瑞士植物学家包兴（G. Bauhin, 1560—1623)于 1623 年出版了《植物界纵览》一书，书中收载 6 000 种植物，包兴废弃了过去对每种植物命名的多名法，而对每种植物用由一个属名和一个种加词构成的种名(species name)，这种二名命名法反映了植物界在进化过程中由种发生分化而形成属的普遍现象，是对认识植物界进化的一个重要贡献。第四个条件是洲际调查采集。不少欧洲植物学家走出欧洲到其他洲考察植物区系，并采集植物标本，发现了大量新植物，同时大力促进了对整个地球植物区系的认识。进入 18 世纪，在瑞典出现了一位大生物分类学家林奈(C. Linnaeus, 1707—1778)，他自己的植物标本室收藏了采自欧洲、亚洲、北美洲、南美洲和非洲的 16 000 份植物标本，主要根据这些标本，他于 1753 年出版了《植物种志》，此书收载世界植物 7 700 种，是当时的世界植物志，他根据花的雄蕊数目等特征将这些植物分为 24 纲，对每一纲又根据每一朵花中雌蕊花柱的数目再划分为目。此书接受了包兴双名命名法对每种植物的命名，这样，双名命名法在植物学中首次得到确立，同时，每种植物的学名(scientific name)也得到确定。这些对植物学知识国际间的交流，以及植物学和植物分类学的发展起到极大的促进作用。此书发表的植物分类系统由于雄蕊数目等分类特征便于利用，在当时的欧洲受到欢迎，同时，此书的问世也标志近代植物分类学的诞生。

此外，第二章的第 7 节"原始特征与进化特征"对了解被子植物进化很有意义。美国被子植物系统学家贝西(C. E. Bessy)在 20 世纪初发表了一个被子植物新分类系统，认为木兰科是被子植物的原始群，论文中还列出他观察到的被子植物营养器官和生殖器官的 21 项演化趋势，他以后的一些植物学家对上述演化趋势又不断给予补充，因此，这些演化趋势是有关专家对被了植物在形态学、解剖学、孢粉学、细胞学、胚胎学等方面的研究资料进行全面而深入地分析之后总结出的精辟论断，对认识被子植物的进化，以及纲、目、科等分类群的演化水平的评估具有重要意义。对此，作者在第 7 节中已经详细说明，并举出木兰科和菊科二例，在这方面我再稍加补充：木兰科的花上位，各轮器官均分生，雄蕊和心皮多数，螺旋状排列，花粉有单沟，果实为蓇葖果，具有这些原始特征说明木兰科是原始群。蔷薇科植物的花周位，花的各部分器官通常轮生，花瓣和雄蕊均分生，花粉通常具三孔沟，雌蕊心皮分生或合生，子房上位或下位，果实为核果或梨果，少数为蓇葖果或蒴果，上述特征说明蔷薇科是一个演化水平居于中等地位的分类群。菊科的花上位，萼片变态成冠毛，花瓣合生成筒状或舌状，雄蕊花药围绕雌蕊花柱合生，花粉通常具三孔沟，子房下位，果实为下位子房和其顶端宿存花萼形成的连萼瘦果，具有这些进化的形态特征说明菊科在被子植物中的演化水平很高。

《植物的识别》一书在介绍多数种子植物的同时，也介绍了有关进化的一些重要现象和一些植物分类学原则，这对于普及植物学知识极有意义。由于本书的内容异常丰富，我相信本书出版后定会受到各方面读者的欢迎，并希望本书尽快定稿，早日问世。

003

中国科学院院士
植物研究所研究员 王文采

编者的话——怎样学好植物分类学

从大学毕业当教师至今，已经几十年过去了，我一直从事种子植物分类学的教学和科研工作，而且自始至终对这个学科保持着浓厚的兴趣。这是什么缘故呢？本文从以下几个方面谈谈这个问题。

一、不能不提的两件事

1952 年春，我正在读大二。一天传来消息说植物专业的同学将要去广东南部参加为期 3 个月的荒地调查，其目的主要是测绘荒地并统计荒地上的植物种类，为将来开发、种植橡胶树打基础。听到这个消息我既高兴又发愁，愁的是自己不认识当地的植物。后来果真看到南方的植物种类很多，而且多半不认识，怎么办呢？我便采集标本、编号，以号代名逐一识别。经过 3 个月这样的野外实习我收获甚多，更重要的是激起了学习植物分类学的兴趣，下决心要学好这门课。

1953 年暑假，我留在学校没有回家。其间北京医学院学生到北大校园度假，他们有一项活动是参观北大生物系的植物园。他们大多不认识植物，系里就安排我去带他们。按照预定计划我先带他们观看盆栽植物。我们边走边说，当介绍到芦荟时，他们发出了惊叹声。原来他们学习过的苏联组织疗法中用到了芦荟，但并不认识芦荟，这次见到实物非常高兴。这件事对我触动很大，使我深深体会到学习植物分类学的重要性。

二、想方设法克服遇到的困难

植物分类学课是大四的时候开的。这门课的学习难点是植物的科多，名称多，特征繁杂，很难理出头绪，所以记不住。当时我心里很着急，怎么克服这个困难呢？我琢磨出了一些办法。比较有效的一个办法是，准备一些长方形的纸片，在纸片的一面写上科的名称，将科的特征归纳后写在纸片的另一面。就这样总共写了几十个重要科，然后用橡皮筋把纸片扎起来，放在上衣口袋里。有零星时间时掏出来看一看，看之前通常要仔细回忆一遍。比如，某个科有什么特征，包括哪几点，有没有遗漏，遗漏的是什么。如果实在记不起来，才掏出纸片看一下。这样印象就比较深了。

我常利用的零星时间有：去食堂吃饭早了一点，就利用开门前的一段时间，抓紧看一两个科及其特征；开大会入场后，主席台上来人之前，掏出纸片看一会儿；有时甚至利用上厕所的工夫……总之，将一切可利用的时间都利用上了。经验证明很有效。

我经常到校园里观察植物，尤其是春天和夏天。观察某种植物时，先想一想该植物所属的科，再看它的花反映该科的哪些特征，果实是什么样的等。例如，春天开花的榆叶梅、毛樱桃和山桃等，它们的花托呈杯状，为周位花，属于蔷薇科李属的植物，它们的果实为核果，等等。

凡看到一种开花的植物，我都会联系到它所在的科，如连翘、丁香与木犀科的特点……如此，通过多种途径认识了科的特征，也认识了植物。用这种方法认识的植物是建立在科的基础上的，所得到的知识是牢固的、活的。由于克服了种种困难，所以我这两个学期的植物分类学课成绩均达到了优。

三、到大自然中去认识植物

我毕业留校当助教，从事植物分类学的教学和科研工作。这项工作的核心是站稳讲坛并带学生去野外实习。那么只有认识大量植物才能胜任这项工作，因为不熟悉植物就讲不好课，更带不好野外实习。当时，北大生物系在离校25公里的金山建了一个生物实习站,每年夏天教师带学生(约100人)住在生物实习站,进行植物分类学实习,以认识山上的野生植物为中心任务。每次实习前,教师一般要先去考察植物。如果连着带几届学生实习,山上的植物就熟悉了。为了带好学生实习,我利用假期到生物实习站以及离校更远的较高的山区采集、认识植物,如北京门头沟的百花山、河北蔚县的小五台山、河北兴隆的雾灵山,等等。通过努力,我不仅认识了很多植物,识别植物的能力得到了提高,而且带学生实习也得心应手了。

在认识植物的实践中,我体会到用比较的方法比孤立看一种效果要好。例如,有两种树木形态比较接近,这时就不能孤立地看每种植物,而要进行反复比较,抓住两者在叶、花和果实等方面的不同,就容易区别了。槐和刺槐同属于豆科,通过对比可发现它们的不同之处。二者均为奇数羽状复叶,但前者的小叶顶端较狭尖,后者则为圆钝形,有时顶端还有小凹;前者的雄蕊为10个离生,后者的雄蕊为9+1的二体雄蕊;前者的果实肉质,呈念珠状,后者果实干燥扁平。

将众多相似的植物比较后找出不同点,并在野外不同的场合进行验证,就能巩固和提高自己识别植物的能力,也使自己在鉴别植物时更自如。木本植物是这样,草本植物也是这样。

四、通过书刊了解植物

广泛阅读书籍和报刊是认识植物的一种途径,尽管这是间接的,但对认识植物的种的内涵很有帮助。

图书馆是读书刊的好地方,但我更喜欢去书店。20世纪60年代我常去东安市场,那里有很多旧书店,经常能看到民国时期的书刊。一次我居然淘到一套清代的《广群芳谱》。书中介绍了大量的树木、花草及药用植物,概括了我们祖先对植物的认识,并且穿插有不少咏植物的诗词,令我眼界大开。这套书对我后来的写作也很有帮助。

一次,我还在旧书店买到了张恨水的散文集《山窗小品》,为1945年版，是张恨水抗战时期居住在重庆乡下时所写。里面有一篇文章谈"珊瑚子"，约几百字，描写一种结大量鲜红色球状果实的灌木。这种灌木就生在他所住的山上，张恨水非常喜欢，形容它的果实"累累然如堆红豆"，并取名为"珊瑚子"。他每年都要采一包那种果实，想以后种到江南的老家。反复查考后，我认为那种植物应是蔷薇科的火把果，又称火棘。后来我在四川曾观察到它分布甚广。

张恨水喜欢树木花草，抗战期间，生活艰苦，他就抽空去住处附近的山野看野花，而且看得很仔细。他这样描写所看到的金银花："花状如针，丛生蔓生作龙爪，初开时，针头裂瓣为二，长短各一，若放大之，似玉簪花之半股，其形甚奇。春夏之交，吾人行悬岩下或小径间，常有蕙兰之香，绕袭衣袂。觅而视之，则金银花黄白成丛，簇生蔓间，挂断石或老树上。其叶作卵形，对生，色稚绿，淡雅与其香称。"恨水先生对金银花的描写活灵活现，感人至深。

一次，张恨水去登建文峰。他这样描写所观植物："于群松簇拥中，得一线坡道，俯身曲折而登山，坡以外，丰草波膝，渺无人影。时至暮春，杜鹃花如千百丛野火，盛开草丛与松林中。登其巅，有平坦地，方可六七丈……苍苔遍地，旁有石井，泉亦为苔浸作绿色。而藤蔓环绕松枝上，且下垂如流苏，时拂人首。……杜鹃花有高至丈许者，群红压枝，于松阴中临崖作半谢状，境至幽寂。"张恨水对树木花草有很深的情绪，文字描述形象简练，我从中受益颇深。

罂粟属于罂粟科，为一年生草本，有乳汁，花大美丽，其尚未成熟的果实的乳汁中含生物碱，有毒，但药用是镇静剂和止痛剂。这种乳汁干燥后即为生鸦片。清末至民国时期，我国的鸦片泛滥，危害至深。我在一本清代文献中看到一则有关鸦片的故事。那时，有一人常去贵州贩卖鸦片，生意不错。有一天带去的鸦片仅剩两团时，他决定不卖了，然后买了几块肉准备带回家享用。走到广西境内时天快黑了，当时前无村后无店，怎么办？他看路边不远处有棵树，就走到树下，决定靠在树干上休息，天亮后再走。

刚要入睡时,忽然听到一声低吼,他知道遇上老虎了,就赶紧拎着袋子爬到树上。他刚上到树上,虎已到树下。那晚月光皎洁,虎见树上有人就停了下来,还时不时啃啃树皮。这可吓坏了小贩。他想虎可能饿了,就扔块肉给它,虎一口吞下了,之后也不走。当最后一块肉吃完后虎仍无离开的意思。小贩寻思,何不将鸦片扔下去试试?于是扔下鸦片,虎吃完后不久便躺在树下不动了。小贩心想,可能是虎吃鸦片醉了,就赶快下树逃走。到树下后,他小心翼翼地摸了摸那虎,才发现虎已死亡。这时天亮了。几个猎人看到后就要将虎抬走,小贩拦住他们,说虎是我昨晚打的。猎人们不信,于是争执起来。有路人建议将虎胃剖开看看,果真看到虎体内还有存留的鸦片,这才让死虎归小贩。我们虽然不能考证这个故事的真假,但有一点是肯定的,那就是生鸦片有剧毒,虎都顶不住,更何况人?通过这个例子,使我对生鸦片的毒性以及对罂粟这种植物有了进一步的认识。

报刊上也有因误食植物而中毒的报道。2003年《北京晚报》有一则新闻,说有9个人游云蒙山,在饭馆吃饭时,吃到错采的北乌头幼苗,导致1人死亡。以前我只知道北乌头的块根有剧毒,这一次才知道幼苗也有毒。看过书刊中介绍的围绕植物发生的事件后,再对照原植物观察,往往会有意想不到的收获。

由于我看的书面比较广,因此也遇到过书中介绍植物出错的现象。例如,有的书在介绍西北荒漠中的红柳时,把红柳当成杨柳科植物,实际上红柳属于柽(chēng)柳科。红柳的花小而多,红色,十分艳丽,而杨柳科的花绝对没有艳红色的,因为它的名字中有个柳字,所以容易被人混淆。有的书还将罂粟科的荷包牡丹与毛茛科的牡丹混淆。这都是因为名字相似而造成的。这类的例子还有不少,这里不再赘述。

五、接受社会实践的检验

植物认多了认熟了,就可以去接受社会实践的检验,并从中得到提高。有一年北京一位记者来访,说江西上饶地区有一株五谷树,那年结的果实多并且像稻子。当地人认为,如果五谷树结的果实像稻子,当年水稻必丰收,如果像麦子则麦子丰收。消息传出后,便有记者前去采访。北京的这位记者也去了,但搞不清是什么植物,就采了一个带果实和叶的标本回来,让我看究竟是什么。我拿过来一看,其果实密密麻麻的,的确有点像水稻,但仔细考证后我便断定它是木犀科的一种灌木或小乔木,名叫雪柳。雪柳的叶较狭,对生,果实有狭翅,花白色,分布在华东地区及其他省。古书上也有五谷树的记载,能否指示五谷丰收只是一种民间传说。听了我对这种树的分析与判断,记者也很满意。这种树北京也有栽培,我看到过,认真琢磨过它的各项特征,所以很快就能做出判断。这次标本鉴别也是对我平日研究的一种检验。

六、在写作中拓展视野

张恨水的散文集对我启发很大,让我产生了从事植物分类方面科普写作的想法。大家都知道,科普写作不同于教科书的编写,更不同于科研论文的撰写,它既需要自己的研究,更需要趣味性,以及一定的思想内涵,独到的见解和通俗易懂的文字等。经过努力,我在这方面收获颇丰。我写的第一本植物分类科普书叫《树木花草的识别》,出版于1964年,供中学生阅读。20世纪70年代写了《怎样识别植物》一书,这本书内容丰富,得到了许多读者的肯定。自此以后陆续发表了不少分类方面的小短文,主要是介绍植物一些科的重要特征,该科代表性的植物,以及与生活及人文方面的关系。这些文章多发表于《植物杂志》中。后来应台湾学者赖明洲教授之约,与他合作出版了两册文集。这些不仅普及了植物分类知识,与广大读者分享我多年来的收获与乐趣,也使我的科普创作水平不断地得到提高。我乐在其中,浑然不知老之将至矣!

回顾几十年的教学、科研及写作历程,深感从事一个学科的学习和研究一定要坚持方向,努力去争取,并在艰苦奋斗中一步步地去收获。没有人能够轻而易举学好一门学科。

在植物分类学的学习中应当注意，不仅要深入研究植物，还要认识植物与人类的关系，只有这样才能不断提高学习的动力和兴趣，才能坚定地走下去，也才能不断长进并取得成绩，而自己的长进与成绩又会提高兴趣和增强信心，这便步入良性循环。正因为这样，我对几十年的工作从不后悔。植物分类学是自然科学的分支学科之一，它与历史、地理、气候等学科有着千丝万缕的联系，更与农业、食品与医药制造、环境保护等行业关系密切。在学习本门学科时，须注意与这些学科和行业联系，不断拓展自己的知识面，才不会因为这门学科的传统和繁琐而产生厌倦情绪。我至今还记得北大生物系陈德明教授生前对我说过的话：植物分类学是需要的，一万年以后还是需要的。历史将证明陈教授说的是正确的。

七、注意植物的变异

在野外看植物时，要注意植物形态的变异。例如，花的形状、大小、颜色等会发生变化，叶的形态、大小、毛被等也有变异。如果发现某种变异相当稳定时，再看看植物志等书刊中是否前人已注意到这种变异，并命名了新变种或新种，如果没有，则你的发现就有可能是新的变种或新种了。这种例子在植物研究中是很多的。注意植物的变异，是帮助你认识植物的好方法。

为增加读者的兴趣，本书收集了一些与植物有关的趣味知识、民间故事和传说等，以小栏目形式呈现。有些故事带有神话色彩，十分有趣，反映了从前人们对该植物的认识，会给我们很多启发，并利于记忆。

第一章 认识植物好处多

　　我国的植物种类十分丰富,仅高等植物就有大约 30 000 种,这在温带是首屈一指的。其中,与人类生产生活有关的达数千种,比欧洲和北美洲的经济植物总和还多。例如,我国有乔木 2 000 多种,而北美洲和欧洲分别只有 600 多种和 200 多种。所以说,植物分类学与工农业生产、环境保护、资源的开发和利用等许多领域密切相关。

1　明辨特征,伸张正义

　　在 20 世纪 50 年代初的抗美援朝战争中,美军发动了细菌战。他们将能置人于死地的病菌涂抹到树叶上,用飞机撒到朝鲜和我国东北某地。我国农民在田里耕作时看到了飞机撒下的树叶,就收集了一些送交有关部门。经植物学家研究后发现,这些树叶中的大多数是山胡椒的一个变型。山胡椒属于樟科。我国产的山胡椒的叶,上面的毛较多,而这种山胡椒叶上的毛稀少,可能生长在雨水充足的地方。经考证,这种山胡椒来自韩国的南部地区。此外,还有红柄青冈栎的树叶,而这种植物仅分布在韩国。这些发现均被写入《调查在朝鲜和中国的细菌战争事实》一书中,成为美方发动细菌战的有力证据。

　　当时参加鉴定的有 9 位植物分类学家,他们分别是钱崇澍、胡先骕、匡可任、吴征镒、俞德浚、钟补求、刘慎谔、汪发缵和唐进。如果没有这些植物分类学家,很难想象结果是怎样的。植物分类学是生物学科中的一个经典分支。国家曾培养出一批这方面的专家,但如今,后继人才不多。我们知道,植物分类学知识在环境保护、植物资源开发与利用等领域需求甚广,希望将来有更多人从事这项基础性的研究工作。

2　吸取教训

在人们的观念中,不认识植物并无大碍。但在某些特殊情况下,它就变成了关键性问题。

(1)莽草毁了他半个家

做红烧肉时常常要放大料,谁曾料到大料也会出问题? 20世纪50年代的某天,上海的一家6口人吃了一顿红烧肉。饭后不久,全家人均出现恶心、呕吐、呼吸困难等症状,后来3人抢救无效死亡。调查结果显示,用来做红烧肉的大料中混入了莽草果实,是莽草果实导致3人中毒死亡的。为什么莽草果实会混入大料中? 它又是怎样致人死亡的呢?

大料和莽草果实分别是八角和莽草的果实(图1-1),这两种植物都属于木兰科,形态十分相似。八角(*Illicium verum* Hook. f.)为常绿乔木,高达20米。叶革质,椭圆形、椭圆状倒卵形至披针形,上面有光泽和油点。

图1-1　八角(左)和莽草(右)

花单生叶腋；花被片 7~12，内轮花被片粉红至深红色；雄蕊多个，心皮 8~9，排成一轮。蓇葖果常呈八角形，直径 3.5 厘米左右，红褐色，各小果顶端钝，稍小，反曲。八角分布在福建、广东、广西、贵州和云南的湿润山谷中。由于果实含芳香油，常用作烹调菜肴的香料。

莽草（*Illicium lanceolatum* A. C. Smith ）又称山木蟹、山大茴，为常绿灌木或小乔木，高约 10 米。叶形似八角。花单生或 2~3 朵聚生于叶腋；花被片数轮，内轮深红色；雄蕊 6~11，排成一轮；心皮 10~13。蓇葖果有 9~11 个小果，每个小果顶端有较长而弯曲的尖头。莽草主要分布于长江中下游以南各省区的阴湿树林中。化学成分分析表明，莽草果中含有毒成分，而大料中没有。

由此可知，大料与莽草果实的区别比较明显：莽草果实有 9~11 个角（小果），每个角顶端细、有钩；大料多为 8 个角，每个角顶端不细，也无细钩。此外，大料果皮不皱缩，有浓香；而莽草果实不香、略酸。如果采集果实的人（包括消费者）具备一些植物分类方面的知识，就不会发生这样的悲剧了。

（2）错认金银花带来的恶果

台湾某医院曾发生过这样一件事。4 位员工用自己采的金银花泡水喝，喝后出现眩晕、咽部和腹部剧痛等症状，甚至口吐白沫，其中 1 人因喝得过多而不治身亡。显然，他们喝的"金银花"水有毒！调查发现，他们不认识金银花，采的也不是金银花的花，而是剧毒植物葫蔓藤（又称钩吻）的花。

金银花属于忍冬科忍冬属，拉丁学名为 *Lonicera japonica* Thunb.，是一种木质藤木，其叶片对生，冬不落，故称忍冬。忍冬的叶片卵形至长卵形，全缘。花成对生于叶腋，初开时白色，不久变黄色，黄白相映，所以有"金银花"之名。浆果球形，熟时黑色。多栽培，也有野生。花蕾有清热解毒作用，可用于治疗扁桃体炎、上呼吸道感染。

葫蔓藤（图 1-2）属于马钱科葫蔓藤属，拉丁学名为 *Gelsemium elegans*（Gardn. et Champ.）Benth.，又称断肠草、大茶药。为木质藤木。叶对生，叶

003

片卵状长圆形至卵状披针形。聚伞花序；花冠漏斗状，黄色，内面有淡红色斑点；裂片5，等大，短。蒴果下垂，长圆形，果实薄革质。葫蔓藤含极毒的钩吻碱，误食可致命。主要分布于浙江、福建、广东及西南地区，多生长在坡地路边的草丛中。

图1-2 葫蔓藤

这两种植物均为藤本，叶对生，很容易搞错。其实，它们的花区别明显：金银花花白色，不久变黄色，花冠二唇形，上唇4浅裂，下唇1裂较深；葫蔓藤的花黄色，花冠5裂，整齐。

（3）春游云蒙山遇险

2003年4月的一天，有9个人结伴游北京密云的云蒙山。进山后，他们沿山路走了一段时间，来到一个叫鬼谷子的山寨。这时，大家已有几分疲劳，决定在寨中休息用餐。餐厅里的师傅为大家准备了一桌农家风味的菜肴，并特意推荐了一道野菜，说是用自采的"石花菜"烹制的。游客与两位师傅吃过后先出现腹部疼痛，不久就不省人事。急救中心火速派人抢救，最终有1人没抢救过来。后经查证，餐厅的工作人员把北乌头（又称草乌，图1-3）早春出的嫩叶当成石花菜了。北乌头属毛茛科乌头属，北方山区分布极广。块根和叶含多种剧毒的乌头碱。中药里也用乌头块根，但是经过炮制去毒的。

图1-3 北乌头

北乌头（*Aconitum kusnezoffii* Reichb.）为直立草本。叶硬纸质，掌状3全裂，侧裂片再2裂。花序顶生；花紫蓝色，有5个萼片，顶部萼片高盔形，像小孩的风帽，里面有2个小的花瓣，每花瓣有1长爪，上部有1距，呈拳形；

雄蕊多数,离生;心皮3~5,离生。蓇葖果3~5。需要说明的是,乌头属内的种皆有毒,不能入口。

3　发现植物的新价值

在农业、医药、燃料、环境保护和生物多样性保护等领域,植物资源肩负着重要使命。植物的识别与分类为这些领域的研究提供了一条重要途径。

印度有一种植物叫印度萝芙木或蛇根木[*Rauvolfia serpentina*(L.)Benth. ex Kurz],属于夹竹桃科萝芙木属。这种植物为小灌木,高1米左右,生长于热带密林中,缅甸等地也生长。其根部含有利血平、血平定等28种以上的生物碱,这些生物碱是生产治疗高血压药物的主要原料。曾经我国只能靠进口来获取这种原料。

高血压类药物的市场需求量很大,长期依赖进口终究不是办法。专家们就开始琢磨,国内能否找到类似的植物来代替印度萝芙木呢?怎样寻找?到哪里找呢?植物分类学为此提供了重要依据。根据植物的亲缘关系,同科同属不同种的植物,往往含有相同或相近的化学成分。萝芙木属有100多种,除印度萝芙木之外,其他种也可能含有利血平等成分;这个属的植物包括印度萝芙木在内,在我国境内可能有分布,尤其是我国南部的热带地区。根据这种推断,我国医药工作者和植物学家在当地群众的协助下,终于在云南南部的森林里找到了国产的萝芙木。经过化验,萝芙木[*R. verticillata*(Lour.)Baill.,图1-4]的根部果然含有利血平等成分。临床实验显示,其降压效果明显、平稳,毒性

图1-4　萝芙木

较低,并且作用时间长于印度萝芙木制剂。现在,我国高血压患者使用的治疗高血压药物就是用它制成的。后来,植物学家在云南也发现了印度萝芙木。

国产萝芙木的发现生动地说明了研究植物的分类,对于寻找含有某种化学成分的新药材等具有指导意义。事实上也是如此。例如,马钱子、安息香、阿拉伯胶、鼠李皮等几十种进口药,就是用这种方法找到国产替代品的。这种方法对调查其他资源植物也具有重要的指导意义。

在植物分类上,属种鉴定的正确与否对于其化学成分的分析结果,有着至关重要的影响。如果原植物鉴定不正确,其化学成分的分析就会差之万里。这是有历史教训的! 1883 年,荷兰人 Eijkmann 研究中药常山后,宣布用的植物是芸香科的"日本常山"(*Orixa japonica* Thunb.),并且说这种植物含小檗碱。然而,在随后的若干年内,不少学者据此进行研究,却根本提取不出小檗碱。这使荷兰人的研究成了一个谜。1928 年,日本植物学家木村康一再次研究时,才知道荷兰人研究用的植物既不是常山,也不是日本常山,而是一种小檗科植物。弄清楚这个问题时,时间已经过去了 45 年!这个例子也表明,在植物研究上如果我们只关注化学成分,而不重视植物的分类与鉴定,就可能会导致人力、物力的浪费,甚至会得出可笑的结论。

4　识破骗人的花招

近些年来,一些不法分子开始利用人们不认识植物这一弱点进行诈骗,并且屡屡得手。

（1）300 元换 5 元

一天在某小区门口,一小贩高声兜售一种球状的橙黄色果实,像红枣那么大。她说,这种药材十分珍贵,能治肾病,国家收购价每斤(1 斤 = 500克,后同)500 元,我这些是自产的,便宜,每斤 300 元。一会儿就围拢了不少人,有的问疗效,有的问是什么,还有人手持钞票说要3斤……终于,一位老人动心了,花300元买了1斤。到家后,感觉有点不对头,再回去找,小贩已经无影无踪了。老人拿着买的果实到药店问,才知是川楝子,市场价每斤5元。

图1-5 川楝子

川楝子(图1-5)属于楝科楝属,为乔木。二回羽状复叶,小叶卵形或窄卵形,长10厘米左右。圆锥花序,花淡紫色。核果近球形,黄橙色。分布在长江以南及西南地区,果入药,有泻火、止痛和杀虫的功效。

(2)不开花的小草

笔者曾看到有人在街边兜售不开花的"小草"。他在地上摆一堆小草,草旁边的椅子上放一个栽着这种小草的洗脸盆,椅背上挂一幅画,画上画着小草开花了,开出红色和白色两朵花,十分吸引眼球。小贩向行人叫卖,说小草买回去用盆养,可以开大红大黄的花,每棵小草仅售1毛钱左右。还真有人买。笔者仔细看了看那小草,原来是卷柏,又叫还魂草,属于蕨类植物。在植物界,只有被子植物如蔷薇、玉兰等才开真正的花,而蕨类植物根本就不开花。这显然是在骗人!笔者上前质问他:这草不开花的,为什么说能开?他坚持说能开花。我告诉他这种草叫卷柏,北京山区很多,根本不开花。他居然说:你们北京的不开花,我们安徽的就开花!

卷柏属于蕨类植物卷柏科卷柏属,拉丁学名为 *Selaginella tamariscina* (Beauv.) Spring,为多年生直立草本,高仅15厘米。茎顶丛生小枝,小枝扇形分叉,辐射开展,干时内卷如拳状。中叶小,卵状矩圆形,尖部有长芒。孢子囊穗生于枝顶,呈四棱形;孢子囊圆肾形。全国广泛分布,多生于干燥处及石头上。靠孢子繁殖。北京常见的卷柏属植物是垫状卷柏[*S. pulvinata*

（Hook. et Grev.）Maxim.]，与卷柏十分相似。

5　火眼金睛挑错误

如果你认识了一定数量的植物，或学会了识别植物的基本方法，又积累了一定的野外识别经验，不妨多看看有关植物的书，特别是介绍植物及其种类的书或文章，可以根据上面的插图了解植物。但是，要注意了，书或刊物上有时会出错的！如果你能发现这类问题，会大大提升你学习植物分类学的信心和乐趣。

（1）是南天竹而不是火棘

笔者曾见一刊物介绍火棘，从鲜艳的彩照上看，红艳艳的球状果实好像是顶生、圆锥形，煞是好看。仔细一看，叶是三回羽状复叶，才明白这图错了。这种植物不是火棘，而是南天竹（图1-6）。

南天竹的花序为圆锥状，顶生。果序顶生，果实鲜红色，圆球形。三回羽状复叶。火棘的成熟果实为鲜红色，近圆球形。花生于叶腋，为复伞房花序，不是较大的圆锥花序。短枝上的叶是单叶，呈倒卵形。从此可以看出，这两种植物明显不同。南天竹为小檗科南天竹属，

图1-6　南天竹

拉丁学名为 *Nandina domestica* Thunb.；火棘属于蔷薇科火棘属，又称火把果、救军粮，拉丁学名为 *Pyracantha fortuneana*（Maxim.）Li。为什么会把南天竹当成火棘呢？可能是因为两者的果实类似，果序看起来也相似。

（2）面包树不同于猴面包树

不少书将面包树混同于猴面包树，实际上二者相差悬殊！

面包树属于桑科波罗蜜属，拉丁学名为 *Artocarpus altillis*（Parkinson）Fosberg.。乔木，高 10~15 米，有乳汁。单叶，较大，羽状裂。花单性，雌雄同株；雄花序穗状，雌花序圆球形，形成聚花果；中央的轴肉质，富含淀粉，若切成片放在火上烘烤，风味极似面包。

猴面包树(图1-7)属于木棉科猴面包树属，拉丁学名为 *Adansonia digitata* L.。大乔木，无乳汁。掌状复叶。花白色。因幼猴爱吃其果实，故名猴面包树。产于非洲热带稀树草原，树不高，约 10 米，主干粗近 10 米。它已成为稀树草原景观的标志之一。有些树的树龄已达数千年。

图1-7　猴面包树

由此可见，这两种树的差别很大，之所以容易被混淆，是因为名字相似，有些书甚至将二者视为一种树木。实际上根据叶就能区分，面包树为单叶，羽状深裂，猴面包树为掌状复叶。

6　植物研究的敲门砖——识种

这里以植物种间亲缘关系的研究为例说明。这方面研究一般以一个属的植物为研究对象，因为属内(不论属的大小)的各个种(单种属例外)之间都有着或近或远的亲缘关系，它们的形态既相似又有差异，探讨其关系十分有趣。如今，其研究方法已从形态、细胞特征上的比较进入分子水平，并且取得不少成果。但有一点是肯定的，要研究种间关系，首先要从形态上进行辨别，否则就无从下手。

认识各个种需要查考植物志,需要外出采集标本等。采集标本时你会发现,无论哪个种,其形态往往存在变异:一个种内的不同居群(在一定环境下生存、繁殖的同种物)常有差异。如果你发现了,并且抓住这些差异深入研究,往往会有收获。举个例子说,百合科黄精属有一种植物叫玉竹(图1-8),其地下的根状茎白色,有似竹节的节,因此得名玉竹。玉竹是多年生草本植物。其根状茎可食用,也可入药。这种植物的个体形态有变异:有些个体的茎较粗,带棱,叶片较大;有些个体茎较细,没有棱,呈

图1-8 玉竹

圆柱形,叶片也较细。两者花冠皆为白色,呈筒状,长约2厘米,顶部有6个裂片。但将二者的花冠筒纵切开,你会看到雄蕊着生的位置不同:茎有棱的个体,6个雄蕊生于距花冠筒口部约1厘米处;茎无棱的个体,6个雄蕊生于距花冠筒口部约0.5厘米处。许多个体均如此,这一差别又与茎的形态相关,说明玉竹个体产生了稳定性变异。那么,它们还属于同一个种吗?

将玉竹的新鲜根尖进行处理,观察体细胞染色体数目时就会发现,它们的染色体数目存在差异:有棱个体的染色体数目为$2n=20$,无棱个体的为$2n=18$。这表明玉竹正处在变异分化中。分子水平上的研究也证明了此点。那么,无棱个体会不会是演化出的新种呢?查考相关文献发现,1943年日本学者春水曾在我国辽宁千山一带采到这种玉竹标本,已定为新种并发表了。也有学者认为,有棱无棱个体还是同一个种。如果用两类植株进行杂交,后代若不育,则新种就能够成立。从植物分类学上看,形态上的这些稳定性特征,也可以作为新种成立的依据。

这个实例说明,认识植物时一定要注意形态上的变异,只有这样才能把握好"种"。此外,所发现的形态变异往往是研究课题的好材料,用这种材料进行研究往往能达到事半功倍的效果。

第二章　识别植物的诀窍

很多人都知道认识植物的好处,但怎样才能使自己认识一些植物呢? 换句话说,怎样培养自己这方面的能力? 这不是单凭兴趣就能解决的。识别植物要有植物分类学的基础知识,因此,必须按部就班地了解这方面的知识,再加上努力实践,即到大自然中识别植物,这样经过一段时间,就能有不少收获。本章先谈谈识别植物的几个关键性问题。

1　不要走错了"门"

"不要走错了'门'",这句话十分形象,它是要告诉你,植物的种类很多,有几十万种,植物分类学家经过潜心研究,已经将它们分门别类,编写出了"家谱"并分别取了名字,因此识别植物时要先知道这种植物是哪个"门"的。否则搞错了门,就得不出正确的结果。

简单地说,植物世界(科学上称植物界)被分成了四大类——藻类植物、苔藓植物、蕨类植物和种子植物;也称四大门,即藻类植物门、苔藓植物门、蕨类植物门和种子植物门。以前人们将菌类归入植物界,而现在已从植物界拿出。这就是说,菌类不属于植物。

011

2　什么是种子植物

本书着重介绍种子植物的识别。什么是种子植物呢？它们是生活史中能产生种子，并用种子繁殖后代的一类植物。其他3个门的植物不能产生种子而能产生孢子，并用孢子繁殖后代，故称孢子植物。

种子植物分为两个亚门——裸子植物亚门和被子植物亚门。裸子植物虽有种子，但种子是裸露的，没有果皮包被，不形成果实。例如，松的球果上的种鳞张开后，种子会脱落下来。被子植物则不同，种子外有果皮包被，构成果实。例如，棉的种子包在果皮里，当果实成熟时果皮开裂，才露出带棉纤维的种子。

被子植物具有真正的花，花有花被，所以也称有花植物。门下分纲，所以被子植物又分为双子叶植物纲和单子叶植物纲。纲下分目。按照不同的分类系统，被子植物的分目情况不同。目下又分科。每个目包含1个科或多个科。被子植物分类系统是以目为单元排列的。这种排列关系表达了各目之间的亲缘关系，如克郎奎斯特的被子植物分类系统（图2-1）。

从图2-1可以看出，被子植物分为木兰纲（即双子叶植物纲）和百合纲（即单子叶植物纲）。这两个纲之间的区别如表2-1所示，其中提到的特征是大多数被子植物都具有的，但也有少数例外。

在被子植物的亚纲中，木兰亚纲最为原始，它位于整个系统中央的底部，距前被子植物最近，即最原始。在每个亚纲中，各个进化线顶端的目，是进化的目。图2-1中左边的6个亚纲属于木兰纲，其中的菊亚纲最进化，又以菊目最为进化；右边的5个亚纲属于百合纲，其中的百合亚纲最进化，又以兰目最进化。

总的来说，植物的分类单位（阶元）从高到低依次是门、纲、目、科、属、种。由于植物的种类繁多，上述分类单位下又可以加亚单位，如亚纲、亚目、亚科、亚属和亚种。本书的重点是识别植物的种类，因此对于"目"这个环节，就不多做介绍了。

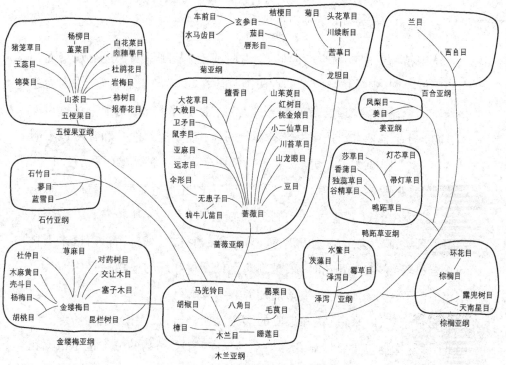

图 2-1 克郎奎斯特的被子植物分类系统

表 2-1 双子叶植物纲与单子叶植物纲的区别

	双子叶植物纲（木兰纲）	单子叶植物纲（百合纲）
1	胚有 2 个子叶（极少 1、3 或 4 个）	胚有 1 个子叶（有时胚未分化）
2	主根发达，多为直根系	主根不发达，由不定根形成须根系
3	茎内维管束环状排列，有形成层	茎内维管束散生，无形成层，茎不能长粗
4	常网状叶脉	平行叶脉或弧形叶脉
5	花部常为 4 或 5 基数，少 3 基数	花部多为 3 基数，少 4 基数，无 5 基数
6	花粉常有 3 个萌发孔	花粉只有 1 个萌发孔

3　花——识别植物的"指路牌"

认识植物要先观察它们的形态特征。那么，从哪里入手进行观察呢？经验告诉我们，观察植物时不能把眼睛只放在叶、茎等营养器官上，因为这些器官的形态变异较大。拿叶形来说，北方常见的独行菜为十字花科小草本，基生叶呈莲座状，叶片边缘有羽状圆齿，而茎上部的叶和叶缘齿不明显，叶形也变得窄多了。再如，北方山野中生长有一种沙参（属桔梗科，叫展枝沙参，见图3-251），基生叶呈圆形，茎上的叶则由宽变窄，有的几乎呈条形。沙漠中的许多植物，叶往往退化成针状，茎变为肉质。有10多个科的不少种类都是这样，如仙人掌科、萝藦科、菊科、大戟科、番杏科、景天科和百合科等，它们不开花时，很难判断是什么科和属的植物，一旦开花，原本相似的两种植物就变得差异很大了，令人惊讶！

相对于茎、叶来说，花和果实的形态比较稳定，最能代表本种的特点。因此，识别植物应主要依靠花和果实的形态特征。植物的分类也是依据花和果实的特点进行的。当然能兼顾茎、叶的特征，就更有利了。用植物标本进行识别时，标本上最好花和果实都有，但这常难以做到。因为开花时还未结果，而结果时花已凋谢了。建议开花时采一次标本，结果后再采一次标本，这样花和果就齐全了。

许多科的植物，花的特征十分明显，所以看到它们的花就知道属于什么科了，可以根据花来区分。例如，豆科植物的花冠大多是蝶形的；十字花科植物的花冠为十字形；木兰科的雄蕊多离生，雌蕊多个、离生，花托柱状，等等。有些科的植物不能单看花，还必须看成熟的果实。例如，伞形科的花序为复伞形，成熟果实为双悬果。

一些科营养器官的特征突出。例如，蓼科有托叶鞘；唇形科的茎四棱，叶对生；禾本科的叶分叶片和叶鞘两部分，叶鞘纵向开口，叶片内侧基部多有叶舌;棕榈科的叶生于主干顶端,为大型扇形或羽状等。所以,营养器官的形态特征也能为识别提供重要依据。

4　检索表——识别植物的"钥匙"

检索表是认识植物、识别植物种类的工具之一。它是选取一定范围的植物,找出它们的共同点和不同点(相对特征),加以综合分析后,用对比的方法将这些植物及其异同点编制而成的表。植物志中常有检索表,这些检索表有分科的、分属的和分种的等。在确定某种植物的科和属而拿不准种的情况下,查阅分种检索表就能解决问题。

检索表有两种,最常见的是等距检索表。这种检索表将植物的一些特征从左边的一定位置开始列出,与之相对的特征间隔一定的距离,从相同的位置列出,以形成对照,并且两项相对特征编上相同的序号。下一级的相对特征向右后退一格列出……如此下去,叙述的特征越来越少,植物的种名则逐步出现在相对特征的右边(科名、属名也是如此)。现在以榆科的榆属为例,介绍一个等距检索表。

北京习见榆科的分属检索表

1 叶有羽状叶脉,侧脉 7 对或更多,花被片稍合生或离生

  2 花两性,果实周围有翅,枝无硬刺………………………榆属 *Ulmus*

  2 花杂性,果实仅部分有翅,枝有硬刺 ……………刺榆属 *Hemiptelea*

1 叶有 3 主脉,花被片离生

  3 核果 ……………………………………………朴属 *Celtis*

  3 翅果 ……………………………………青檀属 *Pteroceltis*

另一种检索表为平行检索表。其编制方法是将每一对相互对立的特征列在相邻的两行中,并编以相同的序号如 1 和 1、2 和 2 等,每条的后面注明往下查的序号或者某一个植物名。平行检索表实际上是等距检索表

的另一种排列方式。下面仍以榆科分属检索表为例。

1 叶有羽状脉,侧脉 7 对或更多,花被片稍合生,有时离生 ·················· 2

1 叶有 3 主脉,花被片离生 ······························· 3

2 花两性,果实周围有翅,枝无硬刺 ···················· 榆属 *Ulmus*

2 花杂性,果实的部分有翅,枝有硬刺 ···················· 刺榆属 *Hemiptelea*

3 核果 ··· 朴属 *Celtis*

3 翅果 ··· 青檀属 *Pteroceltis*

在《中国高等植物图鉴》第一册的附录中,有高等植物分类检索表、被子植物门分科检索表以及裸子植物门分科、分属和分种的检索表等。被子植物分属的检索表分别附在各分册的后面。从第三册起,各个大的属多有分种检索表。

5 拉丁学名——植物的"身份证"

(1)迷糊人的植物俗名

识别植物时经常会遇到这种问题,一种植物在不同的地方叫法不同,即有多个俗名,多的甚至有几十个到上百个,叫人摸不着头脑。下面举两个例子说明。

益母草是一种两年生草本植物,在我国分布较广。全草入药,有活血、祛瘀、调经等功效。令人头痛的是,益母草在全国有很多名字,这叫同物异名。例如,东北称益母草为坤草或益母蒿,江苏有的地区叫野麻或田芝麻,浙江叫三角胡麻,四川则称青蒿,福建叫野故草,广东叫红花艾,广西称益母菜,到了青海叫千层塔,云南省叫透骨草等。真是五花八门!

白头翁(图 2-2)是植物多俗名的另一种典型,叫同名异物。有人在全国 18 个省市收集"白头翁",结果收到 18 种样品。经鉴定,里面竟有 16 种不同植物,分别属于4个科。这让收集人不禁惊呼:白头翁,你在哪里?

通过上面的讨论可知,仅知道植物的俗名还不叫识别植物。科学地识别植物的方法应当是知道这种植物属于什么科、属和种,它的拉丁学名怎样写等。这样,当你说出一种植物时,不仅我们中国人明白,外国人也明白。例如,如果知道益母草的拉丁学名是 *Leonurus japonicus* Houtt.,属于唇形科益母草属;白头翁属于毛茛科,拉丁学名为 *Pulsatilla chinensis* (Bunge) Regel,肯定就不会弄错了。

图2-2　白头翁

(2)植物拉丁学名的构成

拉丁学名就是用2个拉丁词或拉丁化的词给植物的种命名,这种命名方法也称双名法。拉丁学名中的第一个词为所在属的属名,第二个词为种加词,此外,在种加词后还要求加上该植物命名人的缩写。因此,植物种的拉丁学名由属名+种加词+命名人缩写三个词组成。例如,小麦的拉丁学名为 *Triticum aestivum* L.,其中第一个词 *Triticum* 为属名,即小麦属;*aestivum* 为种加词,意思是"夏天的",表示小麦在夏天成熟;L. 为林奈"Linnaeus"的缩写。

但拉丁学名并不都是这样,下面举几个例子说明。

例一,白头翁的拉丁学名为 *Pulsatilla chinensis* (Bunge) Regel,其命名人有两个,前面的人名上还加了括号,这是什么原因?原来白头翁是Bunge命名的,拉丁学名为 *Anemone chinensis* Bunge,后来 Regel 发现白头翁放在白头翁属(*Pulsatilla*)更合适,于是将白头翁的原属名 *Anemone*(银莲花属)改为 *Pulsatilla*,保留原种加词 *chinensis*(中国的),将原作者 Bunge 外加括

017

号放在 Regel 前面,这种情况叫作新组合。

例二,有的拉丁学名后还有一个拉丁学名,并且命名人前加一个"non"字样,如薄荷的拉丁学名 *Mentha haplocalyx* Briq.——*Mentha arvensis* Auct. non L. 。这是由于前人的鉴定存在错误,后人进行重新鉴定并命名,为避免混乱,更将前人的错误鉴定引用在后,加上特殊的字。例如,我国过去称薄荷为 *Mentha arvensis* L.(即欧洲薄荷),后人发现国产薄荷与欧洲薄荷不是同一个种:前者花萼萼齿呈披针状钻形或长渐尖;后者花萼萼齿三角形,几乎不是长渐尖状。于是,将国产薄荷命名为 *Mentha haplocalyx* Briq.,后面加一横线,再写上 *Menthla arvensis* Auct. non L. 。其中,Auct. 为 Auctor 的缩写(著者),non 为"不是"或"非"之意,意思是说中国产的薄荷,不是当年林奈(L.)命名的那种薄荷。

例三,拉丁学名中有时会出现缩写,如 var. 、f. 和 subsp. 等。var. 为 varietas 的缩写,意为变异(变种)。例如,白丁香为紫丁香(*Syringa oblata* Lindl.)的变种,其拉丁学名为 *Syringa oblata* Lindl. var. *affinis* Lingelsh 。affinis 的意思是"相似的""近缘的"。

f. 为 forma 的缩写,意为"变型"。例如,重瓣樱花是樱花(*Prunus serrulata* Lindl.)的变型,其拉丁学名可以写为 *Prunus serrulata* Lindl. f. *rose-plena* Hort.,表示由单瓣变为重瓣,rose-plena 为"红而多"的意思。

subsp. 或 ssp. 为 subspecies 的缩写,意为"亚种",在亚种的种名中使用。例如,鹿蹄草是圆叶鹿蹄草(*Pyrola rotundifolia* L.)的一个亚种,拉丁学名为 *Pyrola rotundifolia* L. ssp. *chinensis* H. Andr. 。其中,chinensis 的意思是"中国的"。

此外,还有 var. nov. 、subsp. nov. 、f. nov. 等写法。nov. 是 novam 的缩写,表示"新的类群"。var. nov. 表示"新变种",subsp. nov. 表示"新亚种",f. nov. 表示"新变型"。

综上所述,双名法中的 3 个词有一定书写规则、来源和意义。

1)属名的来源和意义

属名大多用名词或名词性质的词,为单数主格,极少用形容词,首字母必须大写。属名的来源有几种。

① 古拉丁学名或希腊名。例如,*Pinus*(松属)、*Ficus*(榕属)、*Salix*(柳属)和 *Quercus*(栎属)为古拉丁学名,*Celtis*(朴属)是古希腊名。

② 表示重要特征。例如,*Glycyrrhiza*(甘草属)意为甜的根(甘草根是甜的)。*Liquidambar*(枫香属)由 liquid(液体)和 ambar(琥珀、琥珀色)两个词组成,合起来就是"琥珀状的树液"的意思。

③ 表示植物的原产地。例如,*Taiwania*(台湾杉)就是台湾的拉丁拼音,*Fokienia*(福建柏)是福建的拉丁拼音。也有用原产地地方音译的,如 *Litchi*(荔枝属),*Coffea*(咖啡属)。

④ 用人名。例如,*Chunia*(山桐材属)由 Chun(陈焕镛)而来(姓氏后加 ia),*Torreya*(榧属)由 Torrey(美国人)而来。

2)种加词的来源和意义

种加词(种名)的首字母要用小写,来源主要有以下几种。

① 以表形态特征的形容词居多。例如,alba 为"白色的",trifolia 为"有3 小叶的",lanceolata 为"披针形的",ovata 为"卵形的",dentatus 为"齿状的",pubescens 为"有柔毛的",glaber 则为"无毛的"等。

② 表生态环境的。例如,montana 为"山地的",alpinus 为"高山的"。

③ 表产地的。例如,chinensis 和 sinensis 为"中国的",japonica 为"日本的",pekinensis 为"北京的",yunnanensis 为"云南的",szechuanica 为"四川的",hopeiensis 为"河北的"等。

④ 表用途的。如大黄的种加词 officinale 意为"药用的"。

⑤ 也有纪念人的。如 *Photinia chingiana*(宜山石楠)的种加词为"秦氏的"的意思(用秦仁昌先生的姓 Ching 拉丁化而成)。

⑥ 少量种加词来源于名词。例如,洋葱的拉丁学名 *Allium cepa* L.,其中的"*cepa*"(洋葱)为拉丁阴性名词。种加词也可能来自人名,如白豆杉的

拉丁学名 *Pseudotaxus chienii*(Cheng)Cheng 中的 "*chienii*" 来自 Chien(钱崇澍先生的姓)。

3）命名人的书写规则

命名人的姓氏位于种加词之后，第一个字母要大写，而且一般是缩写，常缩写到第二个元音。例如，Bunge 缩写为 Bge.，Hooker 缩写为 Hook.。如果仅有一个音节，则不必缩写。著名植物分类学家的名字是沿用下来的，可以只写一个字母，如 Linnaeus（林奈）缩写为 L. 或 Linn.。人名一般要求拉丁化，尤其是东方语人名和俄罗斯人名。中国人名可用汉语拼音。

如果命名人有两个，两者之间要加 "et"。et 为拉丁词，是 "和" 的意思，表示两位学者共同命名。例如，厚朴的拉丁学名为 *Magnolia officinalis* Rehd. et Wils.。如果多于两人，则用 et al。

有时两个人名之间用 ex 相连，如藏麻黄的拉丁学名为 *Ephedra saxatilis* Royle ex Florin。这是为什么呢？原来，第一作者发表的名称不满足命名法规的部分或全部规则，或未进行深入研究，若干年后，第二作者撰写了介绍这个新种特征等情况的论文，进行了合格发表。于是，按命名法规规定，保留前面第一作者的命名权，然后在他的名字后加 ex 及后来研究者（第二作者）的名字。ex 是 "根据" 的意思，表示新种的介绍是后者，注意不要弄颠倒了。

关于植物拉丁学名的中文解释（释义）可以参考丁广奇、王学文编写的《植物学名解释》。该书共收录国产高等植物和引种栽培植物的属名 4 000 余条和种加词 15 000 余条，为查考植物拉丁学名含义的重要工具书。

6　植物的形态术语——基础中的基础

植物形态术语是描述植物各器官形态特征的专门用语，是植物学家达成广泛共识的描述形式。凡是有志于学习植物分类或农林、中药等的人士,或者对植物感兴趣的人,都应掌握它。它是植物分类方面的基础知识。此外,植物检索表和植物志中对植物的描述使用的都是形态术语。因此不懂形态术语的含义,也就无法查阅这类工具书。所以说,植物形态术语是基础中的基础。

根据植物体的结构,植物形态术语分为花、果实、种子、叶、茎、根以及这些器官上的毛被类型等方面。每个方面各有一套术语。学习植物形态术语,切忌死记硬背,最好的办法是对照实物(植物或植物标本)进行观察,这样不仅收获大,理解也更深入。也就是说,植物形态术语是在辨认植物的实践中逐渐掌握的。

7　原始特征与进化特征

植物是在不断进化发展的,不同种类的植物,其花和果实等器官会表现出不同的特征。植物学家研究了各类群植物的花(最重要)、果实等器官,通过比较,找出了植物特征间的进化方向,归纳出一些原始特征和进化特征(表2-2)。我们在识别植物时,可以根据它们的原始特征或进化特征,判断植物间的亲缘关系。目与目之间,科与科之间,属与属之间,甚至种与种之间都是如此。这也是识别植物的基础知识。

需要说明的是,根据上述特征(花最重要)判别一植物是原始或进化时,不能仅凭1~2条就下结论,要从总体上进行判断。因为各种器官的进化往往不同步,有的特征是进化的,另一些特征则为原始的。例如,兰科植物的花瓣特化、雄蕊多为1个、花粉结合成花粉块、子房下位等都是进化特征,但它的两性花、胚珠多数、胚小等又为原始特征。又如,唇形科植物的花冠合瓣、唇形、雄蕊数目4或2为进化特征,但它的子房上位又是原始特征。

在被子植物的各科中,只有木兰科的特征多表现为原始,而菊科植物的各方面特征则多为进化的。

表2-2　植物的原始特征与进化特征

	原始特征	进化特征
茎	1 木本 2 直立 3 无导管，有管胞 4 有环纹、螺纹导管 5 常绿	1 草本 2 缠绕 3 有导管 4 有网纹、孔纹导管 5 落叶
叶	1 单叶，全缘 2 互生，呈螺旋状排列	1 复叶，小叶有齿或裂 2 对生或轮生
花	1 花单生 2 有限花序 3 两性花 4 雌雄同株 5 花部螺旋排列 6 花各部数目多，不固定 7 花被同形，不分化为萼片和花瓣 8 花部离生（花瓣离生，雄蕊离生，心皮离生） 9 整齐花 10 子房上位 11 花粉有单沟 12 胚珠多数 13 边缘胎座，中轴胎座	1 花形成花序 2 无限花序 3 单性花 4 雌雄异株 5 花部轮状排列 6 花各部数目不多，3、4或5 7 花被分化为萼片和花瓣，花瓣多，或退化成单被花，或无花被 8 花部合生（花瓣合生，合生程度不等；雄蕊合生，合生形式多样；心皮合生） 9 不整齐花 10 子房下位 11 花粉有3沟或多孔 12 胚珠少或仅1个 13 侧膜胎座，特立中央胎座，基底胎座
果实	1 单果，聚合果 2 真果 3 种子含丰富的胚乳 4 胚小，直，子叶2个	1 聚花果 2 假果（花的其他部分参与果实形成） 3 无胚乳，由子叶贮存养料 4 胚弯曲或卷曲，子叶1个
其他	1 多年生 2 绿色，自养	1 一年生 2 寄生或腐生

8 识别植物的工具书

识别植物除了到大自然中多接触植物、观察它们的特征外，准备一些工具书也是非常必要的。我国已出版的这方面工具书很多，重要的有下列几种。

一是中国科学院植物研究所主编的《中国高等植物图鉴》(图 2-3)，共 7 册，其中包括补编 2 册。全套书共收录有经济价值或常见的种类近万种(中国高等植物约 30 000 种)，包括苔藓植物、蕨类植物和种子植物。每种植物都有简要的文字描述，包括中文普通名、拉丁学名、

图 2-3 《中国高等植物图鉴》(部分)

形态特征、分布和生态环境，有些还简要介绍了用途。更重要的是，每种植物都配有插图，插图比较准确。

每册书后面的附录中有分门检索表以及分科、分属和分种检索表。第一册书后还附有植物分类学上常用的术语解释以及插图。这些插图和检索表大大方便了读者查对植物、识别种类。

二是中国科学院植物研究所主编的《中国植物志》(图 2-4)。该套书从 1959 年起陆续出版，到 2004 年出齐，共 80 卷 126 册。书中收录了我国绝大多数的植物种类，包括野生的和习见栽培的，是我国植物分类的重要工具书。每科植物都有分属、分种检索表及插图。尤其是编

图 2-4 《中国植物志》(部分)

写中通过实地考察、查阅标本和文献考证，对每种植物做了一次全面的审

查与辨别，纠正了前人的错误命名和重复命名。对于查证植物种类，作出正确鉴定极有帮助。可以说，植物志的研究与编写是几代中国植物分类学家辛苦努力的结晶。

三是青岛出版社出版的《中国高等植物》，已出版 11 册。每种植物除图文以外，还有一个分布图，方便读者了解该植物在我国的分布。此外，还附了一些种类的彩色照片。该套书收录了约 15 000 种植物。

四是地区植物志。指的我国各省市出的植物志，如《海南植物志》《广东植物志》《云南植物志》《四川植物志》《秦岭植物志》《贵州植物志》《辽宁植物志》《山东植物志》《河北植物志》《浙江植物志》《江苏植物志》《东北草本植物志》《东北木本植物志》《北京植物志》《上海植物志》《天津植物志》等。这些植物志的范围比较小，容易查认。在某地区考察植物如果遇上问题，可以查阅当地的植物志。

9　识别植物的引路者——科

如果你发现一种开花的植物，经过现场观察，马上就能判断它是哪一个科的话，就说明你有了一定的识别植物能力。达到这种程度不是一日之功，而是不断接触植物、多看多认积累的结果。同一个科的植物往往具有一些关键的共同特征，抓住了科的关键特征，识别属、种就省劲些了。第三章将通过典型植物的介绍，带你认识裸子植物和被子植物中重要的"科"。

10　变种、变型和亚种

在植物分类的过程中，常根据植物变异的情况，将种以内的植物细分为变种、变型和亚种。一般情况下，如果某种植物出现茎、叶、花或果实的变异,并且这种变异比较稳定时,就可以定为变种(不管其他情况)或变型。变型的变异通常比变种小一些。这是分类学家根据研究时的情况而定的。亚种的变异比较大,同时又有一定的分布区域(或生长环境特殊),但变化未超出原种(或称原亚种)的范围,不足以另立新种,就定为亚种。

对这种分类方法,实际应用上常出现分歧。例如,有的分类学家认为,某个种的变种不能成立,应归并入原种(或称原变种)中去;有的分类学家对"已经认定的某个变种"有异议,认为应提升为新种,等等。这种情况在查考植物志(尤其《中国植物志》)时就能看到,与研究人员对植物标本(包括模式标本)的掌握情况、考察范围和材料(包括文献)的掌握是否全面以及研究是否深入有关。

由此可以看出,研究分类学很烦琐、很费时费精力,但又十分有趣。下面以槐为例来说明。

槐在我国十分常见,人工栽植已有几千年的历史,这从遗存的古树上就足以证明。随不同地区气候、土壤等的差异,槐发生了一些变异。据此,植物分类学家将槐做出了如下的分类。

堇花槐(*Sophora japonica* L. var. *violacea* Carr.)也称紫花槐,为槐的一个变种,从拉丁学名也可以看出。槐的花为白色或淡黄白色,但这个变种的翼瓣和龙骨瓣为紫红色,明显不同于原种,而且开花时间较晚。堇花槐在北京动物园等公园有栽种。

龙爪槐(*Sophora japonica* L. f. *pendula* Hort.)也为槐的一个变种,定为变型。不同之处为,粗枝扭转弯曲向上,而小枝下垂,使树冠如伞盖。它常用作砧木,用靠接或枝接的方法来繁殖。北京的各公园较常见。

五叶槐(*Sophora japonica* L. f. *oligophylla* Franch.)为槐的另一变型。变异之处为,羽状复叶的小叶数减少到3～5个,中间小叶常又3裂,侧生小叶的下部又有大裂片,小叶下面有绒毛。初看上去,似乎是生长不正常而造成的,实际上这种变化比较稳定,并且有一定的观赏价值。北京市区有栽种。

在农林和园艺上,人工栽培年代久了,再加上有意的选择培育,植物往往产生一些变化,形成"栽培变种",相当于野生变种。这在命名上有特定的表达方式。例如,柏科的圆柏,其栽培变种"龙柏"的拉丁学名中有"cv."。cv. 为 cultivated 的缩写,即"栽培的"。龙柏的枝条向上伸或朝一个方向扭转,形成尖塔形的树冠;叶几为鳞形叶,排列紧密;幼树淡黄绿色;球果圆球形,有白粉。球果的形态表明它源于圆柏。同理,还有球柏 cv. Globosa。其植株呈矮丛球形,枝密生,多为鳞叶。

再举一个亚种的例子。木犀科女贞属有 40 多种,其中有一种叫水蜡树(*Ligustrum obtusifolium* Sieb. et Zucc.),产于日本,我国辽宁、黑龙江、山东、江苏和浙江也有分布。水蜡树有一亚种,叫辽东水蜡树[*Ligustrum obtusifolium* Sieb. et Zucc. subsp. *suave*(Kitag.)Kitag.]。其叶片较狭,下面几无毛;花冠管部与裂片比例小,花柱变粗等。两者之间还有过渡类型,如山东崂山的标本,叶下面无毛或有毛,花冠管部与裂片比例有的较小,有的似日本的原亚种。从过渡特征上看,我国的植物标本的特征近似日本的原种,不能作新种处理,但由于分布地区差异大,所以列为亚种。

第三章　常见科的鉴别

　　本书着重介绍种子植物的识别方法。我们知道，种子植物分裸子植物和被子植物两大类。裸子植物的主要特征有：孢子体发达，均为木本；具有胚珠，形成种子；孢子叶大多聚生成球果状，称为孢子叶球或球花；配子体进一步退化，寄生在孢子体上；形成花粉管，受精作用不再受水的限制，等等。

　　与裸子植物相比，被子植物具有真正的花，尤其是花被，开花时五颜六色，又称有花植物。被子植物的主要特征有：第一，出现了花被，大大增强了传粉效率，并为异花传粉的形成提供了条件。第二，胚珠包在心皮里，以后发育成果实，使种子得到保护；此外，果实上常有附属物如翅、毛等，能协助种子传播，以扩大生存范围。第三，具有双受精现象，即1个精子与卵核结合形成胚，另1个精子与2个极核结合产生胚乳。具双亲特性的胚乳，可使形成的植物体具有更强的生活力。第四，植物体内有导管，导管运输水分的效率远高于管胞（裸子植物所有）；此外，木纤维和韧皮纤维增强了支撑能力，使被子植物可以支撑广大的叶面，从而增强光合作用的能力，并产生大量的花和果实。总之，被子植物诸多的优越性促进了自身的分化和发展，形成了今天这样分布十分广泛、种类极其繁多的一个类群，成为植物界中的"超级大国"。

　　本章将以科为单位，先介绍裸子植物的11个科，再介绍被子植物的61个科。全世界的裸子植物共有12个科71属近800种，我国有11个科41

属 200 多种。全世界的被子植物有 300 多科或 400 多科（不同的分类系统数目不同）20 万～25 万种，我国有 25 000 多种。

1　奇特的苏铁科

（1）苏铁

在大的饭店、会议室或公园，经常会看到用大木桶栽种的苏铁。苏铁（*Cycas revoluta* Thunb.）又称铁树（图3-1）。其主干粗壮、不分枝，顶端簇生着大型的叶。叶羽状，裂片达 100 对以上，厚革质，上面有光泽。雌雄异株；雄株开花时，从叶丛中伸出一圆柱形的雄球花，长可达 70 厘米；雄球花由多个小孢子叶组成，小孢子叶直立，鳞片状，具短柄，下部生有由 3～5 个小孢子囊组成的小孢子囊群；大孢子叶呈扇状，上部羽状分裂，下部具狭长的柄，柄两侧生有 2～6 个胚珠；整个大孢子叶上密生黄色绒毛。种子长约 4 厘米，卵形，稍扁，成熟后为橘红色或红褐色；外种皮肉质，中种皮木质，内种皮膜质；子叶 2 枚。

图 3-1　苏铁

苏铁是本科最常见的种，日本、菲律宾和印度尼西亚等国家有分布。我国南方如广东、福建和台湾，常人工栽于庭园等处，观赏用。北方冬季寒冷，所以常栽于木桶中，入冬后移入室内。在热带地区，树龄在 10 年以上的苏铁容易开花，而长江流域及北方的植株很难开花，因此，人们常用"铁树开花"来形容事情比较罕见或极难实现。如今，只要精心培育，北方的铁树也会开花,但与南方相比仍然比较困难。

苏铁通常只有一个主干,我国南方有少数分枝的苏铁。福建建阳市的一个镇就有一棵这样的苏铁,树龄达千年,为雄株。高4.5米,胸径0.43米,有5个分枝,每分枝各形成一树冠,树形优美。它一年生叶,一年开花,一年结种子,三年一轮,周而复始。开花时,散发出阵阵清香,为罕见的奇树。

苏铁科有9属约110种。我国仅有苏铁属9种。因此,认识苏铁就基本掌握我国的苏铁科了。1971年发现的攀枝花苏铁(*Cycas panzhihuaensis* L. Zhou et S. Y. Yang)为我国特有种。最初发现于四川攀枝花,后来在德昌、盐源县和云南北部华坪等地相继发现,主要分布在海拔1 000~2 000米,为国家濒危保护植物。攀枝花苏铁的发现将我国苏铁属植物分布的北界推移到北纬27°11′,对研究植物区系、植物地理、古气候和古地理等都具有重要意义。

(2)苏铁科要点

主干常不分枝。叶分鳞叶(很小)与营养叶(大)两种,经常看到的是营养叶,具羽状裂,狭长而质硬。雌雄异株。大孢子叶、小孢子叶和种子的特征见上文。

2 种子像杏实的银杏科

(1)银杏

银杏科只有1属1种,为我国特产。银杏(*Ginkgo biloba* L.,图3-2)的叶片独特,为扇形,顶部有2裂或波状缺刻,叶柄细长。其叶脉更有意思,多为分叉的细脉。银杏有长枝、短枝之分,短枝生于长枝上;长枝上的叶散生,短枝上的叶簇生。

银杏为雌雄异株,雌雄花皆生于短枝上。雄球花呈柔荑花序状,下垂;雄蕊有短梗,花药2,长椭圆形。雌球花有长梗,上端多2分叉,每叉顶生1珠座,浅盘状,珠座上各生1胚珠,这两个胚珠通常只有1个发育成熟。种子下垂,椭圆形或卵圆形,长3.5厘米,直径约2厘米,成熟时外被白粉,外种皮橙黄色肉质,中种皮白色骨质,内种皮淡红褐色膜质,有胚乳,子叶2。

银杏是珍贵的用材树种之一。种仁可食用,入药有润肺止咳、强壮等功效,叶也能入药。

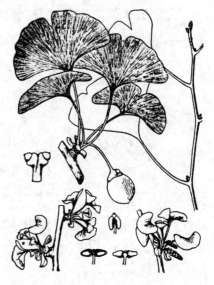

图3-2 银杏

银杏有活化石之称,如今浙江天目山尚存野生植株。自古栽培甚广,尤以古寺庙居多。日本、欧洲和美国等的银杏都是由我国传过去的。

趣闻轶事

在我国的古树中,银杏最为稀奇。贵州省福泉市黄丝乡李家湾有一株雄银杏树,高近40米,胸径达4.8米,是我国古银杏树中最粗的一株。年岁最大的银杏树生长在山东省莒县浮来山,据传为商代所植,树下有清代顺治甲午年间的碑文:此树已有3 000余年。北京也有一棵"银杏王",位于密云区各庄镇一小学院内,树高25米,胸径2.3米。有碑文记述:此树植于唐代以前。如果所说属实,那么这株银杏已有1 300多岁了。

（2）银杏科要点

本科只有银杏 1 种，所以只要了解银杏即可。需要注意的一点是，银杏的种子橙黄色，形状、颜色和质地都像杏的果实。那么，为什么银杏种子不是果实呢？前文已提到，银杏的胚珠生于珠座上，珠座浅盘状，可视为被子植物的心皮，但这个珠座不长大，即不包裹胚珠，所以胚珠是裸露的，由胚珠发育成的种子也是裸露的，不能算果实，只能是种子。此外，银杏的叶脉呈叉状，蕨类植物的叶脉也是叉状的，属于原始特征，这就是说，银杏保留了叉状叶脉这一原始特征。

3　松科这个大家庭

裸子植物中数松科最大，全球有 19 属 230 多种，我国有 10 属 100 多种，遍布全国，几乎均为高大的乔木。松科中以松属最大，全世界有 80 多种，我国 20 多种，分布很广。

（1）又奇又美的松树

说起松树，你可能会想起针叶、入冬不凋以及"岁寒三友"之说等。我国自古就推崇松树，许多古寺庙中种有松树，人们走到松树下也会不由自主地产生敬慕之感。在北京北海团城内承光殿的东侧，有一株金代所植的古油松（*Pinus tabulaeformis* Carr.），树高约 20 米，胸径 1 米以上，有 800 多岁。其树干古朴苍劲，枝叶茂盛，冠顶隆起略呈窄圆形，如伞盖遮天。据传清乾隆皇帝某年的炎夏来到团城，坐于此树下，顿觉凉爽，便封它为"遮荫侯"。在遮荫侯的附近有两株巨大的白皮松（*P. bungeana* Zucc.），也为金代所植，树高约 30 米，径近 2 米。由于树干白色，树身雄奇，犹如两名武士身披白甲，乾隆帝触景生情，封之为"白袍将军"。

白皮松(图3-3)与油松可以分辨。主要区别为前者树皮白色或有白斑,叶3针一束;后者树皮粗糙,不呈白色,叶2针一束。

著名的松树还有红松（图4-36）、赤松（图4-37）、华山松和马尾松等。若论树形之美,则以长白松为首。长白松[*P.sylvestris* Linn. var. *sylvestriformis*（Takenouchi）Cheng et C. D. Chu]生长在吉林长白山,当地群众称之为"长白美人松"或"美人松",为第三纪的孑遗树种,长白山特有。

图3-3 白皮松

笔者曾在长白山目睹过这位"美人",其树干修长,树皮金黄或橘黄色,分枝处很高,枝条横展,犹如"美人"的手臂。那种天然美真的是名不虚传。

如果说奇松,首推黄山的迎客松和蒲团松。迎客松位于玉屏峰东侧海拔1680米处,高9米多,树干中下部生有两大侧枝,向一侧伸出达数米,状如好客的主人伸出手臂欢迎八方来客。原树已枯,现在的迎客松是新栽的。此树种为黄山松(*P. taiwanensis* Hayata)。

民间传说

美人松的传说

在兴安岭,流传着美人松的神话故事。在很久以前,兴安岭山顶有一个终年不冻的泉眼,泉水不仅供当地人生活使用,还能灌溉良田。有一天,忽然来了一条恶龙,它张开血盆大口堵住了泉眼,从此再无水流出。人们敢怒不敢言。山下有个年轻木匠决心除掉恶龙,他带上利斧,并让他的妻子抱着盛满水的水缸在山上等候。木匠与恶龙每战几十回合,便要喝一口水。恶战三天三夜之后,终于砍下了恶龙头,泉水又流出来了,但木匠最终没有回来。他的妻子一直在等候,一年年过去了,最终感动了山神,山神将这位美丽的妻子变成一棵亭亭玉立的美人松,并由此逐步繁衍成美人松林。

(2)松科的3个重要属

对于松属,要注意球花和球果的特征。以油松为例,其球花单性同株。

图3-4 油松

雄球花圆柱形,在新枝下部聚生成穗状;雌球花绿色,成熟后为雌球果,卵球形,淡黄褐色,能在树上保存几年。种鳞的鳞盾肥厚,扁菱形,鳞脐有尖刺,每种鳞腹面有2枚种子。种子卵圆形或稍长,淡褐色,有翅,子叶8~12。通常四五月间开花,球果多在次年10月成熟。

油松(图3-4)针叶2针一束,有人曾据此将它命名为马尾松。马尾松针叶2针或3针一束,并且柔软较细,长10~20厘米;而油松针叶粗硬较短,长10~15厘米,很好辩别。种鳞的鳞脐也区别明显,油松鳞脐凸起、有尖刺,马尾松鳞脐微凹、无尖刺。此外,从分布上看,油松是北方的重要树种,而马尾松多分布在长江流域及以南地区。

松科还有两个重要属——冷杉属和云杉属。冷杉属(*Abies*)有50种,我国有19种。叶条形,扁平。雌雄同株,雌球花直立;球果当年成熟,成熟后种鳞与种子一同脱落,但中轴不脱落。本属有重要的森林树种,著名种有辽东冷杉(*Abies holophylla* Maxim.),叶条形,先端尖,不2裂,上面深绿色,有光泽。分布东北,长白山有。北京公园偶见栽培。河北小五台山、围

033

场及雾灵山有一种臭冷杉（*A. nephrolepis* Maxim.），叶条形，营养枝上的叶先端有凹缺或2裂，与辽东冷杉辽东冷杉区别明显。

云杉属（*Picea*）有40种，我国有14种及多个变种。此属的叶生于叶枕上，叶枕生于小枝上。叶枕似小木桩，很矮，这是其他属罕见的特征。叶四棱状条形，无柄，横切面方形或菱形。球果下垂，当年成熟，种鳞不脱落，每种鳞腹面有种子2粒。北京市最常见的栽培种为白杆（*Picea meyeri* Rehd. et Wils.，图3-5），常栽培于公园，北京大学校园内有多株。为我国特有种，多分布在河北、山西和内蒙古。其识别要点是，小枝基部有宿存的芽鳞。发芽时，小枝伸出，但芽鳞不脱落，且芽鳞先端略反卷，稍展开，不紧抱小枝基部。如果芽鳞不展开，而紧紧贴着小枝，就不是白杆，可能是青杆（*P. wilsonii* Mast.）。青杆也为我国特有，分布与白杆差不多。

松科内的国家保护种有银杉（*Cathaya argyrophylla* Chun et Kuang），为我国特产单种属，产于广西和四川。此外还有百山祖冷杉（*Abies beshanzuensis* M. H. Wu），产于浙江

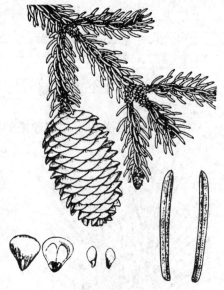

图3-5　白杆

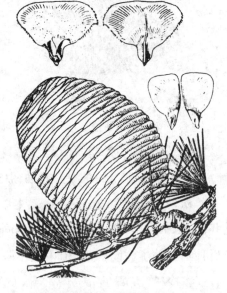

图3-6　雪松

南部百山祖南坡海拔1 700米以上的山地，极稀有，仅数株。这两种植物的

名字中都有"杉"字,但都不属于杉科。

松科内的世界庭园观赏树木为雪松(图3-6),不属于松属,而属于雪松属,拉丁学名为 *Cedrus deodara* (Roxb.) G. Don。

(3)松科要点

认识了多种松科植物,如果有人问你,松科作为一个独立的科,有哪些重要特征,你该怎样回答? 有人说松科植物的叶针形,好认,但这只说出了松属植物的叶的特征,因为松科其他属并非针叶,如冷杉、云杉的叶条形(杉科的叶也有条形的)。植物分类学家在详细比较了松科、杉科和柏科植物的特征之后,抓住了松科的球果和叶,找出了这三科间的重要区别:

松科球果的种鳞与苞鳞(生在种鳞背面)是离生的,仅基部微合生;每个种鳞腹面只生2个种子;从叶上看,叶的基部不下延。

杉科球果的种鳞与苞鳞半合生,只有顶端处离生,也有完全合生的;有时种鳞小,有时苞鳞退化;每个种鳞腹面有种子2~9个;叶基部常下延。

柏科球果的种鳞与苞鳞完全合生;种鳞有1至多个种子;叶基部常下延(刺柏属例外)。

综上所述,抓住松科球果的种鳞与苞鳞离生这一点,就抓住了要害。建议你到树林中找一个球果,先观察它的种鳞与苞鳞是否离生,再观察它的针叶。

4 巨木众多的杉科

说到树木中的"巨人",你可能会想到美国加州的巨杉和红杉,它们常高达90米,甚至超过100米,直径达8~10米,小汽车能从树干上开的树洞中通过,堪称树木中的奇观!

（1）常见种类

巨杉属于巨杉属，仅1种，产自美国加利福尼亚州，拉丁学名为 *Sequoiadendron gigantea*（Lindl.）Buchholz。红杉又称北美红杉、"世界爷"，属于北美红杉属，拉丁学名为 *Sequoia sempervirens*（Lamb.）Endl.，多生长在美国加利福尼亚州的海岸边。这两种植物我国都有引种。

我国的杉科也有大树，如台湾杉（*Taiwania cryptomerioides* Hayata）。树高约40米，胸径3米。叶钻形。球果卵圆形，较小。是我国的特有种，产于台湾中部山脉，被称为亚洲树王。

水杉（*Metasequoia glyptostroboides* Hu et Cheng，图3-7）为我国特产，也是稀有的孑遗树种，被誉为"植物中的熊猫"。人们曾认为水杉已经绝迹。1941年我国植物学家在湖北西部的利川县发现了它，在学术界引起轰动。水杉的一些特征极特殊，如叶和球果的种鳞均对生；单叶，排列成羽状复叶状，许多人都误以为是羽状复叶；落叶植物。水杉的适应性强，生长迅速，树形优美，材质良好，被广泛引种，已成为园林绿化的常用树种。

图3-7 水杉

杉木[*Cunninghamia lanceolata*（Lamb.）Hook.，图3-8]是我国南方栽培极广极多的一个树种，高可达30米，胸径可达3米。其最大优点是主干笔直，为优质材用树种。由于栽培历史悠久，许多林区都有巨树，被称为杉木王。例如，湖南省城步苗族自治县就有许多古杉木，最大一株高26米，胸径2米多，单株材积48立方米，树龄约1600年，堪称杉木之首。宋代理学家朱熹是江西婺源县人，曾回乡栽种了24株杉木，如今尚存16株，

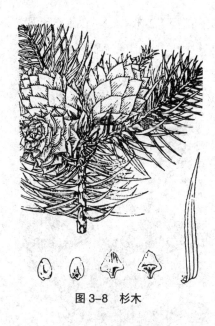

图 3-8 杉木

胸径皆达 1 米,高 30 多米。

杉木的叶披针形或条状披针形,呈镰状,坚硬革质,长 2~6 厘米,宽 3~5 毫米,先端尖硬,尖刺状,上面绿色,有光泽。雄球化几十个聚生枝顶,雌球花较少,集生,绿色。球果卵圆形,长 5 厘米。球果的重要特征是:苞鳞大,革质,棕黄色,三角卵形,先端有刺状尖头,边缘有齿;种鳞很小,先端 3 裂,腹面有 3 个种子;种子扁平,遮盖住种鳞,两侧有狭翅。杉木的木材有香气,易加工,耐腐力强,能抗白蚁,是建筑、造船和家具用良材。

(2)杉科要点

杉科与松科、柏科的不同点在哪里?这个问题在"松科要点"中已说明,供参考。

5 庄严肃穆话柏科

柏科植物是公园里的常见植物,尤其是古柏,如北京中山公园的古侧柏[*Platycladus orientalis*(L.)Franco]、天坛公园的九龙柏、陕西黄陵县桥山黄帝庙的古侧柏,最后一个又称轩辕柏。据传这棵柏树为黄帝亲手栽种,如今树高近 20 米,胸径约 3.4 米,被称为"世界柏树之父"。河南省登封市的嵩阳书院有两株古柏,被汉武帝封为"大将军"。

山东崂山太清宫的三皇殿院内有一株奇柏,为圆柏[*Sabina chinensis*

(L.)Ant.]，树龄达2 000年，高20多米，主干直径1.2米。虽树干已空，仍生机勃勃。有趣的是，距地面3米多高的树缝中生一株凌霄（属紫葳科），已长至古柏的顶部，每年7月开艳红的花朵。树干5米处生有一株盐肤木（漆树科），每年秋季叶子也变成鲜红色。8米处还生一株刺楸。这些以古柏为家的植物，既受到古柏的呵护，又给古柏增添了不同的景观。

红桧（*Chamaecyparis formos-ensis* Matsum.，图3-9）为我国特产，属于扁柏属，生于台湾阿里山、北插天山等地。老树高可达57米，直径6.5米（阿里山那株大红桧被称为神木），有些树龄已在2 700岁以上，成为当地著名的旅游景观之一。新竹县的桧木公园内有百株神木，树龄皆千年以上，由红桧及台湾扁柏组成。

图3-9　红桧

民间传说

阿里山神木的传说

福建武夷山上有一块大岩石，叫望女石；台湾阿里山有一株巨大的神木，叫思母树。传说在很久以前，武夷山和阿里山是连在一起的，山上山下树木参天，景色优美，百姓安乐。一年来了妖怪后，树木枯死，鲜花枯萎。山下有两母女相依为命。女儿年方十九，决心除妖，她拜师学会了射箭和弄刀，便上山除妖。搏斗中，她用箭射瞎了妖怪的双眼，用刀砍伤了妖怪，使妖怪陷入沟中，此时传来一声巨响，武夷山断裂了，姑娘跃上了东边一座山，山沟里涌入海水，形成了今天的台湾海峡。断开的西侧山为今天的武夷山，东侧山则成了阿里山。女儿常常站在阿里山上遥望母亲,天长日久就变成了一棵红桧,人称为"思母树"。而武夷山上的母亲也在盼望女儿,最终化为一块大岩石,人称"望女石"。

(1)透视侧柏

侧柏(图3-10)在柏科中具有代表性,我国南北分布极广。其枝条细,向上直伸或斜展,最大的特点是扁平,并且排成一平面。叶片鳞形,长仅1～3毫米,小枝中央叶露出的部分呈倒卵状菱形或斜方形,两侧叶呈船形,端稍内曲,背部有脊,尖头下方有腺点。雌雄同株;雄球花卵圆形,黄色,长仅2毫米,有8对交叉对生的雄蕊,花药2;雌球花有4对交叉对生的珠鳞,只有中间2对珠鳞各生1～2个胚珠。球果当年成熟,熟时开裂,种鳞常4对,木质而厚,近于扁平,背部顶端下有一钩状尖头,仅中部种鳞各有1～2个种子。种子一般无翅。

图3-10 侧柏

侧柏木材细密,耐腐蚀,是建筑、家具的优质用材。种子、小叶入药,种子有强壮滋补之用,小叶有健胃之功。

(2)怎样区分圆柏和侧柏

圆柏(图3-11)又称桧柏,你知道它与侧柏的区别在哪里吗?侧柏的

图3-11 圆柏

鳞叶不呈针刺状,而圆柏的叶变化大,有刺叶和鳞叶两种。幼树上的叶全为刺叶,老时则全为鳞叶,壮龄树两种叶都有。小枝一回分枝上的叶若为鳞叶,常交互轮生,排列紧密;若为刺叶,常3叶轮生,斜展而疏松,窄披针形,渐尖,基部下延。

如果你看不明白叶上的特征,可以抓住另一个特点,即侧柏雌雄同株,圆柏雌雄异株;侧柏的球果当年成熟并开裂,种鳞厚木质;圆柏的雌球果肉质,次年成熟,外有白粉,有时粉脱落。

圆柏分布很广,南北各省几乎均有。变化大,有几个栽培变种,最著名的是龙柏。其树冠柱状塔形,小枝及叶密集,为庭园和公园习见的变种。

(3)名为杜松实乃柏树

杜松属于刺柏属,拉丁学名为 *Juniperus rigida* Sieb. et Zucc.。杜松(图3-12)在东北称为崩松,在河北称为棒儿松。杜松的这些名字中都没有"柏"字,却是柏树。

杜松为灌木或小乔木,北京也很常见,它的树形较特别,树冠塔形或圆柱形,小枝下垂,幼枝三棱形。叶比较特殊,好认,3叶轮生,坚硬,基部不下延,有关节,明显比圆柏叶长。另一显著特征是,叶上面凹陷,呈深槽状,槽内有一条白粉带,下面有纵脊。雄球花近球状,小。球果圆球

图3-12 杜松

形,成熟时蓝黑色,多有白粉。种子卵圆形。叶较长,上面有纵沟,叶基不下延等是识别杜松的重要标志。

杜松产自东北和西北地区,常作为庭园绿化树。球果入药,能利尿发汗。

（4）柏科要点

识别柏科时,看到叶小、鳞状或刺状,已有八九分把握。若再看到种鳞与苞鳞完全合生,叶基常下延(刺柏属的10多种除外),便能确定。

6 生"和尚头"的罗汉松科

罗汉松(图3-13)的雌球花极为特殊,常单生于叶腋或苞腋,基部有数个苞片,最上部1个套被生1胚珠,套被与珠被合生,花后套被加厚肉质,称为假种皮。苞片发育成肥厚的肉质种托,好似两个胚珠重叠在一起。种子成熟后核果状,有梗,为肉质假种皮所包。种子直径约1厘米,先端圆,肉质假种皮紫黑色,有白粉,看上去如和尚头;下部的种托肉质圆柱形,红色或紫红色,形似罗汉,极具观赏价值。

图3-13 罗汉松

罗汉松[*Podocarpus macrophyllus*(Thunb.)D. Don]为乔木,高可达20米,胸径达60厘米。枝较密。叶螺旋状生,叶片条状披针形,上面绿色有光泽,下面色较淡。雄球花穗状,常3～5个簇生于短总梗上;雌球花常单生叶腋。花期4—5月,种子8—9月成熟。

分布于长江以南多省,多为栽培,野生株极少。江西省东乡县愉怡乡有一株罗汉松,高30米,胸径1.8米,树干扭转,枝叶繁密,据说植于唐代。

（1）罗汉松科的奇种

竹柏[*Podocarpus nagi*(Thunb.)Zoll. et Mor.]属于罗汉松属。雌球花多

041

图 3-14 竹柏

单生叶腋,基部有数个苞片,与罗汉松的苞片不同,它不形成肉质种托。种子圆球形,成熟时假种皮暗紫色,有白粉。花期3月,种子10月成熟。

分布在长江以南的浙江、江西、湖南、广东和广西等省区,常成林。木材供建筑、家具用,种仁油可食用。

竹柏(图3-14)的叶特殊,交叉对生,排为2列;叶片厚革质,卵状披针形或椭圆状披针形,无中脉,细脉并行,似竹叶,故有竹柏之名。竹柏有圆叶竹柏和长叶竹柏等种类。

罗汉松科的另一奇种是鸡毛松(*Podocarpus imbricatus* Bl.)。它有两种叶:老枝和球果枝上的叶呈鳞形或钻形,长两三毫米;幼树上新生的枝条或小枝顶部的叶,钻状条形,质地柔软,排成2列,呈扁平状,状如鸡毛,因此而得名。

鸡毛松(图3-15)的雄球花穗状,生小枝之顶,长1厘米左右。雌球花单个或两个生于小枝之顶,常1个发育。种子无梗,卵圆形,成熟时肉质假种皮红色,有肉质种托。4月开花,10月种子成熟。

鸡毛松主产于海南省五指山,云南和广西也有分布。木材供建筑、家具用,也是荒山造林树种。

图 3-15 鸡毛松

(2)澳大利亚的罗汉松爬地长

澳大利亚新南威尔士的科修斯古山(最高峰海拔2442米)有一种劳伦

斯罗汉松,它是那里唯一的罗汉松,长在高山树线以上的岩石缝中,根扎入石缝中的土层,枝叶似爬在石头上,生命力十分顽强。雄球花穗状,粉红色。种子生在肉质、鲜红色的种托上。种托似樱桃,十分诱人。种子比较硬,绿色。这种罗汉松的叶与一般罗汉松不同,肉质,能贮存水分,可以抵御高山上的干旱气候,并适应那里的土质。

(3)罗汉松科要点

罗汉松科主要特征是,雄蕊有 2 个花药,花粉上有气囊,有囊状套被。种子核果状,为肉质假种皮所包,生于肉质或非肉质种托上,或种子坚果状,生于杯状肉质或薄膜状假种皮中,无肉质种托。其中雌球果的特征是关键。

7 漂亮的红豆杉科

(1)红豆杉属植物

红豆杉科有 5 个属,其中的红豆杉属(*Taxus*)有 11 种,我国 4 种。本科种子多坚果状,生于杯状、肉质、鲜红色的假种皮中,十分漂亮。红豆杉的肉质假种皮由珠托发育而成。这与罗汉松不同,罗汉松的胚珠外有一套被,且两者合生,套被增厚成肉质假种皮。部分种类的苞片发育成肉质种托,种托不包围种子。

红豆杉〔*Taxus chinensis*(Pilger)Rehd.,图 3-16〕为大乔木,高 30 米,

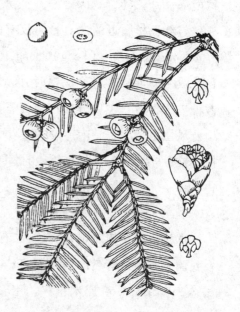

图 3-16 红豆杉

胸径达1米。叶排成2列,条形,长1～3厘米,宽2～4毫米,上面绿色,有光泽,下面淡绿色。雄球花淡黄色;雄蕊8～14个,花药4～8。种子生于杯状、红色、肉质假种皮中,偶有珠托不发育成肉质假种皮的。种子常卵圆形,先端有一钝尖。

红豆杉是我国特有种,分布甘肃、陕西、四川、云南、贵州、湖北、湖南、广西和安徽等省的部分地区。木材为建筑、家具的良材,可栽种作为观赏树木。其变种南方红豆杉的叶较宽长,分布于长江以南广大地区,种子为驱蛔虫药。

另有东北红豆杉(*T. cuspidata* Sieb. et Zucc.)。其叶排列较紧密,但不规则,略呈2列。分布在东北的吉林和辽宁。叶含紫杉素等多种成分,有通经、利尿作用。茎皮含紫杉醇,有抗白血病、抗肿瘤的功效。

西藏红豆杉(*T. wallichiana* Zucc.)的叶排列极密,不规则且彼此重叠。仅分布于西藏南部,为国家保护植物。

与红豆杉属近的白豆杉属仅有白豆杉[*Pseudotaxus chienii*(Cheng)Cheng,图3-17]1种,为我国特产。种子成熟时,肉质杯状,假种皮为白色。主要分布在浙江省龙泉昂山及凤凰山,江西、湖南、广东和广西也有。白豆杉为常绿灌木,是树形优美的庭园植物。

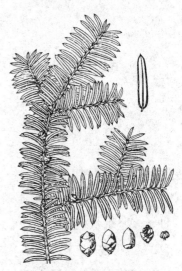

图3-17　白豆杉

(2)榧树属植物

本科中的榧树属很有特色,共有7种,我国4种,北美2种,日本1种。在我国种类中最有名的是香榧(*Torreya grandis* Fort.,图3-18)。为乔木,高可达25米,胸径55厘米左右。叶条形,2列,直,上面无隆起的中脉,这与红豆杉属不同,后者中脉明显。雄球花圆柱状,单生叶腋;雌球花2个成对生于叶腋。种子椭球形或卵球形，成熟后假种皮紫褐色，有白粉。4月开花，子次年10月成熟。

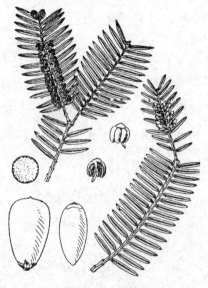

图 3-18　香榧

主要分布于江苏、浙江和福建。种子为著名干果，又称香榧子，可榨油食用，假种皮能提取芳香油。香榧子营养丰富，含油41.8%，蛋白质10%，脂肪4%，碳水化合物2.8%，以及钙、磷、铁等元素。具医疗价值，可润肺、健脾、益气、壮阳、开胃消食和止咳化痰，还有驱虫作用，真乃食疗干果！

香榧为雌雄异株，欲使树木结种子好，除了保护好雌树外，还要保护雄树，这样才能提高受粉率，增加产量。以往人们认识不到这点，常将长势很旺的雄树砍掉，致使雌树结种子率大大降低。

香榧栽培历史悠久，在浙江磐安县有一株榧树王，已有千年历史，高达40米，每年产干果500多千克，并且质量上乘。浙江天台县明岩、九遮山景区有一株古香榧，据说为晋代所栽，高26米，胸径1.7米，每年产干果300多千克。

知识窗

香榧生长极其缓慢，从苗到开花并产生成熟的种子需50多年，因此民间有"五十年香榧"的说法。香榧结果（种子）也不容易，从开花到种子成熟历时3年，这就是说树上的种子是分批成熟的。第一年的种子如麦芽，第二年长到黄豆大小，第三年才长成橄榄状的"果"。因此，香榧树上有三代种子，人们称之为"三代果"。正因为如此，8月"果"熟时不能用竿打，也不用打，因为成熟的香榧子会自动脱落。

（3）红豆杉科要点

红豆杉科的关键点是，胚珠有盘状或漏斗状珠托。种子核果状，全为肉质假种皮所包，无种梗；或种子有长梗，包于囊状肉质假种皮中，但尖头露出；或种子坚果状，包于杯状肉质假种皮中。常绿乔木或灌木，叶条形或披针形，常2列。球花单生，雌雄异株。

8　三尖杉科——红豆杉科的近缘科

三尖杉科接近红豆杉科，主要区别在于：三尖杉科的雌球花生于小枝基部的苞腋里，在花梗上部的花轴上有几对交叉对生的苞片；胚珠常2个成对生于苞腋，有辐射对称的囊状珠托；种子常生于膨大的花轴上，核果状，完全包于肉质的假种皮中。而红豆杉科的雌球花单生，或2个成对生于叶腋或苞腋；雌球花有梗或无梗，胚珠1个，生于花轴或侧生短轴顶端的苞腋内，有辐射对称的盘状或漏斗状珠托；种子特征见上文。在掌握这些时，最好找到红豆杉和三尖杉的球果，观察并领会，不要死记硬背。

三尖杉科仅有三尖杉属，共9种，我国有7种，3个变种。分布秦岭以南和台湾。常绿乔木或灌木。叶条形或披针状条形，交叉对生或近对生，常成2列，上面中脉隆起，下面有两条宽气孔带。雄球花6～11个聚生成头状，单生叶腋，基部有多数螺旋状苞片；雄蕊4～16个，均有3个花药；雌球花有长梗，生于小枝基部的苞腋，花梗上部的花轴上有几对苞片交叉对生，每苞腋有2个直立的胚珠，胚珠生于珠托之上。种子次年成熟，核果状，全包被于肉质假种皮中，假种皮由珠托发育而成。种子卵圆形，顶有小尖头，外种皮硬，内种皮薄，有胚乳。

著名种为三尖杉（*Cephalotaxus fortunei* Hook. f. ，图3-19），我国特有。分布在长江以南地区，北可到河南南部、陕西南部和甘肃南部。木材供建筑用,枝、叶、种子和根可提取多种生物碱(总含量约0.39%),对淋巴肉瘤、肺癌等有较好疗效。三尖杉属内有抗癌作用的还有海南粗榧、粗榧和篦子三尖杉。

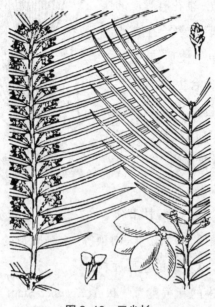

图 3–19　三尖杉

9　麻黄科有发汗药

麻黄科仅1属,约40种,我国有12种,4个变种。分布遍及亚洲、欧洲、非洲和美洲,我国以云南、四川居多,生长在土壤贫瘠处或荒漠。麻黄属的多数种类含生物碱,尤其是草麻黄、木贼麻黄和中麻黄,其绿色的茎枝入药,有发汗、治疗咳喘和水肿的作用。

常见种类木贼麻黄(*Ephedra equisetina* Bunge,图3-20)为直立小灌木,在沙漠地带也能长成小乔木状,主干很粗,茎基部直径通常1.5厘米。小枝细,直径仅1毫米,有节和节间。看上去全株都是尖枝,实际上有极小的叶,呈鳞片状,在茎节上交叉对生,基部以上 3/4 合生,上部 2 裂,裂片三角形。雄球花卵圆形,有苞片 3～4 对,每个苞片上有 1 雄花;雄花有膜质的假花被,6～8 个雄蕊,花丝合生或先端稍分离。雌球花单生枝顶,有苞片 3 对,最上 1 对约 2/3 合生;雌花 1～2,珠被管长可达 2 毫米;雌球花成熟时近卵圆形,苞片肉质,红色。种子通常 2 粒,藏于肉质苞片内。6—7 月开花,8—9 月种子成熟。

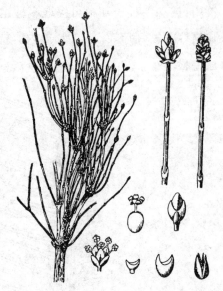

图 3-20　木贼麻黄

分布在华北、陕西西部、甘肃和新疆,多生长在干燥地带,如山脊、山顶等。木贼麻黄的生物碱含量高于本属的其他种,是提取麻黄碱的主要原料。

《神农本草经》中的麻黄实为草麻黄(*E. sinica* Stapf),其植株草本状,小枝节间较长,长 3～4 厘米。分布于东北、华北、河南西北部及陕西等省。生于干燥荒地及荒原,常成群落。生物碱含量仅次于木贼麻黄,有相同功效。

中麻黄(*E. intermedia* Schrenk)为灌木,高可达 1 米。叶有 3 裂和 2 裂并存的特点。苞片 2 个对生或 3 个轮生。珠被管长而曲折,这与前两种不同,前两者珠被管较短较直。

10　叶像被子植物叶的买麻藤科

买麻藤科为常绿木质藤本,稀有灌木或乔木。茎节膨大呈关节状,节下有环状总苞片。单叶对生,有叶柄,叶革质,矩圆状或椭圆形,羽状脉,极似双子叶植物的叶。花单性,异株,少同株,排成穗状花序,具多轮合生的环状总苞(由轮生的苞片合生而成)。雄球花穗单生或数个组成聚伞花序，各轮总苞有多数雄球花，排成2~4轮；雄花具杯状假花被；雄蕊2，少有单个，伸出假花被之外。雌球花穗单生或数个组成聚伞圆锥花序，侧生于老枝上，每轮总苞有4~12朵雌花；雌花有囊状的假花被，紧包胚珠；胚珠有两层珠被，内层珠被顶端延长成珠被管，伸出假花被之外，外珠被分化为肉质的外层和骨质的内层，这肉质的外层与假花被合生并发育成假种皮。假种皮肉质，红色或橘红色。种子核果状，胚乳丰富，子叶2。

本科仅有买麻藤属(*Gnetum*)，大约30种，分布于亚洲、非洲及南美洲的热带和亚热带地区。我国有7种，分布于南方热带林中。常见种为买麻藤(*Gnetum montanum* Markgr.，图3-21)，藤本，高10米。叶大小多变，常为矩圆形或椭圆形，光滑，革质或半革质，有叶柄。种子矩圆形，成熟时黄褐色或红褐色，光滑。6—7月开花，8—9月种子成熟。分布在云南南部、广西和广东等地。

图3-21　买麻藤

买麻藤的茎皮纤维可织麻袋，制绳索。种子可炒食或榨油食用。藤内富含水，割开就能饮用。清代赵学敏的《本草纲目拾遗》记载："……其茎多水，渴者断而饮之，满腹已。余水尚淋漓半日；性柔易治，以制履坚韧如麻，故名。"这是对买麻藤特征的生动描写。

11　百岁叶科的叶活百年

百岁叶科是裸子植物中极奇特的一科，仅有1属1种。百岁叶(*Welwitschia*

049

mirabilis Hook. f.)分布于非洲西南部近海的沙漠地带。茎粗而短,圆锥形的根深入地下。幼苗期的1对子叶生活2～3年脱落后,长出1对新叶,终生也只有这对叶存在。叶宽带状,长2～3米,宽30厘米,厚如皮革,寿命可达百年,其名便由此而来。这也是世界上寿命最长的叶子。

百岁叶的雌雄花序分别生于雌、雄株茎顶的凹陷处;苞片交叉对生,鲜红色;雄蕊6个,基部合生,中央有一不孕的胚珠;雌花有一层珠被,珠被顶端延伸成珠被管。

百岁叶与麻黄、买麻藤有相似处:子叶均2个;叶片对生;茎中的木质部有导管;花组成花序,雌雄异株;花都有珠被管和假花被(类似花被的结构)。

百岁叶之所以能在沙漠中生存,主要是因为附近的海洋能带来湿润的空气,以及少量的降雨。由于水分限制,它只能分布在近海的狭窄地带。

12　花序像毛毛虫的杨柳科

本科只有3个属,共400多种,我国有3属200多种。分布广。

(1)常见种类——杨树

杨树是本科常见的一个种,为木本,雌雄异株。早春天气尚寒时,杨树上就长出一根根毛毛虫样的东西,你知道吗,它们是杨树的花序,叫柔荑花序。整个花序柔软下垂,雄花序上面有许多雄花,每个雄花都有一个苞片。雄花密密麻麻地排列,就像毛毛虫一样。每朵花极简单,只有一个杯状花盘,里面稀疏地生有几个雄蕊,没有蜜腺,靠风力传粉。雌花序类似,雌蕊生在花盘基部。果实(蒴果)成熟后开裂,飞出带白色绵毛的细小种子。

通常说的杨树,是指杨属中的某个种。我国约有30种杨属植物,常见的有毛白杨、钻天杨等。怎样区分这些植物呢? 可以抓住以下几个关键点:毛白杨(*Populus tomentosa* Carr. ,图3-22)树皮灰白色。叶片三角卵形,较大，边缘有齿，下面密生灰白色毡毛，老龄树的叶有波状齿。北京以前栽种毛白杨较多，为行道树。从全国范围来看，栽种多的是钻天杨（*P. nigra* L. var. *italica* Koehne），其嫩枝和叶背无毛，边缘有锯齿。加拿大杨（*P. canadensis* Moench）北方地区栽培较多，其树皮褐色，有纵裂。叶背面或两面都有白色绒毛的，很可能是银白杨（*P. alba* L.）或其变种。新疆杨有一重要特征是，长枝上的叶掌状3~7深裂，裂达中部或更深；边缘有粗齿；背面密生白色绒毛。北京大学校园内就有新疆杨。

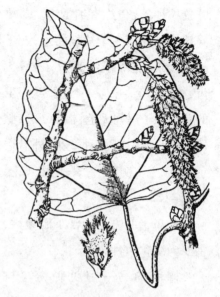

图3-22　毛白杨

杨树多为高大树木，据说台儿庄大战时，它们还立了战功呢。一天，中国军队的一列火车经过徐州附近时，日军的飞机在天空盘旋，列车只好时走时停，幸好铁路两侧都是高大浓密的杨树，帮助列车躲过了轰炸，平安到达目的地。当年那里栽培广泛的是毛白杨和钻天杨。

（2）说不尽的垂柳

柳属中家喻户晓的当数垂柳（图3-23）。垂柳喜水，多栽于水边，它的枝条柔软下垂，随风飘忽，与水相映成趣。西湖十景之一"苏堤春晓"，就离不开垂柳。古诗词中有不少咏垂柳赞垂柳的句子，如"昔我往矣，杨柳依依""沾衣欲湿杏花雨，吹面不寒杨柳风""家家泉水，户户垂杨"等。古人往往杨和柳不分，所以诗词中的"杨柳""杨""垂杨""绿杨"指的大多是垂柳。这个问题李时珍在《本草纲目》中已分清楚："杨枝硬而扬起，故谓之杨；柳枝弱而垂流，故谓之柳，盖一类二种也。"

垂柳（*Salix babylonica* L.）为柳属，落叶乔木。枝细长下垂，小枝无毛。

叶狭披针形,边缘有细锯齿。雌雄异株。雄花序生于短枝之顶,花下的苞片条状披针形,光滑,全缘无齿;雄蕊2个;腺体2个。雌花序上的苞片和子房均无毛;柱头2裂;腺体1个。蒴果2裂,种子小,外有白色柔毛,称"柳絮"。3—4月开花,4月结果。

分布于北方至长江下游地区,主要为绿化树种,生长快。

柳属的另一习见种为旱柳(*S. matsudana* Koidz.)。与垂柳不同,旱柳的枝不下垂,小枝光滑,黄色。叶披针形,边缘的锯齿有腺毛。雌花有2腺体。4月开花,5月结果。

图3-23　垂柳

分布极广,为蜜源植物,木材供建筑、制作家具用。重要变种是龙爪柳,其枝条卷曲向上生长,为观赏树种。

杨与柳的主要区别见表3-1。需要提醒的是,平常所说的柳树也是泛指柳属的某个种。因此,应了解杨与柳的区别,这样无论遇到哪个种,只要弄清是杨(即杨属)还是柳(即柳属),再去查是什么种就容易了。

表3-1　杨和柳的主要区别

杨	柳
冬芽有多个(芽)鳞片,有顶芽	冬芽只有1个(芽)鳞片,无顶芽
叶片宽,三角卵形	叶片窄,狭披针形
开花时,各花的苞片边缘有裂	各花的苞片全缘
有花盘无蜜腺,风媒花	无花盘有蜜腺,虫媒花

(3)杨柳科要点

本科为木本,无草本,乔木、灌木均有,灌木中矮小的仅数厘米高。例如，西南高海拔地区的 10 多种柳树，长白山天池附近的矮生柳树，它们是在严寒、多风、干旱环境下形成的。雌雄异株；花序为柔荑花序，成熟后整个花序脱落；花无花被，只有花盘或蜜腺，有苞片。果实为蒴果，2 心皮形成，2~4 瓣裂。种子小，有白毛。

13 森林里的美人——桦木科

（1）常见种类

这里的"森林美人"是指桦木科的白桦。白桦枝叶扶疏，姿态优美，尤其是树干修直，洁白雅致，十分引人注目。白桦(*Betula platyphylla* Suk.，图 3-24)属桦木属，为落叶乔木。叶呈三角状卵形，叶缘有重锯齿，上面绿色，下面淡绿色，密生腺点；侧脉 5~8 对。雄花序上的苞鳞覆瓦状排列，每一苞鳞内有 2 个小苞片和 3 朵雄花；花被膜质，下部合生；雄蕊 2 个。雌花序直立或下垂，苞鳞覆瓦状；每苞鳞内有 3 朵雌花，无花被；子

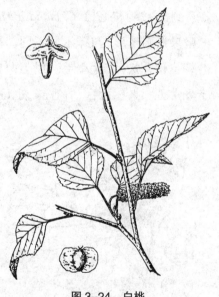

图 3-24 白桦

房扁平，2 室，每室 1 胚珠，花柱 2。果序圆柱形，下垂；小坚果长圆形，两边有宽的膜质翅。4—5 月开花，6—9 月果熟。

白桦分布于东北、华北及西南等省区。树汁可作饮料，春季将它的树皮割开，就会有汁液溢出。树皮可用于编箱子、水桶等多种器具。鄂伦春人捕鱼用的船就是用白桦皮制作的，十分轻便。北京的东灵山、百花山等

海拔1 200米以上地带有白桦分布。

能与白桦媲美的是垂枝桦(*Betula pendula* Roth),它与白桦相似,叶片也是三角状卵形的,树皮黄白色或灰色,但果翅比白桦的果翅宽,是果实的两倍。不同的是,垂枝桦的枝条下垂,像垂柳一样。垂枝桦仅分布在新疆北部至阿尔泰山区,生于河滩、山脚等湿润地带。

除白桦以外,北方山地的习见种还有红桦、坚桦、黑桦(棘皮桦)和硕桦等。吉林长白山海拔1 700米的山坡上生有一种岳桦(*B. ermanii* Cham.),分布地区与高山草甸相接,由于寒冷、风大,岳桦的树干常弯成弓状,十分奇特。

桦木科重要的属还有榛属。其中的榛(*Corylus heterophylla* Fisch. ex Bess,图3-25)和毛榛(*C. mandshurica* Maxim.,图3-26)是北方名种。榛属的坚果近圆球形,与桦木属不同。榛的坚果外包有叶状钟形的果苞,毛榛的果苞长管状,密生刺毛。以上两种分布于东北、华北和西北。北京山区十分常见。果仁可食,有香味,也可榨油。

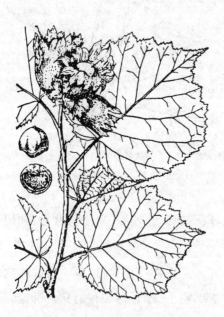

图3-25 榛   图3-26 毛榛

(2)桦木科要点

本科均为木本植物。单叶。花单性,雌雄同株;雄花序和雌花序均有苞鳞;雄花生苞鳞内,有雄蕊2~20个;雌花序的每苞鳞内有雌花2~3朵,每朵雌花有1~2小苞片,无花被,子房下位,2室,每室1~2胚珠。小坚果或坚果。

桦木科与杨柳科明显不同,后者雌雄异株,雌雄花均为柔荑花序;蒴果2裂;种子有毛。

14 "铁杆"庄稼——壳斗科

壳斗科有7属900种,主产温带、亚热带。我国有6属,南北均有。本科中的不少种类,果实都可以当粮,但与小麦、水稻等草本粮食作物相比,壳斗科植物多为大树。

树木出产粮食,难道不是"铁杆"庄稼吗?在壳斗科的"铁杆"庄稼中,以栎属最为著名。

(1)栎属植物

栎属有300种,我国90种,南北均有分布。其果实为坚果,种子富含淀粉。著名种为麻栎(*Quercus acutissima* Carr.),又称橡椀树、栎、青冈。麻栎(图3-27)叶披针形,两面绿色,边缘齿尖如芒针状。坚果包于壳斗中,仅顶部外露,壳斗外有硬毛状鳞片。坚果圆球形,也称橡实、橡子。分布南北多省。

图3-27 麻栎

橡子当粮,自古有之。《本草纲目》云:其仁如老莲子肉,可以为饭,或捣浸取粉。《庄子》曾曰:昼食橡栗,夜栖树上,故名有巢氏。《植物名实图考》记载:橡实……山人饥岁拾以为粮。从这些文字中可以看出,在饥荒年代橡实曾救活了不少人。据说橡子淀粉经处理后,可以代替咖啡,但如今已没有人饮用这种饮料了。橡子淀粉虽然能食用,但含单宁,有涩味,应去除。

图 3-28　栓皮栎

栎属的另一常见种为栓皮栎(*Q. variabilis* Bl. ,图3-28),其树皮质软,含厚木栓层,可用于制作软木,软木在工业上有多种用途。叶片下面有灰白色星状毛。坚果近球形。分布于河北、山东、山西和陕西等省。北京山区也常见。果实可以造酒。

北京山区有两种栎树,蒙古栎(*Q. mongolica* Fisch. ,图3-29)和辽东栎(*Q. liaotungensis* Koidz.)。二者极其相似,辨别要点是:前者果期壳斗上的苞片背面有瘤状突起,后者壳斗上的苞片扁平,无瘤状突起。但野外鉴别时有时会发现,同株植物壳斗上的苞片,有些有瘤状突起,而有些无,让人无所适从。二者的另一个区别是:前者叶缘齿多为9对,叶形多倒卵状长圆形;后者叶缘齿5~7对,叶椭圆状卵形。遇到困难时,不妨将这两种特征结合起来。苞片背

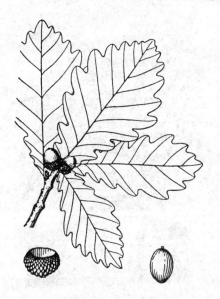

图 3-29　蒙古栎

面有瘤状突起,叶倒卵状长圆形,有8~9对叶缘齿的,为蒙古栎,否则为辽东栎。

蒙古栎主要分布在东北、华北,辽东栎的分布要广些,从辽宁到河北、山西、河南、山东、陕西和四川均有。种子均含淀粉,可造酒。

(2)板栗

"铁杆"庄稼另一常见种为栗或板栗(*Castanea mollissima* Bl.,图3-30),属于栗属(*Castanea*)。本属与栎属的不同之处是,栗属植物的雄花序直立,花无花瓣,仅有萼片;雌花常全包在有硬针刺的总苞内,果熟时总苞裂开,露出2~3个坚果,果皮坚硬。北京秋季上市的糖炒栗子就是用板栗坚果炒制而成的。

图3-30 栗

(3)壳斗科要点

壳斗科的突出特征是有壳斗。壳斗是指坚果外的总苞,形状为杯状或囊状,半包或全包坚果。木本,单叶。花单性,同株;雄花序排成柔荑花序或头状,雄花无花瓣,萼片4~6,雄蕊4~7或更多;雌花单生或几个簇生,萼片4~6,无花瓣,子房下位,2~6室,每室2胚珠,仅1个成熟。每个壳斗有坚果1~3个。

057

15 令人尊敬的榆科

(1)几种榆树

说起榆科,你可能首先想到榆树。榆树(*Ulmus pumila* L.,图3-31)分

布在北方的广大地区,长江以南也广为
栽培。该树历来与老百姓关系密切,此
话怎讲? 在饥荒年代,百姓不仅采榆叶
(尤其嫩叶)和榆钱(果实)吃,甚至连榆
皮(干皮和根皮)也吃,非常耐饥。嫩榆
叶煮粥有一种独特香味,令人印象深刻。
榆的生命力顽强,早春时常遭金花虫侵
害,叶子被吃光,但金花虫繁殖期过后,
它又会再吐新芽。

　　笔者曾研究过榆的"身世",有不少
发现。榆自古就被用于碱地造林,或作
为护堤树木、防风林等。它还被当作国
防林而大量栽植。据《汉书》记载:蒙恬
为秦侵胡,辟地数千里,累石为城,树榆

图 3-31 榆

为塞……当时没有枪炮,要巩固边境只能累石栽树,榆因耐旱耐瘠薄而被广
为栽培。据史学家考证,我国曾有两条人工种植的林带:一条沿着秦长城,
即沿如今的甘肃洮河而下,顺黄河向东,经宁夏贺兰山达阴山山脉;另一条
是西汉时的"广长榆",即分布于今天的内蒙古准格尔旗和陕北神木、榆林等
县的林带。榆林县便因此而得名。榆的这些"贡献"难道不令人敬佩吗?

　　榆为落叶乔木。叶椭圆状披针形,边缘有锯齿;叶柄短;幼枝上有淡绿
色托叶,卵形,很快脱落。先叶开花,花小成簇;萼片 4~5 裂;无花瓣;雄蕊
4~5;雌蕊由 2 心皮合生成。果实为翅果,略呈圆形,上部有凹缺,种子位
于中央,样子像古钱,所以称"榆钱"。

　　大果榆(*U. macrocarpa* Hance)为榆属常见种,又称山榆。灌木或小乔
木。叶宽倒卵形或椭圆状倒卵形,长 4~9 厘米,先端有突尖,叶基偏斜,有
重锯齿,两面粗糙。翅果宽倒卵形,长 3.5 厘米,翅膜质。主要分布于东北
和华北,南可达江苏、安徽,西北到甘肃、青海。果实也可食。

北京山区有一种叶子较大的榆树,叫裂叶榆[*U. laciniata*(Trautv.)Mayr.]。叶长 6 ~ 18 厘米,呈椭圆状倒卵形,顶端有 3 ~ 7 个裂,裂片呈三角形或尾尖状,极有特色。

(2)朴属植物

朴属为榆科的又一重要属,我国有 11 种。它与榆属的不同处是,果实不为翅果,而是近球形的核果,外果皮肉质。单叶,基部有 3 条主脉。花杂性,雌雄同株;雄花成聚伞花序;雌花或两性花单生于枝上部的叶腋,也有几朵簇生的,2 心皮,子房卵形,1 室,1 胚珠。果实有种子 1 个。分布南北多省。

常见种为小叶朴(*Celtis bungeana* Bl.,图 3-32),又称黑弹朴。乔木。叶卵状椭圆形,基部长偏斜,中部以上有齿,有时全缘。果球形,紫黑色。北京大学岛亭上有多株。大叶朴(*C. koraiensis* Nakai)叶大,长达 16 厘米,先端有 1 ~ 3 个尾状尖,边缘有粗锯齿。核果球形或稍长,暗黄色。分布广。

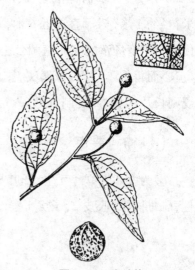

图 3-32 小叶朴

(3)珍贵的青檀

青檀(*Pteroceltis tatarinowii* Maxim.,图 3-33)又名翼朴,是榆科的特殊种,属于青檀属,仅 1 种,我国特有。叶基 3 出脉;叶片椭圆状卵形,长 9 厘米,先端长尾状渐尖,与本科其他种不

图 3-33 青檀

同。花单性,雌雄同株,这也与榆属不同。果实周围有翅,顶端有一凹,极像榆的果实,但翼朴的果单生叶腋,有一细长柄。

分布于华北、华南等地,常生于石灰岩山地。河北井陉苍岩山海拔1 200 米处,有多株青檀生长,形状奇特。有一株生于山谷的大树,高约10米,径约1米,树冠直径近6米,树下有个石碑,上书"虚青檀心老人檀"。传说当年隋炀帝的女儿南阳公主出家在此地修行,从"老檀树中空"悟出了"虚心而得道"。若传说属实,则此树已有千年。青檀树皮有一特点,呈不规则长片状剥落,是制宣纸、人造棉的原料。

(4)榆科要点

多为乔木。单叶互生,托叶早落。花不成柔荑花序;无花瓣;两性或杂性,雌雄同株;心皮2,子房1室,1胚珠。翅果、核果或小坚果。

16 桑科奇种多

桑科有许多奇特种类,如无花果、菩提树、薜荔、波罗蜜和见血封喉等。

(1)无花果是怎么回事

认识无花果的人可能觉得奇怪:没看到它开花,怎么就结果了呢?实际上无花果是开花的,最初结的拳头大的"果"就是花,叫隐头花序。其隐头花序呈梨形,如果将它从中间切开,就会看到里面是空的,内壁(花序托)上生了好多花。隐头花序有两种:一种开雄花和虫瘿花,另一种只有雌花。虫瘿花像雌花,是膜翅目昆虫(榕小蜂)产卵的地方。当昆虫进入花序内产卵时,就会粘上花粉,当它再飞入开雌花的隐头花序时,就为雌花授了粉。雌花所结的果实是小瘦果。

无花果(*Ficus carica* L.,图3-34)有乳汁。叶互生,较大,长宽都在10～

20厘米,掌状3~5裂,质厚。无花果原产地为地中海沿岸,我国长江流域和新疆地区有栽培。隐头花序可以鲜食,也可以制果干、蜜饯和果酱等。果干入药,有开胃止泻功能。

图 3-34　无花果

（2）菩提树——佛教的圣物

菩提树（*Ficus religiosa* L.,图3-35）与无花果是同一个属,即榕属（*Ficus*）。为乔木,有乳汁。叶互生,三角状卵形,近革质;叶片的突出特征是,顶端延长成尾状的尖,长为叶片的1/4~1/3,比较罕见。菩提树原产于印度热带雨林中,当地多雨,落在叶上的雨滴可以沿长叶尖流走,故称"滴水尖"。叶缘全缘。

菩提树也为隐头花序,其雄花、雌花和虫瘿花生于同一花序内,比无花果花序略小。菩提树是大乔木,在佛教里为圣物。《梵书》中称菩提树为"觉树"。传说佛教始祖释迦牟尼就是坐在菩提树下得道的。对于虔诚的佛教徒来说,在这棵菩提树下朝拜是一生中最神圣

图 3-35　菩提树

的时刻。我国从公元502年开始引种（在如今的广州光孝寺）,现各地有栽培。

知识窗

　　菩提是梵文"Bodhi"的音译,意思是"觉"或"智"。用以表示忽然睡

醒,豁然开悟,顿悟真理,从而达到超凡脱俗的境界。尼泊尔有很多菩提树,当地人对这些树极为尊敬,将老菩提(2人或3人合抱的)树基涂成红色,缠白线数匝,并撒上各种花瓣和彩色米粒。缠白线是祈求好运,撒花瓣和彩米则是祈求健康平安。这也说明菩提树与佛教关系密切。

需要注意的是,有些书上说的"菩提树",不是桑科榕属的菩提树,而是同名的其他树种。例如,欧洲产的一种椴树科植物,也叫菩提树。我国青海塔尔寺中的菩提树是暴马丁香,属于木犀科丁香属。这两种"菩提树"与桑科的菩提树差异极大,不能混淆。

(3)吸引人的薜荔

薜荔(*F. pumila* L. ,图 3-36)为木质藤本,有乳汁。幼时靠不定根攀爬在墙上或树上。有两种叶:在不生隐头花序的枝条上,叶小而薄;在生花序的枝上,叶大而厚,卵状椭圆形,长可达10厘米,全缘。隐头花序梨形,单生于叶腋,长约5厘米。有些隐头花序内生雄花和虫瘿花,有些则生雌花,与无花果相同。雄花有2个雄蕊。分布于华东、华南和西南地区,河南鸡公山和湖南、江西也有发现。

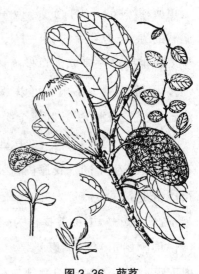

图 3-36 薜荔

趣闻轶事

笔者少年时曾在南方老家见过薜荔,它爬在墙头,枝叶繁茂,结无花果那样的"果",它的小瘦果含淀粉和黏液,可以制凉粉。制作方法是,掏出小瘦果(称凉粉子)放入布袋,加水在盆中搓揉,揉出的乳汁倒入碗中,很快就凝固成果冻状,再加上红糖水,就成为夏季的清凉食品。离开家乡 30 多年, 凉粉的味道难以忘怀! 1987 年盛夏, 笔者在河南信阳看到了凉粉, 连吃两碗, 重温了那久违的味道和感觉。

后来才知台湾也产薜荔。台湾薜荔的发现犹如传奇故事, 这在连横的《台湾通史》中有介绍。清道光初年, 一位时常往来嘉义山区采办土产的商人, 一天路过大埔时口渴难忍, 就下到溪边, 正要掬水解渴, 看到水面好像结了冰。惊讶之余仔细查看, 才知是浮在水面的树子流出的冰状物。他将树子放在水中一揉, 揉出的白浆立即结成冻, 尝一口, 冰凉可口。商人大喜, 采了一些带回家。在家里, 用水洗成冻, 并加糖或加蜜, 遣女儿爱玉到市场叫卖。这玉液琼浆般的食品立即引起了人们兴趣, 纷纷前来品尝, 很快声名大噪, 被人称作爱玉冻, 流传至今。

(4)树干上结大果的波罗蜜

波罗蜜(图 3-37)的果实(聚花果)长在树的主干上, 有的还靠近地面, 甚至长在地下根上。海南农村曾经发生过这类趣事:农民突然发现床下的地隆起来了, 过些日子竟长出一个波罗蜜果来。原来, 他家房外有波罗蜜树, 树根蔓延至屋内, 就在床下开花结果了。这在其他树木中是罕见的。

波罗蜜(*Artocarpus heterophyllus* Lam.)属于桂木属, 为常绿乔木, 有乳汁。叶厚革质, 椭圆形或倒卵形, 长达 15 厘米, 全缘。花单性, 雌雄同株;雄花序圆柱形, 雄花只有 2 个花被片, 1 个雄蕊;雌花序矩圆形, 常生于树干上, 花被管状。聚花果外表皮有瘤状突起, 成熟时长可达 60 厘米, 重达 20 千克。

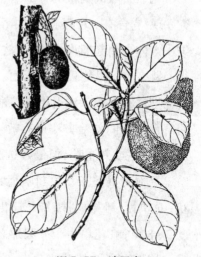

图 3-37 波罗蜜

波罗蜜生于热带,我国广东、广西和云南等省有栽培。其花被肉质味甜,含蛋白质、糖类、维生素C、维生素B以及钙、磷、铁、钾等营养物质,可以生吃。种子含淀粉,可以炒食,是著名的热带果品。与波罗蜜同属的另一种奇特植物是面包树,本书也有介绍。

(5)最毒的树木——见血封喉

见血封喉[*Antiaris toxicaria*（Pers.）Lesch.,图3-38]是举世闻名的有毒树木,这从它的名字也可以看出。其树液有剧毒,古人将它涂在箭头上,用以射杀猎物,所以也称箭毒木。这种树液接触到人的伤口,也可能会导致死亡,不能粗心大意。

见血封喉的树液为什么有剧毒?研究发现,它含有一种强心苷,叫弩箭子苷,进入人体会引起肌肉松弛,血液凝固,使得心跳变慢,最终停止而死亡。中毒后要立即送往医院,注射甲基硫酸新斯的

图3-38 见血封喉

明解毒。民间救治方法也有效。先嚼大叶半边莲吞下原汁,再吃细辛(吞原汁)及生或熟番薯,但最好送医院救治。

见血封喉属于见血封喉属,为常绿大乔木。单叶,全缘或有齿,叶脉羽状。花单性,雌雄同株;雄花序生于叶腋,花序托肉质;雄花有萼片4个,雄蕊3~8个;雌花单生于一梨形总苞内,无花被,子房与总苞合生,1室,1胚珠。核果,肉质,与总苞合生。分布在云南南部、广东、广西南部、海南,印度和马来西亚等国也有。

(6)重要的经济树木——桑

桑科植物以桑属最具代表性。桑属共12种,我国有9种,最著名的是

桑（*Morus alba* L.，图3-39）。桑是我国栽培最广、栽培年代最悠久的树木之一，被誉为经济树木之翘楚。我国古代栽桑与其他作物并重，历史远远早于其他国家。《孟子》曰：五亩之宅，树之以桑，五十者可衣帛矣。桑的用处很多，如桑皮造纸，木材制家具，桑叶可入药，果实（聚花果）俗称"桑葚"，可食，甚至为救荒之物或军粮。《异苑》说：北方有白桑，食之甘美，汉兴平元年九月，桑再葚时，刘玄德军小沛，年荒谷贵，士众皆饥，仰以为粮。桑葚还可以入药、酿酒。取桑葚

图3-39 桑

清汁入瓶，封二三日便能成酒，色香味俱佳。如果用桑葚当鱼饵，会引得草鱼频频上钩。

图3-40 蒙桑

桑为落叶小乔木或灌木。叶宽卵形，基部近心形，边有粗齿，有时有分裂；托叶早落。花单性，雌雄异株；均为腋生柔荑花序；雄花无花瓣，有4个花被片；雌花花被片4，结果时变成肉质。果实为聚花果，熟时黑紫色或白色。

西藏灵芝县有一株古桑，树高约8米，胸径4米，为蒙桑（*Morus mongolica* Schneid.，图3-40），树龄在1500年以上。蒙桑叶边缘有粗齿，齿端有刺尖，与桑不同。后者叶齿端较钝，无刺尖。

065

由于栽培历史悠久,我国尚存不少古桑树。河北省逐鹿县三里铺有一棵古桑,高13米,胸径约2米,长势良好,树龄超过千年,被誉为天下第一桑。河北省承德市著名景点棒槌山上,居然长有一株蒙桑,高约3米,基部直径达30厘米,已有300岁了。生山上石缝间,可能是鸟传播上去的。

(7)桑科要点

桑科植物为木本或草本,常有乳汁。单叶,少复叶,托叶早落。花单性,雌雄同株或异株;花序多种,桑为柔荑花序,榕属为隐头花序;雄花花被片4,雄蕊4;雌花2心皮合生,子房上位,1室,1胚珠。聚花果,小果为瘦果。

17 荨麻科有螫毛

本科45属700多种,分布于热带和温带。我国有23属200多种,分布广。北京有多个属种。

(1)有螫毛的属

荨麻科的荨麻属、艾麻属和蝎子草属有螫毛,给人深刻印象。螫毛可防止动物啃食,起自我保护作用。人碰上这种毛,皮肤立马痒痛难忍,因为毛内含高浓度的酸类。这三个属的区别是,荨麻属叶对生,其他两个属叶互生。其中,艾麻属的叶腋有褐色珠芽,果扁平;蝎子草属的叶腋无珠芽,果两面凸起。

荨麻属的常见种有狭叶荨麻(*Urtica angustifolia* Fisch. ex Hornem.)、宽叶荨麻(*U. laetevirens* Maxim.)和麻叶荨麻(*U. cannabina* Linn.)。可以根据叶片形态区分它们:狭叶荨麻叶狭长,疏生螫毛,披针形或狭卵形;麻叶荨麻（图3-41）叶五角形，掌状3深裂或3全裂，一回裂片再羽状深裂；宽叶荨麻叶卵形，先端尾状渐尖。花均单性，但狭叶荨麻雌雄异株，宽叶荨麻雌雄同株，麻叶荨麻雌雄同株或异株。其茎的韧皮纤维均可作纺织原料，全草入药也都有祛风湿的功效。

图3-41　麻叶荨麻

　　麻叶荨麻因叶像大麻，并且为掌状全裂而得名。其叶裂片又羽状深裂与大麻叶不同，后者叶裂片边缘只有锯齿。分布于西北、东北和华北，包括北京山区，常生于路边山坡。

　　蝎子草（*Girardinia suborbiculata* C. J. Chen）为一年生草本，高达80厘米。叶片大，宽卵形，边缘有大锯齿；叶柄长。花单性，雌雄同株；雄花花被片4，雄蕊4；雌花花被片2。瘦果宽卵形。蝎子草的螫毛比较大。

　　分布于河北、东北、内蒙古、陕西和河南等省。北京上方山山沟阴湿处多见。茎皮纤维可制绳索。

　　近缘种为大蝎子草［*G. palmata*（Forsk.）Gaud.，图3-42］，高可达2.5米。

图3-42　大蝎子草

螫毛锐刺状。叶片五角形，长宽均可达25厘米，掌状3深裂。花单性，雌雄异株；雄花序长可达12厘米，雌花序长达18厘米。瘦果宽卵形，扁，光滑。

　　分布于西南地区，生于山地林下、水边。茎纤维可制绳索。螫毛又大又硬，千万别碰，否则皮肤必定红肿烧痛。被刺后应尽快用肥皂或苏打水清洗患部，然后送往医院治疗。

067

（2）无螫毛的属

荨麻科中无螫毛的有苎麻属、冷水花属等。

苎麻[*Boehmeria nivea* （L.） Gaud.，图3-43]是苎麻属的常见种，半灌木或亚灌木。叶互生，宽卵形，下面有密生交织的白色柔毛；基出脉3条。叶下的白色柔毛是重要的识别特征。花单性，雌雄同株；雄花序位于雌花序之下，圆锥状，雄花小，花被片4，雄蕊4；雌花序球形，花被管状。瘦果小，椭圆形，密生短毛。

长江以南地区多栽培，茎皮纤维是制夏布、优质纸的原料。

图3-43 苎麻

冷水花属多草本，少木本。单叶对生。常见种透茎冷水花（*Pilea mongolica* Wedd.）为一年生草本。叶对生，卵形或椭圆形，边缘有粗钝齿。花单性，同株；雄花花被片2，雄蕊2；雌花花被片3，雄蕊退化。瘦果光滑。

分布于东北、华北。北京山区水边多见。其茎半透明状，如果将它插在红墨水中，可以看到红色的水在茎中上升，十分有趣。

有一种冷水花的叶片绿色，但叶脉间呈银白色，犹如撒上了雪花，称花叶冷水花（*P. cadierei* Gagnep.）。较耐寒。欧美多有栽培，我国已引种。开花时，花粉会有力地向外喷出，故又称"手枪植物"。能产生这种有趣现象的植物皆属于冷水花属。

（3）荨麻科要点

草本或木本。多有螫毛。茎有发达的韧皮纤维。单叶对生，有托叶。花序多种；花小，单性，少两性；无花瓣；萼片2～5；子房与萼离生或合生，

1室,1基生直立胚珠。瘦果或核果。种子有胚乳。

18 会"跋山涉水"的蓼科

蓼科植物有40属约800种,我国有12属200多种,全国均有分布。其生存环境多样,有的生活在山上,有的生活在水边,甚至水里,被誉为能"跋山涉水"的科。

(1)蓼属植物为中心

蓼科中以蓼属种类最多,全世界有300种,我国有100多种,分布全国。常见种类有红蓼、水蓼、两栖蓼、酸模叶蓼、蓼蓝、虎仗、何首乌和珠芽蓼。

蓼属中最有名的要数何首乌(*Polygonum multiflorum* Thunb.,图3-44)了。为多年生草本,茎缠绕。有肥大的地下块根。叶卵状心形, 全缘;托叶鞘短筒状。圆锥花序顶生或腋生;苞片内有几朵白色小花,花被5深裂,结果时外面3片肥厚,背部有翅;雄蕊8。瘦果三棱形,黑色,花被宿存。6—9月开花,8—10月结果。

图3-44 何首乌

何首乌主产南方,能延及北方。西北多地及北京有栽培。块根入药,有补肝肾、益精血、乌发和延年益寿的作用。相关研究表明,何首乌含有的卵磷脂(卵磷脂是细胞膜、神经组织的重要成分)等,有降血脂、减缓动脉硬化和促进脂肪代谢等作用。这说明何首乌的确能健身、延年益寿。

蓼属中的两栖蓼(*P. amphibium* L.,图3-45)比较独特,既能在水中生活,又能在岸上生存,犹如两栖动物。水中生长时叶片浮于水面,长圆形,全缘,光滑无毛;托叶鞘圆筒形,膜质。开花时,穗状花序伸出水面,白色。水生植株有横走的根状茎,可以延伸至岸边的陆地,生出地上茎。这种茎直立,不分枝;上面的叶片较狭,宽披针形,密生短硬毛。毛的产生,是对陆地环境的一种适应。无论水生还是陆生,花都是两性的;花被5深裂;雄蕊5;花柱2。瘦果卵圆形,黑色。5—9月开花,7—10月结果实。

图3-45 两栖蓼

全国各地的水域(多在池塘或河沟中)均有分布,以静水居多。北京也有。

在水边或荒地,经常能看到酸模叶蓼(*P. lapathifolium* L.)。它是一种一年生草本,茎直立。植株高度变化大,有1米以上的,也有20厘米的。茎常带粉红色,节部膨大。叶披针形或稍宽,全缘;托叶鞘筒状,膜质,先端常截平。常数个花穗组成圆锥花序;花粉红或淡绿色,花被4深裂,偶5裂;雄蕊6个;花柱2。瘦果扁卵圆形,两面平,黑褐色,外包宿存花被。

遍布全国,北京平原地区到处都有,多生活在较湿的地方,繁殖快。

趣闻轶事

历代人士都很重视何首乌。《本草备要》说何首乌:补肝肾、益精血、壮筋骨,为滋补良药。《本草纲目》中有个故事,说宋代怀州人李治与一武官同事,武官年已70多岁,仍红光满面,身体强壮。李治问他怎么养生,武官说常服何首乌。正因为对何首乌药效的推崇,市场上屡屡出现"人形何首乌",调查发现这是一种骗术。造假者用木头刻成人形模具,置于山药根旁,将根放入模具内,几个月后,当山药长满了模子后,就成为人形"何首乌"了。挖出后再插藤蔓、封口后,俨然真品。实际上,山药属于薯蓣科,为单子叶植物,与何首乌差异很大。单从块根上也能分辨,山药的块根上有许多须根,须根即便被除去,表面仍留有许多小麻点,而何首乌块根上是没有这东西的。

蓼属中的药用种类有萹蓄、虎杖、蓼蓝和拳蓼等。其中蓼蓝的叶还可以加工成靛蓝,是有名的染料。北京常有栽培。

(2)大黄属有名药

大黄(*Rheum officinale* Baill.)和掌叶大黄(*R. palmatum* L.)的根状茎和根入药,就是中药大黄。有泻热通肠、凉血解毒、逐瘀通经的作用,用于实热便秘,力量较猛。

掌叶大黄(图3-46)多年生,高达2米,茎粗壮。单叶互生,叶柄粗壮;基生叶圆形,掌状5~7深裂,裂片矩圆形。秋季长出大型圆锥花序,顶生;花淡黄白色,花被6裂,成2轮;雄蕊9。瘦果矩卵圆形,三棱,沿棱有翅。

图3-46 掌叶大黄

分布于西北及四川高寒山区。生于湿润的草坡上。为大黄药材重要的原植物之一。

大黄近似掌叶大黄。不同的是前者基生叶大,5浅裂。果翅边缘不透明,后者果翅边缘半透明。分布于陕西、湖北、四川和云南。生于深山草坡、土质肥沃处。

071

(3)酸模属有野菜

酸模属有100多种,我国有30多种,分布全国。与大黄属不同的是,酸模属果实无翅,柱头3裂,内轮3个花被片结果时增大,部分或全部有瘤状突起。

常见种类是巴天酸模（*Rumex patientia* L.，图3-47），为多年生草本。根茎粗壮,茎常仅上部分枝。基生叶长圆披针形,长达30厘米,全缘,边缘波状。圆锥花序顶生;花两性;花被片6,2轮,结果时内轮3片增大,呈宽心形全缘,常1片有瘤状突起;雄蕊6。瘦果三棱形,褐色,有光泽,外包宿存花被片。5—8月开花,6—9月结果。

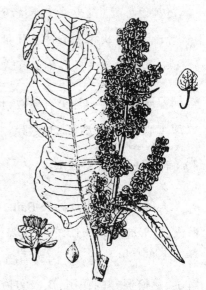

图3-47　巴天酸模

巴天酸模平原常见, 山地也有, 多生湿处。分布于东北、华北和西北地区。根可以入药,嫩叶可当野菜,熟食。

在野外观察时,常见类似种皱叶酸模(*R. crispus* L.)。它与巴天酸模的区别是:其基生叶和茎下部叶的叶基楔形,巴天酸模基生叶和茎下部叶的基部则呈圆形或近心形;皱叶酸模的叶较窄较小,宽度常不超过4~5厘米,边缘有皱;内轮花被片均有1个瘤状突起。根据上述区别,北京、河北地区的种类大多为巴天酸模。

（4）营养食品——荞麦

荞麦(*Fagopyrum esculentum* Moench)为一年生草本,茎常红色或带红色。叶互生,心状三角形或箭状三角形。圆锥状总状花序;苞片卵形,每苞内生3朵花;花两性,花被5深裂,白色或粉红色;雄蕊8;花柱3,子房三角状卵圆形。瘦果三棱形。花期7—8月,果期9—10月。

全国山区多栽培,北京山区也有。荞麦是一种粮食作物,但产量不高。种子含丰富的淀粉、蛋白质等,常磨成荞麦粉,用以制作面条、糕点等,如贵州威宁的荞酥,已有600多年的历史。种子入药有消食和消炎等功效。

传说明太祖朱元璋有个义女叫奢香，朱元璋很喜欢她，而奢香也很孝顺，把朱元璋当亲生父亲。有一年快到朱元璋生日时，奢香找了3个手艺上好的厨师，用荞麦面加糖制作了一种点心叫"荞酥"。荞酥较大，上面刻有9条龙，龙的中间又有"寿"字，名为"九龙奉寿"。生日那天，奢香奉上荞酥，朱元璋品尝之后赞不绝口，荞酥从此便传开了。

(5)蓼科要点

花被片3～6，花瓣状；心皮2～3。果实扁或三棱形，常包有宿存的花被。大多为多年生草本。叶有托叶鞘。这与下面的藜科不同。

19　不怕苦的藜科

藜科植物既没有好看的花朵，也没有骄人的"身材"，有些还夹杂在路边的杂草丛中，不为人注意。但它们也有值得称道之处，那就是生存环境艰苦，多生于盐碱地、沙漠或垃圾成堆的地方。

(1)功勋卓著的菠菜和甜菜

菠菜和甜菜都是藜科的成员，前者属于菠菜属，后者属于甜菜属。

菠菜（*Spinacia oleracea* L.，图3-48）为1～2年生草本，根带红色。苗期叶丛生，柔嫩，即我们常吃的蔬菜，戟形或三角状卵形。花单性，雌雄异株；雄花序

图3-48　菠菜

073

穗状,雄花花被4,黄绿色,雄蕊4;雌花簇生在叶腋内,子房球形,生于2苞片内,苞片背面各有1硬刺,柱头4或5,外伸。果称胞果(薄囊状,不开裂),近圆形,两侧扁,外包有带刺的小苞片。花果期5—6月。

　　菠菜含丰富的维生素C及磷、铁等矿物质,但菠菜也含草酸,草酸易与钙质形成草酸钙沉淀,建议吃前先在开水中焯一下,这样可以除去大部分草酸。

　　菠菜又称波斯菜,古阿拉伯人称之为菜中之王。近代学者认为波斯菜极可能出自伊朗,伊朗在古代就称波斯。也有人认为,菠菜是7世纪时从尼泊尔传入的。据史书记载,唐太宗时尼婆罗(今尼泊尔)国王曾派使者来唐,带来的贡品中就有菠菜。这一说法颇有道理,但不能说明尼泊尔就是菠菜原产地。

　　甜菜(*Beta vulgaris* L.,图3-49)为二年生草本。根肉质纺锤状,多汁。叶长椭圆形,全缘。花生于叶腋,它们先数个集成球状,再组成复穗状;花两性;花被片5,基部与子房合生,结果时变硬,包住果实;雄蕊5;有花盘;柱头3。胞果2至数个基部结合。种子红褐色,有光泽。

图 3-49　甜菜

　　甜菜原产自欧洲,我国广为栽培,根可以制糖,为两大食糖原料之一(另一种为甘蔗)。

(2)藜属常见种类——藜

　　藜科的最大属为藜属,有200多种,我国约20种。藜(*Chenopodium album* L.,图3-50)又称灰菜,是藜属的常见种,全国均有分布。

藜为一年生草本,直立,分枝多。叶互生,常菱状卵形,下面有白粉。花两性,小,多个簇生于枝上部,并排列成圆锥状花序;花被裂片5,宽卵形;雄蕊5;柱头2。胞果全包于花被内,果皮薄,常与种子紧贴。种子双凸透镜状,黑色,有光泽。花果期5—10月。

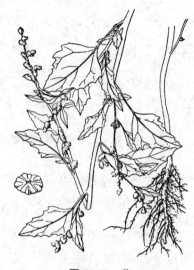

图3-50 藜

藜是荒地常见的杂草,叶可饲喂家畜,也是一种野菜,但不能多吃。近缘种小藜,叶较窄,下部两侧各有1裂片。

(3)"居住"在盐渍土上的藜科植物

在可溶性盐含量高的土壤(如盐沼)中生长的植物叫盐生植物。它们往往生长在低洼、潮湿和盐分多的地带,典型例子是盐角草(*Salicornia europaea* L.,图3-51)。为一年生草本,样子很奇特。茎上有节。叶不发育,鳞片状,对生,基部连合为鞘状。花序穗状,长1~5厘米,顶生;花两性,3个一簇,生于肉质花序轴内;花被合生,肉质;雄蕊1,偶2个,花药伸出花被外;柱头钻形。胞果卵形。种子1,矩圆形。

图3-51 盐角草

盐角草分布极广,欧、亚、北美和非洲均有。我国西北、河北、辽宁、山东及江苏北部有分布。多生于盐湖边、海边及潮湿的重盐质土壤中。

盐角草多浆,全株绿色。在茎的横切面上能看到气孔,栅栏组织以内是含水多的大细胞。盐角草的含水量在92%以上,科学家认为是钠离子影

075

响的结果。盐角草燃烧后留下的灰分多,占干重的45%以上,这是盐生植物的重要特征。

黎科的盐生种类还有假木贼属、盐爪爪属的多个种,以及猪毛菜属、滨藜属、刺果藜属和碱蓬属的一些种类。

(4)沙漠中的藜科植物

一些藜科植物生活在干旱的沙漠地区,著名的有梭梭(图3-52)。梭梭[*Haloxylon ammodendron*(Mey.)Bunge]为灌木或小乔木,高可达4米。树皮灰白色。当年生枝细长,绿色,有节。叶鳞片状,像盐角草,对生,宽三角形。花两性,单生叶腋;小苞片宽卵形,边缘膜质;花被片5,矩圆形。果期花被片背部长出横生的翅,翅半圆形,膜质,有黑褐色纵纹,宽可达8毫米,与盐角草不同。胞果半圆形,黄褐色,肉质。种子横生,胚螺旋状。

分布于内蒙古、甘肃、青海和新疆等省的沙漠地带。叶退化成鳞片状是对干旱环境的一种适应。

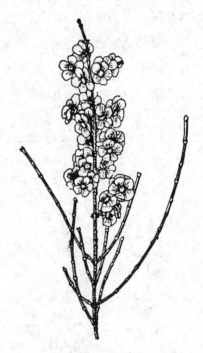

图3-52　梭梭

节节木(*H. persicum* Bunge ex Boiss. et Buhse,即白梭梭)也生活在沙漠中,为小乔木。叶退化,秋季不落叶但落枝,即脱去部分当年生细枝,以减少水分蒸腾。落枝从夏季开始一直到深秋,此期间正值沙漠的缺水期。

猪毛菜属和虫实属也有不少沙生草本植物,它们的叶都较小,蒸腾的水分不多。秋季结实后,植株便成团干枯,并随风滚动,顺便将果实传播出去。在北京卢沟桥下的河滩地,可以看到这两属中的植物。

（5）藜科要点

一年生或多年生草本，小灌木或乔木。单叶，多互生，无托叶。无花瓣；花萼绿色或灰色；心皮2，合生，子房上位，1室1胚珠。胞果。胚环形、半环形或螺旋形。

20　不能不提的苋科

苋科有60属800多种。我国种类少，只有13属近40种。本科有不少值得一提的植物。

（1）高维生素蔬菜——苋

苋（*Amaranthus tricolor* L.，图3-53）又称三色苋、雁来红，嫩茎叶为蔬菜。高0.8～1.5米。叶卵状椭圆形至披针形，除绿色外，常为红色、紫色或黄色，全缘或边缘波状；叶柄长。花小，密集成圆球状，多腋生；茎顶也有花穗，断续状；雄花和雌花混生，有透明的苞片和小苞片，披针形，顶端有一长芒尖，中脉隆起；花被片3，膜质；柱头3，细长，向外反曲。胞果卵圆形，环状裂。种子1个，近圆形，黑色。花期5—8月，果期7—9月。

图3-53　苋

苋原产自印度，我国栽培约6 000年。叶有多种颜色，具观赏价值。著名品种"雁来红"叶色艳丽，似花，有诗赞美它："绿绿红红似晚霞，牡丹颜色不如他。空劳蝴蝶飞千遍，此种原来不是花。"

苋营养价值高,含铁量高,含钙量超过菠萝,此外还含胡萝卜素、维生素 B_1、维生素 B_2、维生素 C、蛋白质和脂肪等,被营养学家称为高维生素含量的蔬菜。全草入药有解毒功效,种子可治眼疾。

(2)花中之禽——鸡冠花

图 3-54　鸡冠花

苋科中有名的花卉为鸡冠花(*Celosia cristata* L.,图 3-54),因其顶生花序似鸡冠而得名。鸡冠花为一年生草本。茎粗壮,直立。叶卵状披针形,全缘,较大。花特多,密生;穗状花序扁平肉质,或呈卷冠状、羽毛状,形状奇特;苞片、小苞片和花被有红、紫、黄等色,干膜质,宿存。胞果卵形,盖裂,包在宿存花被之内。花果期 7—10 月。

鸡冠花原产自印度,世界多栽培。属于青葙属。它与苋属的最大区别为:苋属的花丝离生,子房内仅 1 个胚珠;而青葙属的花丝基部合生成杯状,子房内有 2 到多个胚珠。

(3)名药牛膝

苋科中的名药首推牛膝(*Achyranthes bidentata* Bl.,图 3-55),为多年生草本。茎四棱形,节膨大如牛膝盖。叶对生。穗状花序腋生和顶生;花小,后期反折;有苞片、小苞片;花被片 5,披针形;雄蕊 5,另有退化雄蕊。胞果椭圆形,种子长

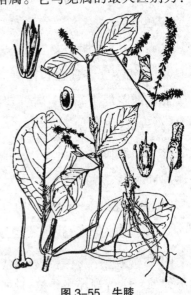

图 3-55　牛膝

圆形,黄褐色。花期7—9月,果期9—10月。

牛膝分布在华北至江南地带,以河南牛膝最为有名,称"怀牛膝"。北京有栽培。牛膝的根入药,治腰膝酸痛、下肢无力,并能逐瘀通经。之所以叫牛膝,与节部膨大有关。《本草经集注》云:其茎有节,似牛膝,故以为名。

牛膝属叶对生,与苋属、青葙属不同,后两者叶互生。

趣闻轶事

传说唐代宣宗年间,有个叫卢渥的诗人到长安应试,一天傍晚他走到御河边,忽然听见呻吟声,他循声找去,见一女子躺在草地上,一问方知是宫中女子,因生病被逐出宫,卢当即带她去看病。郎中用地黄、牛膝制成丸,以温酒冲服,女子数日便愈。后来二人结为夫妻。

(4)苋科要点

花被片3～5,干膜质。雄蕊与花被片同数,对生;子房上位,花柱1～3,1室,胚珠1或多个。胞果或小坚果,少为浆果,不裂或盖裂、不规则裂。种子肾形或球形。一年生或多年生草本。

21　茎如竹子玕的石竹科

石竹科几乎全为草本,其茎上的节膨大,很像竹子玕。多生长在干燥处。本科共有80属2 000多种,我国有32属近400种。各属差异不明显。

(1)代表性属——石竹属

石竹科中不少种类的萼片是合生的,石竹属就是这样。此属的花瓣上部宽,下部细,称为爪。花柱2,萼筒基部常有1对或多对苞片。

石竹(*Dianthus chinensis* L.,图3-56)是我国北部和中部山林间常见的

079

植物,其种加词的意思是"中国的"。多年生草本,也有栽培,高不过40厘米。茎簇生,直立,上部分枝。叶片条状披针形,两面无毛。花单生,或1~3朵花组成聚伞花序;花两性;萼筒具5齿;花瓣5,下部爪状,上部宽,顶部边缘有齿,淡红、粉红或白色;雄蕊10;花柱2,子房圆筒状。果实圆筒形,成熟时顶端4裂。种子多,灰黑色,边缘有窄翅。

图3-56 石竹

分布在我国北部,南达中部各省。北京郊区山地多见。生于山坡草丛中,或丘陵草地及山岩间。全草入药,有清热、利尿作用。

民间传说

　　传说洛阳曾有个女子叫孟秀,貌美如花,经人作媒,嫁与官宦人家的公子陈成为妻。孟秀家境贫寒,终因陪嫁寒酸被休。孟秀离开时要了一匹马,当走到一片竹林时,孟秀便下马休息。回想自己的遭遇,孟秀不禁一阵悲伤。这时来了位老者。老者问明原因后,就拔了棵竹子给孟秀,要她到附近庄子找一个姓贺的大娘,说大娘有病,只要用这竹叶熬水喝,病就会痊愈。孟秀找到了贺大娘,并用竹叶水治好了她的病。大娘儿子见孟秀贤惠,便与之结为夫妻。婚后孟秀将竹子栽于门前,不久便繁衍成林,靠卖竹子,他们的家境日渐好转。而陈成不务正业,惹上官司,将家产败光了。一日他讨饭到孟秀家,孟秀给他一根竹子,让他回去种竹子。半道上,陈成遇到了帮助过孟秀的老者,老人知道他是休孟秀的陈成后,便将竹子变成了矮小的石竹,所以陈成再也没富起来。

　　在北京海拔1 400米以上的山上,可以看到石竹的近亲——瞿麦(*D.*

图3-57 瞿麦

superbus L.，图3-57）。瞿麦的叶比石竹的叶窄一些。两者最大的不同是，瞿麦花瓣顶端的裂细而深，像须一样；茎中部有黏液，这是瞿麦的自卫武器。如果小昆虫沿茎爬到茎顶的花朵时，会威胁花的发育和结实，而茎上的黏液能挡住昆虫。全草入药就是中药瞿麦。

花坛里经常能看到一种与石竹类似的花草，叫麝香石竹或康乃馨（D. caryo-phyllus L.）。其茎簇生，多分枝；花粉红、紫红或白色。因茎簇生，所以花朵集中，显得更加艳丽。麝香石竹原产于欧洲至印度。温室栽培，四季都能开花。我国引种不过百年光景。传说20世纪初有一个英国人在上海卖康乃馨，1枝售价1银元。不久国内有人研究了康乃馨的繁育，成功后就开店出售。那英国人认为他的花被偷了，于是将中国店主告上法庭。庭审时，中国花店的律师据理力争，最后英国人败诉。

（2）有两种叶两种花的太子参

石竹科有一奇种叫太子参（Pseudo-stellaria heterophylla（Miq.）Pax，图3-58）或异叶假繁缕。多年生草本，高15～20厘米。小块根萝卜状。叶两种：茎下部的叶匙形或倒披针形，基部渐狭；上部的叶长卵形、卵状披针形或菱状卵形。

图3-58　太子参

有趣的是,顶端2对叶较密集且大,十字形排列。一种花1~3朵顶生,白色,有细长花梗;两性;萼片5,披针形;花瓣5,倒卵形,有2齿裂;雄蕊10;子房卵形,花柱3。另一种花生于茎下部的叶腋,叫闭锁花;小,花梗细;萼片4,无花瓣;也结果实。蒴果卵形。种子少,扁圆形,有小突起。

太子参分布于东北、华北、西北、华中和华东地区,常生于山谷的阴湿地带。块根可入药,含果糖、淀粉和皂苷等成分,有补益作用,主要功效是补肺健脾。

(3)能当肥皂用的草

肥皂草(*Saponaria officinalis* L.,图3-59)是一种多年生草本,茎直立。叶对生,椭圆形或长圆形,长达10厘米,基部抱茎。聚伞花序顶生,有3~7朵花;花梗短,花淡粉红或白色;花瓣5,长圆倒卵形,先端微凹,基部有长爪;雄蕊10;子房长圆筒状,花柱2,细长。蒴果长卵圆形,熟时4齿裂。种子多个,肾形,黑色。花果期6—7月。

图3-59 肥皂草

肥皂草原产于欧洲,我国引种,作为观赏花卉。根入药,有祛痰和利尿作用。根煎后能产生大量泡沫,可代替肥皂。

(4)王不留行之功

王不留行(图3-60)也叫麦兰菜,它的名字来源于其药性。明代药学家李时珍说:此物性走而不住,虽有王命不能留其行,故名。王不留行有三大功效:通乳、通经和通淋。其中以通乳最为有名。传说西晋时,文学家左思的夫人产后无奶,十分着急,忽得一用王不留行配的药方,服后奶水即出。

左思咏诗以纪念：产后乳少听吾言，山甲留行不用煎。研细为末，用甜酒服，畅通乳道如井泉。

王不留行[*Vaccaria segetalis*(Neck.) Garcke]为一年生草本，高 60 厘米，无毛。茎直立，节部膨大。叶无柄，对生，卵状披针形。二歧聚伞花序，呈伞房状；花两性；萼筒卵状圆筒形，有 5 棱，棱间绿白色，5 齿裂；花瓣 5，粉红色，倒卵形，下部有爪；雄蕊 10。蒴果卵形，4 齿裂。种子球形，黑色。花期 5—6 月。

国内广布，生于山地、路旁、田埂和丘陵地带。

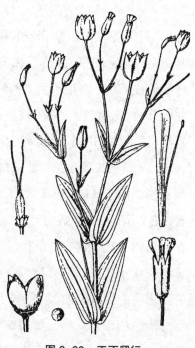

图 3-60　王不留行

（5）石竹科要点

草本。节部膨大。单叶对生，无托叶。花两性，花序多种；萼片 4~5，合生或离生；花瓣 4~5，离生，基部具长爪；雄蕊 8~10，2 轮；花柱 2，子房上位，特立中央胎座。蒴果，顶端齿裂或瓣裂，少浆果。种子多数，胚弯曲。

22　原始的木兰科

木兰科有 18 属 300 多种。我国有 16 属 150 种。花的各方面特征原始，被认为是被子植物中最原始的一个科。

（1）代表种类——玉兰

玉兰(*Magnolia denudata* Desr.，图 3-61)属于木兰属，落叶乔木。单叶

互生,叶片倒卵形或倒卵状长圆形,先端突尖,全缘;托叶脱落后在枝上留下环状的托叶痕。这是木兰属的特征。花先叶开放,花朵较大,单生枝头;花被花瓣状,无萼片、花瓣之分,离生,称花被片,排成3轮;雄蕊多数,离生,螺旋状排列在伸长的花托(柱状花托)下部,花药长,花丝短;雌蕊多数,离生,螺旋排列在伸长的花托上部,小瓶状,有2个胚珠。柱状花托以后发育成聚合蓇葖果,蓇葖果背缝纵裂,露出红色种子。

图3-61 玉兰

玉兰的花被认为是变态的短枝,其中的茎变态为柱状花托,叶变态为花被片、雄蕊群和雌蕊群。雄蕊和雌蕊均多、离生、蓇葖果等皆为原始特征。

玉兰原产于我国中部的广大地区,如河南伏牛山的阔叶林中有不少野生玉兰。高大的古树也很多。河南南召县云阳镇有一株老玉兰,主干胸径近2米。在古诗词中,玉兰常被比喻成霓裳,如"霓裳片片晚妆新""天遣霓裳试羽衣"等,据说源于李隆基与杨玉环的故事。玉兰能吸收二氧化碳、氯气和氟化氢等有害气体,适于在工矿区和城市栽种。玉兰花的花瓣可食,洗净花瓣裹上面粉后用油炸,就是美味的"玉兰片"。

荷花玉兰(*M. grandiflora* L.)为常绿乔木,与玉兰不同。其叶厚革质,椭圆形,全缘,上面有光泽,下面常有锈色绒毛。花大,白色,似玉兰花。原产北美洲,长江以南各省有栽培,北方不能露天栽植。

图3-62 紫玉兰

紫玉兰(*M. liliflora* Desr.,图3-62)为落

叶灌木。叶倒卵状长圆形,全缘。花先叶或与叶同出。紫玉兰花与玉兰花的不同之处是,萼片3,绿色,披针形,早落;花瓣6,外面紫红色或紫色,倒卵状长圆形。聚合蓇葖果圆柱形。花期4月中旬,果期5—7月。

紫玉兰也叫辛夷,原产于湖北省,各地有栽培。花蕾似笔头,故称木笔。花蕾入药,能治鼻窦炎等。

(2)白兰花不是玉兰

白兰花(*Michelia alba* DC.)属于含笑属。它与玉兰差异显著:玉兰的花顶生,无雌蕊柄;白兰花的花腋生,有雌蕊柄。什么叫雌蕊柄? 在白兰花的柱状花托上有一小段空白,既不长雄蕊也不长雌蕊,好像是雌蕊群的柄。这一差别明显而稳定,为两个属的分类依据。

白兰花(图3-63)为常绿乔木。单叶,互生,长椭圆形,全缘。花单生叶腋,白色;花被片10个以上,狭披针形,长3~4厘米;雄蕊多数,药隔伸出;心皮多,离生,雌蕊柄长约4毫米。蓇葖果穗状,革质。花期6月。

图3-63 白兰花

白兰花原产于印度尼西亚爪哇,我国长江流域各省有栽培。花和叶有浓香,可提取芳香油。花蕾可以佩带,芳香宜人。

近缘种为含笑[*M. figo*(Lour.)Spreng.],花黄色或紫色,比白兰花小一半左右,花被片6,长只有1~2厘米。分布于华南各省。北京有盆景,冬季入温室,为观赏花木。

(3)叶似马褂的鹅掌楸

鹅掌楸有两种。一种叫鹅掌楸[*Liriodendron chinense*(Hemsl.)Sarg.,

085

图 3-64],为落叶大乔木,高达 40 米。叶片马褂状,中部每边有一大裂片,顶部也各有一裂片;叶柄长。花单生枝顶,杯状,径达 6 厘米;花被片的外面为绿色,里面为黄色;雄蕊多数,离生,生于柱状花托下部;心皮多数,离生,生于柱状花托中上部。聚合果纺锤形,长达 9 厘米,由无数带翅小坚果组成,每个小坚果有种子 1~2 个。

鹅掌楸分布于长江以南广大地区,安徽黄山很多。北京近些年也引种成功,多不开花。其叶形奇特,很有观赏价值。

图 3-64 鹅掌楸

另一种叫北美鹅掌楸(*L. tulipifera* L.,图 3-65),形态极似鹅掌楸,叶片也呈马褂状,但每边有 1~2 个短而尖的裂片,可以区别。里面的花被片近基部有橙黄色的宽边,心皮顶端也更尖锐。

两种鹅掌楸的形态接近,分布却相隔甚远,这引起了植物学家的兴趣。他们推断,第三纪时东亚与北美是相连的,鹅掌楸沿陆桥向北美蔓延,逐渐在那里生长繁衍。后来陆桥被海水淹没,将两

图 3-65 北美鹅掌楸

块大陆隔开,北美鹅掌楸的后代由于隔离,从而演变成新种。

(4)木兰科要点

关键要抓住以下几点。木本植物。单叶互生,具环状托叶痕。花多两性;多有柱状花托;花被常不分化为萼片和花瓣;雄蕊群含多数离生的雄

蕊，螺旋状生于柱状花托下部；心皮多数，离生。螺旋排列于柱状花托上部。多聚合蓇葖果。种子1~2。

23　樟科这一家

樟科植物有40多属2 000多种，主要分布于热带和亚热带地区，北方少有野生种。我国有18属近400种，主要分布于长江流域及以南地区。在我国南部的常绿阔叶林中，樟科植物占有主要地位。

（1）木材有香气的樟树

樟[*Cinnamomum camphora*（L.）Pre-sl，图3-66]为常绿乔木，枝叶均有樟脑气味。叶互生，薄革质，卵形，无毛，下面灰绿色；离基三出脉，脉腋有腺体。圆锥花序腋生；花小，淡黄绿色；花被片6，椭圆形；能发育的雄蕊9个，花药4室，第3轮雄蕊的花药外向瓣裂；子房圆球形。果实圆球形，小，熟时紫黑色，有杯状果托。

图3-66　樟

分布于热带和亚热带地区，木材、根和枝叶皆可提取樟脑和樟脑油，供医药使用和制作香料。木材耐腐、致密、防虫、有香气，是制家具、雕刻的良材。我国栽培樟树的历史悠久，南方各地至今仍有不少古樟。最有名的要算江西安福县严田镇的樟树，树高28米，胸径6.8米，15人方可合抱，传说为西汉时所植，有2 000多年了。

（2）名贵的木材——楠木

我国有楠属植物30多种，多为高大乔木。其木材坚实细致，不变形不开裂，不为虫蛀，耐腐，是优质的建筑材料。著名的有楠木［*Phoebe nanmu*（Oliv）Gamble］，也称桢楠。历代帝王造宫殿多用楠木，如长陵的祾恩殿内有60根楠木，高矮一致，粗细相同，浑圆通直，非常难得。楠木主要分布于贵州、四川和湖北等省。现今贵州思南县境内尚存数千株大树，有的已有700多年的历史。四川也有不少古木，如崇州市一古寺前有两株古楠木，为唐宋前所栽，已有千年历史。

（3）外国来的洋梨

梨是蔷薇科的著名水果之一，樟科中也有"梨"，但与蔷薇科的梨风马牛不相及。它叫鳄梨（*Persea americana* Mill.，图3-67），又称油梨，原产于热带美洲。鳄梨大小、形状像鸭梨，表皮黑色，上面有不少小疙瘩，像鳄鱼皮一样，也许因此而得名，是营养价值很高的水果，也可制作菜肴。果实含油8%~30%，供食用、工业用或制作皮肤软膏等。广东、福建和台湾有栽培。

图3-67　鳄梨

（4）吃现成饭的无根藤

无根藤属有15~20种，大多数种产于澳大利亚。分布很广的一种是无根藤（*Cassytha filiformis* L.，图3-68）。我国南方有分布。

无根藤为寄生草质藤本。茎细线形，绿色至绿褐色。叶退化，小鳞片状。花极小，两性，白色，组成2~5厘米长的穗状花序；花被片6，排成2

轮,外轮3片小、圆形,内轮3片大、卵形;能发育的雄蕊9个,3轮,第3轮花丝的基部有2腺体,花药外向瓣裂。果球形,小,包在肉质果托内。

无根藤的茎上有盘状吸器,吸附在寄主植物上,以吸收寄主体内的养料为生,像旋花科的菟丝子。叶多退化成鳞片状,这是寄生植物的一种特征,属于同功现象。

无根藤是一种中草药。全草入药,有清热利湿、凉血止血的作用,可治感冒发热、急性黄疸性肝炎等,以及咯血尿血。需要注意的是,寄生在马桑、钩吻、血藤和夹竹桃等有毒植物上的无根藤,不能采用,因为它吸收了有毒植物体内的毒素。

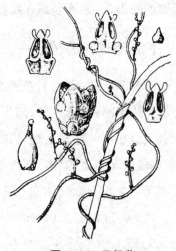

图3-68　无根藤

(5)樟科要点

多为乔木或灌木,常绿或落叶,极少草本。常含芳香油,有樟脑气味。叶多革质,全缘,无托叶。花序多种;花两性或单性;花被常3基数,萼片状,基部合生,裂片6或4,花被筒短,有的花被筒能发育成果托;雄蕊生花被筒喉部,常为9个,排为3轮,花药2~4室,瓣裂,外面2轮的花药内向,内面1轮的外向,也有全内向的;子房1室,常上位,极少下位,胚珠1,柱头盘状扩大。核果浆果状。

24　既原始又进化的毛茛科

毛茛科植物几乎全为草本,在山林或草地上经常能看到。这科植物值

089

得细说的很多,如著名花卉牡丹和芍药(第四章会讲到)、药用植物等。

(1)毛茛科的核心——毛茛属

花为两性花;萼片5,花瓣5,均离生;雄蕊数目多,离生,螺旋状生于隆起的花托下部;雌蕊多数,离生,螺旋状生于花托的上部,每心皮含1个胚珠。聚合瘦果。这是毛茛属花的典型特征,其中有许多与木兰属十分相似,如雌雄蕊多数、离生、螺旋排列等。不同的是,毛茛属的花托短一些,萼片和花瓣为5。此外,木兰属为木本,果为聚合蓇葖果。

常见种为毛茛(*Ranunculus japonicus* Thunb.,图3-69),多年生草本,高30~60厘米。基生叶与茎下部叶的叶柄长,中部叶柄短;叶片五角形,基部心形,3深裂,中央裂片3浅裂,有齿,侧生裂片为不等2裂。花序具数花,花直径达2厘米;花托隆起;萼片5,淡绿色;花瓣5,黄色,倒卵形,内侧有光泽,基部有蜜腺槽;雌雄蕊多,离生。聚合瘦果球形。

自华南到东北均有分布,朝鲜、俄罗斯和日本也有。喜生山沟、草地和水田边,也能生长在山坡林下,为有毒植物。

图3-69 毛茛

毛茛的识别重点是,花瓣内侧有光泽,呈亮黄色,基部有蜜腺槽。据此可与其他科的黄色、5花瓣花分开,如蔷薇科水杨梅的花也是5花瓣、黄色,但无光泽和蜜腺槽。

(2)比毛茛还原始的金莲花

金莲花(*Trollius chinensis* Bunge ,图3-70)为多年生草本,高30~70厘米,常不分枝。基生叶1~4,有长柄;叶片五角形,较大,长4~7厘米,宽

图3-70　金莲花

7～12厘米，3全裂，中央裂片3裂，裂近中部；茎生叶似基生叶。聚伞花序有2～3花或单生茎顶；两性；萼片8～15，黄色，椭圆状倒卵形或倒卵形；花瓣狭窄条形，黄色，离生，每片花瓣内侧基部有1蜜腺；雄蕊多数，离生，橘黄色；心皮多数，离生。聚合蓇葖果。花期7—8月。

金莲花分布于华北地区，如山西五台山、河北小五台山和雾灵山、北京东灵山和百花山。生于海拔1 400～2 000米的山地草坡上，阔叶林下也有。花朵入药，有清热解毒作用，可治扁桃体炎、喉炎。河北省兴隆县有干花出售，可以泡水喝。因花像荷花，并呈金黄色，故名金莲花。从前承德离宫大量栽培，成为著名景点"金莲映日"。康熙曾作诗咏之："正色山川秀，金莲出五台。塞北无梅竹，炎天映日开。"

金莲花的原始之处是，萼片多，达15个，有的甚至在18个以上，但也有5～8个的，说明萼片在由多变少（至5个）的过程中。花瓣也是5至多数。

金莲花属有30种，我国有15种，分布于东北到西南地区。

（3）侧金盏花既原始又进化

侧金盏花（*Adonis amurensis* Regel et Radde，图3-71）为多年生小草本。叶三回羽状全裂。花单生茎顶；萼片9，白色；

图3-71　侧金盏花

091

花瓣 10，黄色；雄蕊多数，离生；心皮多数，离生。聚合瘦果。

分布于东北，长白山多见。早春开花，由于冰雪尚未融化，故又称冰凉花、顶冰花、冰里花。

侧金盏花与金莲花相同的特征是，雄蕊多，心皮多，均离生。不同的是，侧金盏花无蜜腺。我们知道，有花植物的繁盛与适应昆虫传粉关系密切，因此无蜜腺的侧金盏花相对原始些，但侧金盏花的果为瘦果，又是相对进化的特征。进化类群中有原始特征，原始类群中有进化特征，这种现象叫作祖衍征并存现象。

侧金盏花属（*Adonis*）有 30 种，我国有 10 种。

（4）协同进化的耧斗菜属

耧斗菜属的 5 个花瓣都有"距"，蜜腺藏在距内，昆虫要采蜜，必须有长的口器，而短口器的昆虫采不到耧斗菜的蜜。可以说，昆虫的长口器与花的距是协同进化的结果。

耧斗菜（图 3-72）的雄蕊多，离生；雌蕊 5 个，离生。果实为蓇葖果。常见种为华北耧斗菜（*Aquilegia yabeana* Kitagawa，图 3-73），其花十分美丽，北京各山区都能见到。

图 3-72　耧斗菜　　　　　　图 3-73　华北耧斗菜

（5）更进化的乌头属

乌头属是毛茛科中的进化及特化属之一。我国有 160 多种。乌头属的花两性；萼片5，花瓣状，蓝色、紫色、白色或黄色，上面一片特化成帽状或头盔状，形状奇特；花瓣2～5，小，常藏在帽状的萼片内；雄蕊多数，离生；心皮 3～5，离生。蓇葖果。

乌头属的进化特征是，花瓣变态变小，有的种只有 2 个花瓣，花瓣带距且蜜腺藏在距内，这与耧斗菜属相似，但乌头属的花瓣常藏在特化的萼片内，从外面看不见，因而采蜜的昆虫受到了更多的限制，更"专业"了，传粉效率也得以提高。

著名种为北乌头（*Aconitum kusnezoffii* Reichb.，图 1-3），也叫草乌。高草本，有块根。中部叶五角形，3 全裂，中央裂片又羽状裂，小裂片三角形。花序顶生，有分枝，花多；萼片5，紫蓝色，上萼片盔形，高达 2.5 厘米；花瓣 2，有长爪；雄蕊多数，离生；心皮 4～5，离生。蓇葖果。

分布于东北和华北，俄罗斯和朝鲜也有。块根入药，有散风寒、止痛之效。但全株有毒，必须去毒后才能使用，云蒙山中毒事件就是误食了其嫩芽。北京山区常见。

近缘种为乌头（*A. carmichaeli* Debx.），花序狭长，不散开，密生反曲的微柔毛。与上种的区别是，北乌头花序多分枝，无毛。分布于长江中下游各省，秦岭和山东东部、广西北部也有。块根入药，功效相同。

（6）漂亮的长瓣铁线莲

长瓣铁线莲（*Clematis macropetala* Ledeb.，图 3-74）为藤本。二回三出复叶，

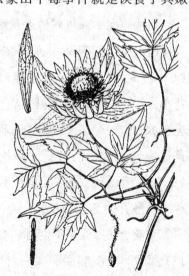

图 3-74　长瓣铁线莲

小叶狭卵形,边有锯齿。花单生茎顶,直径6~8厘米;花萼钟形,蓝色,萼片4,狭卵形;无花瓣;退化雄蕊呈花瓣状,多个,披针形,雄蕊多数,花丝匙状条形;心皮多数,花柱长,呈羽毛状。瘦果。由于退化雄蕊呈花瓣状,使整个花看起来像荷花。

分布黑龙江至华北,陕西、甘肃也有。生于山地。本种无花瓣和蜜腺,为风媒花。

北京有一种槭叶铁线莲(*C. acerifolia* Maxim.)比较特殊,为矮灌木,根较粗壮。单叶,有细长柄;叶片五角形,像槭树叶,较大,基部浅心形,掌状5裂近中部。花2~3朵簇生,花梗细长;萼片6,白色,狭倒卵形;无花瓣;雄蕊多数,花药黄色;心皮多数,花柱羽毛状。瘦果。

仅分布在北京门头沟和房山,多见于山坡岩石缝中,较稀少,显然是特殊生态环境下演化出来的种。老百姓称它岩花,可作为盆景花卉。

铁线莲属大多为木质或草质藤本,也有直立半灌木。共有300多种,我国有100多种。绝大多数叶对生,多为复叶,少单叶。

(7)适应风媒传粉的唐松草

唐松草属中靠风媒传播花粉的典型代表是东亚唐松草(*Thalictrum thunbergii* DC.,图3-75)。大型圆锥花序,散开状,花小而多;萼片4,小,易脱落;无花瓣,无蜜腺;雄蕊多,花丝细柔、下垂。这些是适应风力传粉的特征。唐松草开花时,若轻轻摇动它的茎,就会看到像烟雾一样散开的花粉。

东亚唐松草为多年生高草本,高65~150厘米。三至四回羽状三出复叶,小叶近圆形或宽倒卵形,3浅裂。瘦果,有

图3-75　东亚唐松草

纵棱,每花结果3～4个。分布于东北、华北、西北至西南地区。喜生山地林下或沟谷,北京山区多见。

由上可见,毛茛科植物可以分两类:一类为虫媒植物,另一类为风媒植物。一个科由于传粉关系分化出多种类型,比较有趣。

(8)水生种类

毛茛科有一些水生种类,这里简单提几种。白花驴蹄草(*Caltha natans* Pall.)分布于黑龙江,生沼泽中。花小,白色或粉红色;萼片5;无花瓣。蓇葖果。毛柄水毛茛[*Batrachium trichophyllum*(Chaix)F. Schultz]为沉水草本。花白色,花瓣5。瘦果。开花时花朵伸出水面,如梅花点点,再加上沉水叶裂成丝状或条形,像藻类植物,故又称梅花藻。分布广,多生于湖中、山沟积水中,北京山区多见。

(9)毛茛科要点

从花的形态结构看,应抓住以下特点:两性花;花被片不分化或分化成萼片,有的无花瓣;雄蕊数目多,离生;心皮多,离生,或较少。聚合瘦果或聚合蓇葖果。绝大多数为多年生草本。

25 水中之王——睡莲科

本科全为水生,并且形态特征突出。

(1)出污泥而不染的荷花

莲(*Nelumbo nucifera* Gaertn.,图3-76)又称荷花,为多年生水生草本。根状茎肥厚(藕),节部生不定根和鳞叶,节间内有多数孔道。叶基生,有长柄,中空。叶片圆形盾状,挺出水面,叶脉放射状。花大,常单生,粉红色或白色;两性;萼片4~5个,绿色,早落;花瓣多数,椭圆形;雄蕊多数,花丝细长,花药线形,黄色;心皮多数,离生,生于倒圆锥形花托(莲蓬)内。坚果(莲子)卵形或椭圆形,灰黑色。种子椭圆形,种皮红棕色。花期7—8月,果期8—9月。

图3-76 莲

莲原产于我国,印度、伊朗和大洋州也有。根状茎可食,也可制藕粉。莲子为名贵食品,有补脾、养心益肾的作用。莲子心有清心火、强心降压的功效。荷花为我国十大名花之一,栽培历史悠久。《诗经》中写道:山有扶苏,隰有荷华。考古学家在浙江余姚河姆渡文化遗址(距今7 000年前)发掘到了荷花的花粉化石。仰韶文化遗址中有荷花果实。

(2)睡莲不是莲

怎么区别睡莲和莲呢？人们常根据叶和花的大小来分,这有一定的道理,但最好能从形态结构上分:莲为子房上位(花被、雄蕊生在花托基部,雌蕊位于花托内),叶片漂浮在水面或伸出水面;睡莲的子房半下位(花瓣排成多轮,全与花托相连,雌蕊嵌入肉质花托内),叶浮在水面,但不会伸出水面。

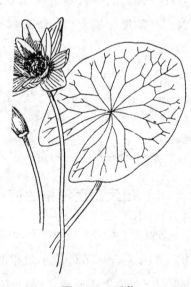

睡莲(*Nymphaea tetragona* Georgi,图3-77)的叶浮在水面,圆心形或肾圆形,基部有深弯缺,先端圆钝,全缘。花单生茎顶,浮于水面;萼片4,绿色;花瓣

图3-77 睡莲

多个,白色,长圆形;雄蕊多数,短于花瓣,花丝扁平;子房半下位,5~8室,柱头盘状,放射形排列。浆果球形,包于萼片内。种子多数,有肉质假种皮。花期7—8月,果期8—9月。

睡莲属植物分布全国,生于池塘和沼泽中。它是泰国、印度等国的国花。在古罗马和古希腊,睡莲与我国荷花一样,被视为圣洁、美丽的化身。荷兰和丹麦的国徽图案上就有睡莲。

(3)睡莲科之王——王莲

王莲的叶圆盘状,边缘向上卷,有1缺口,直径在2米以上,是水生植物中叶片最大的,可以坐一个体重在30千克以内的小孩;向阳面淡绿色,与水接触面土红色,叶脉粗壮,有刺毛。花伸出水面,直径可达40厘米;两性;萼片4;花瓣多数,红色、粉红或白色;雄蕊数极多,并有退化雄蕊;心皮多数,合生,子房下位。种子多,有假种皮。

王莲的故乡在南美洲的亚马孙,生长在小河湾和支流中,常绵延数千米。1801年,欧洲人才看到王莲,1846年开始引种,是栽在暖水池里的。我国于20世纪50年代引种。王莲通常夏季开花,黄昏时花朵开放,呈白色,次日早上闭合,傍晚重新打开,花已呈紫红色,不久便凋谢。水下结实,在故乡靠甲虫传粉,温室内种植必须进行人工授粉。开花时,花心温度比气温高出10℃。

(4)睡莲科要点

与毛茛科相比,睡莲科是水生的,而前者多陆生少水生,水生种类的叶裂成丝状,与睡莲科不同。两科的花有相似处,如雄蕊多数、离生,但睡莲科中有心皮合生者,如萍蓬草。从子房位置看,毛茛科皆子房上位,而睡莲科的子房有上位的如莲属、下位的如芡实以及半下位的如睡莲属。有比较才有鉴别,把相近的两个科进行比较,可以突出各自的特点。

26 淹不死的金鱼藻科

金鱼藻科仅1属——金鱼藻属,只有7种,分布全世界。我国有5种。它们长年浸泡在水中,活得也很好。代表性植物为金鱼藻(*Ceratophyllum demersum* L.,图3-78)。

(1)金鱼藻

金鱼藻是多年生沉水草本,分枝多。叶4~12枚轮生,一至二回二歧分叉,裂片细丝状,边缘有刺状细齿。花极小,单性,常1~3朵生于节上的叶腋;花被片8~12,线形,顶部有2个短刺尖,开花后宿存;雄花有雄蕊10~16个;雌花只有1个心皮,花柱宿存,呈针刺状;子房卵形,1室。小坚果扁椭圆形,小,有3枚针刺。花期6—7月,果期8—9月。

分布全国,北京多见于池塘和河沟中。金鱼藻是怎样在水中生活的? 它的茎和叶里有气道,空气可以出入。茎和叶含叶绿素,能进行光合作用。茎和叶的表皮细胞都能接触到水,可以吸收水分。由于植物体浮于水中,所以不需要陆生植物那样的机械组织、输导组织。柔软的植物体随水浮动,随遇而安。金鱼藻可以作为鱼和猪的饲料。

图3-78　金鱼藻

（2）与金鱼藻类似的植物

与金鱼藻类似的水生有花植物,常见的还有几种。一是茨藻科的茨藻(*Najas marina* L.),其叶对生,叶基鞘状;广泛生于淡水或碱水中。二是水鳖科的黑藻[*Hydrilla verticillata*（L.f.）Roylc],茎纤细;叶线形,多叶轮生;根扎在水下的泥中;花小,单性;水塘中常见,是淡水鱼的好饲料。三是小二仙草科的狐尾藻(*Myriophyllum verticillatum* L.),具根状茎;4叶轮生,丝状全裂;花两性或单性,雌雄同株,雄花花瓣4,雄蕊8;果球形,4纵裂成4小果;6—8月开花。后两种北京各水域习见。

（3）金鱼藻科要点

水生草本。叶轮生,二歧式细裂。花小,单性;无花被;雄花有10~16个雄蕊或更多;雌花只有1个雌蕊,子房1室,上位。坚果,先端有宿存的花柱,基部有2刺。

27 罂粟科出毒品

罂粟科有43属500多种,其中我国有20属200多种,分布广。此科产的毒品仅1种,为举世闻名的罂粟(*Papaver somniferum* L.)。其嫩果皮的乳汁可以制成鸦片,以前因吸食鸦片而成瘾中毒者很多,而今由鸦片提炼出的海洛因更是毒上加毒,害人不浅。

（1）毒品罂粟

罂粟是一年生草本,全株灰绿色,高可超过1米,一般无毛。叶互生,长圆形或长卵形,长可达25厘米,宽达15厘米,基部心形,边缘有不整齐缺刻;基生叶有短叶柄,茎生叶无柄,基部抱茎。花单朵顶生,颇大,直径达

10 厘米, 美丽; 萼片 2, 长圆形, 无毛; 花瓣 4, 红色、白色或紫红色, 有时重瓣; 雄蕊多数, 离生; 心皮 7～15, 合生, 子房 1 室, 侧膜胎座, 无花柱, 柱头放射状。蒴果球形, 无毛, 径达 6 厘米, 成熟后顶部孔裂。种子多数, 细小肾形, 表面有网纹。花期 5—8 月。

罂粟原产于南欧, 清代前传入我国。果实的乳汁中含植物碱, 是镇痛剂。果也入药, 称米壳, 也有镇痛作用。

罂粟花十分漂亮, 古时已广泛种植, 作为观赏花卉。唐代诗人雍陶有一首诗: 行过险栈出褒斜, 出尽平川似到家。万里客愁今日散, 马前初见米囊花。米囊花即罂粟花。《唐本草》中的一种药, 其重要成分是"鸦片", 用于镇痛、治痢疾。1803 年, 法国医学家塞昆首先从鸦片中提出了吗啡, 作为止痛药。医学家原本想用吗啡治疗鸦片的成瘾者, 没料到它比鸦片更容易成瘾。1874 年, 英国人 C.莱特利用吗啡醋酸酐等合成了二乙酰吗啡, 后命名为 Heroin, 音译为海洛因。吸食海洛因容易产生生理和心理上的依赖, 难以戒除, 最终导致神经系统受损、呼吸衰竭而亡。因此, 人们应远离毒品。

（2）与罂粟相似的虞美人

虞美人(*P. rhoeas* L., 图 3-79)与罂粟同属, 它与罂粟的不同处为: 茎生叶的基部不抱茎; 花茎上有柔软伸展的毛; 叶片羽状深裂或羽状, 裂片披针形。

虞美人也有乳汁。花单生, 比罂粟花小一些; 萼片 2; 花瓣 4, 近圆形, 红色、紫红色、粉红色或白色, 或白色有红色边缘; 雄蕊多, 离生; 子房上位, 倒卵形, 花柱极短, 柱头有 10～16 个辐射枝。蒴果近球形, 虞美人径达 1.3 厘米, 孔裂。

图 3-79　虞美人

种子细小且多。花期5—8月。

原产于欧洲,北京多栽培。

(3)荷包牡丹不是牡丹

有人常将荷包牡丹与牡丹混为一谈,实际上,荷包牡丹属罂粟科,牡丹属芍药科,两者相差悬殊。

荷包牡丹[*Dicentra spectabilis*(L.)Lem.,图3-80]因花像荷包而得名,是多年生草本。二回羽状复叶,小叶片深裂。总状花序的一侧生下垂的花;花两性,两侧扁,下垂,心形;萼片2,极小,早落;花瓣4,外侧2个粉红色,基部膨大成囊状,先端向外反折成距,内侧花瓣白色,

图3-80 荷包牡丹

长圆形,背面有龙骨状突起,中部收缩;雄蕊6,结成2束,先端分离;雌蕊细长,线状披针形,花柱细长,柱头2裂。蒴果细长圆柱形,长达3厘米。种子细小,黑色,有光泽。花期4—6月。

荷包牡丹原产于欧洲,我国各地有栽培,北京也有。曾有人称东北和河北有野生植株,但从未采到过标本,可能是因故散落在郊外,但不能适应环境而绝迹。

(4)罂粟科要点

草本,常有乳汁或有色汁液。叶互生,无托叶。花两性,花序多种或单生花;萼片2,常早落;花瓣离生,常4或6,有时外轮花瓣成距或囊状;雄蕊多个,4或6个合生成2束;子房上位,心皮2至多个,合生,侧膜胎座,胚珠多数。蒴果瓣裂、孔裂或纵裂。种子多,胚乳丰富。

28 十字花科蔬菜多

十字花科的蔬菜很多,如我们平时吃的白菜、油菜、青菜、甘蓝、洋白菜、菜花、雪里蕻和萝卜等。芸薹属和萝卜属为本科的两个主要属。

(1)芸薹属及常见蔬菜

芸薹属(*Brassica*)为草本。叶大头羽裂。总状花序伞房状;花两性,多黄色,少白色;萼片4,离生,外轮长圆形,内轮卵形;花瓣4,有长爪,有侧蜜腺和中蜜腺,前者生于外轮雄蕊内侧,后者位于内轮雄蕊间;雄蕊6个,外轮2个短,内轮4个长,称四强雄蕊;心皮2,合生,侧膜胎座,胚珠多个。长角果,圆柱形,稍扁,被假隔膜隔成2室,成熟时多开裂。种子球形或卵形。

芸薹属有40多种,主要分布于地中海。我国有16种,多为常见蔬菜,著名的有白菜和油菜。白菜为我国传统蔬菜,原产于我国,栽培历史有4 000多年。新石器时期的半坡村遗址中曾出土过白菜种子。古代称白菜为菘,宋代以后逐渐称"白菜"。宋代苏颂说:扬州一种菘叶,圆而大……啖之无渣,绝胜他土者……著名画家齐白石爱吃白菜,还在自己绘的白菜画上题字:牡丹为花之王,荔枝为果之先,独不论白菜为菜之王,何也?

白菜(*B. pekinensis* Rupr.,图3-81)不仅口感好,而且富含维生素C、铁、磷、钙和蛋白质等,干物质中有90%以上是粗纤维。粗纤维能刺激肠胃蠕动,帮助消化,防止便秘。

常见的十字花科蔬菜还有很多,这里简要介绍几种。卷心菜(*B. oleracea* L.

图3-81 白菜

var. *capitata* L.,图 3-82)又称洋白菜、圆白菜、包心菜,为甘蓝的一个变种,基生叶厚,层层包裹成球状、扁球状。原产于欧洲,我国有栽培。

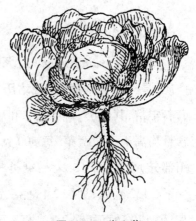

菜花(*B. oleracea* L. var. *botrytis* L.)又称花椰菜,也是甘蓝的变种。市场上出售的是顶生球形花序,由密集的花序梗组成。原产于欧洲,我国有栽培。

芜菁(*B. rapa* L.)又称蔓菁,块根球

图 3-82　卷心菜

形或扁球形,肉质,皮白色或黄色,无辛辣味,常熟食或制作泡菜。

大头菜(*B. napobrassica* Mill.)又称芥菜疙瘩,块根圆锥形,上部淡绿色,下部白色,有辣味,盐渍或酱渍后食用。

雪里蕻[*B. juncea*(L.)Czern. et Coss. var. *multiceps* Tsen et Lee]一年生,叶有条裂,边缘皱缩。嫩叶供腌制咸菜,也可以鲜食。

榨菜(*B. juncea* var. *tumida* Tsen et Lee.)茎短缩,下部叶的叶柄基部膨大,呈瘤状或块状,可以腌制成榨菜,也可以鲜食。

青菜(*B. chinensis* L.)又称鸡毛菜,基生叶倒卵形,深绿色,先端圆形,基部有宽叶柄,肥厚,浅绿色或近白色。原产于我国,叶为常见蔬菜。

图 3-83　油菜

油菜(*B. campestris* L.,图 3-83)又称菜薹,为南方广泛种植的油料作物,种子含油量在 40% 左右,可以榨油。

103

（2）赛人参的萝卜

萝卜（*Raphanus sativus* L.，图3-84）根肉质，是一种常见蔬菜。栽培历史悠久。营养丰富，其糖类、维生素C和矿物质的含量均高于一般蔬菜。每500克萝卜（食用部分）含蛋白质3.2克、糖类32克、维生素C 152毫克、烟酸2.4毫克、钙244毫克、磷170毫克和铁2.4毫克。萝卜中含的酶能分解食物中的淀粉和脂肪，使它们易于被吸收。萝卜含的芥子油能刺激肠胃蠕动，利于消化。民间常用白萝卜、

图3-84　萝卜

葱白等量混合榨汁，治小儿积食。研究表明，萝卜有抗癌作用，因为萝卜含木质素，能提高巨噬细胞的活力，增强它们对癌细胞的吞噬能力。此外，萝卜含的一些物质能分解亚硝酸盐，清除食物中的苯、芘等毒素。"萝卜进城，药店关门""冬吃萝卜夏吃姜，不劳医生开药方"，这些俗语就是人们对萝卜保健功能的最佳评价。萝卜种子入药称莱菔子，能降气平喘、消食化痰。

萝卜由于栽培历史悠久，品种不少，常见的有青萝卜、白萝卜、心里美和水萝卜等。

萝卜属与芸薹属不同。萝卜属花淡紫色或白色，果实成熟后呈串珠状，不开裂，先端有一长喙；而芸薹属花黄色，少白色，果实开裂，一般无喙。

（3）味道鲜美的野菜——荠菜

春季，人们常到田间地头采荠菜，用来包馄饨或做汤，味道极其鲜美。《诗经》曰：谁谓荼苦？其甘如荠。宋代诗人陆游曾赞美荠菜：日日思归饱蕨薇，春来荠美忽忘归。如今已有人工栽培的荠菜，用于制作馄饨、饺子等速冻食品。

荠菜〔*Capsella bursa-pastoris*（L.）Medic.，图3-85〕为一年或两年生草本，高20~40厘米。刚长出的叶莲座状，叶片羽状裂，顶裂片较大。后生出主茎，随长随开花，常中下部已结果实，顶部还在开花。花小，白色；萼片4；花瓣4，倒卵形；雄蕊6，有蜜腺；心皮2，合生。果实为短角果，倒三角形。种子多个。花期4—6月。果倒三角形，顶部下凹，是识别荠菜的关键特征。

荠菜分布几乎遍布全国，京郊也很普遍。它营养丰富，含10多种人体需要的氨基酸，和糖分、脂肪以及钙、磷、铁、钾等矿物质。此外，还含胡萝卜素和维生素C。荠菜有清热解毒功效，可以凉血、止血和明目。

图3-85 荠菜

（4）荒地绿化植物二月兰

初春时节，北京一些高校的院内和郊外的荒地上，经常能看到盛开的二月兰（图3-86），它们在树荫下连片生长，蓝紫色的花朵随风摇曳，格外赏心悦目。二月兰〔*Orychophragmus violaceus*（L.）O. E. Schulz〕属十字花科诸葛菜属，一年或两年生草本，高10~50厘米。茎单一，直立。叶互生，叶形变化大，基生叶和茎下部的叶羽状分裂，基部心形，上

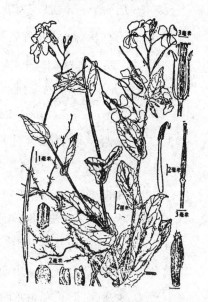

图3-86 二月兰

105

部叶矩圆形,基部耳状抱茎。花蓝紫色或近白色;萼片筒状,紫色;花瓣4,开展,下部有长爪。长角果条形,7～10厘米,具4棱,喙长可达2.5厘米。种子卵形或长圆形,黑色。花果期4—6月。

分布于辽宁、河北、山东至长江以南的多个省区,陕西、甘肃和四川也有。北京常见。生于平原、山地、路旁或地边。嫩茎叶可作野菜食用,富含胡萝卜素、维生素 B_2、维生素 C 以及钾、钙、镁、磷、钠等成分。嫩茎叶在开水中焯过沥水,可做汤、做馅或凉拌。据说郭沫若生前爱吃二月兰,故居内也长着不少二月兰。二月兰对土壤要求不高,可作为荒地及沙地绿化植物。

(5)本科的其他常见种类

十字花科常见的种类还有很多,下面简要介绍几种。

紫罗兰[*Matthiola incana* (L.) R. Br.]花紫红、淡红或白色,直径达2厘米,为观赏花卉。原产于南欧,我国有栽培。

桂竹香(*Cheiranthus cheiri* L.)花橘黄色或黄褐色,为观赏草花。原产于南欧,我国有栽培。

菘蓝(*Isatis tinctoria* L.)为著名药用植物,根入药称板蓝根,可清热解毒、利咽。叶入药,称大青叶,有同样功效。叶还能提取靛蓝素,为蓝色染料。

豆瓣菜(*Nasturtium officinale* R. Br.,图3-87)又称西洋菜,为多年生草本。有根状茎。奇数羽状复叶。总状花序,花白色,小。长角果,种子多个。花果期5—6月,广布于欧、亚、美等洲,我国南北多省均有分布。生于沟边及浅水中。广州和昆明人工栽种作蔬菜食用。用西洋菜与蜜枣烧汤,有清热、润肺和止咳的功效。

图3-87　豆瓣菜

（6）十字花科要点豆瓣菜

认识十字花科要抓住以下特点。草本。叶互生。总状花序，花有黄、蓝、淡紫和白等颜色；两性花；萼片4；花瓣常下部窄爪状，上部宽、平展，十字形排列；雄蕊6,4长2短，为四强雄蕊；有蜜腺；心皮2,合生,有假隔膜。果实两种，即长角果和短角果，上部有喙，沿腹缝开裂，少不裂。种子1至多个。

将成熟种子的胚横切，可见子叶有 3 种类型（图3-88）：一为子叶对摺，其切面为○》形，表示两个子叶对摺，包在（或夹在）胚根外面；二为子叶背倚，即两个子叶位

子叶对摺　　子叶背倚　　子叶缘倚

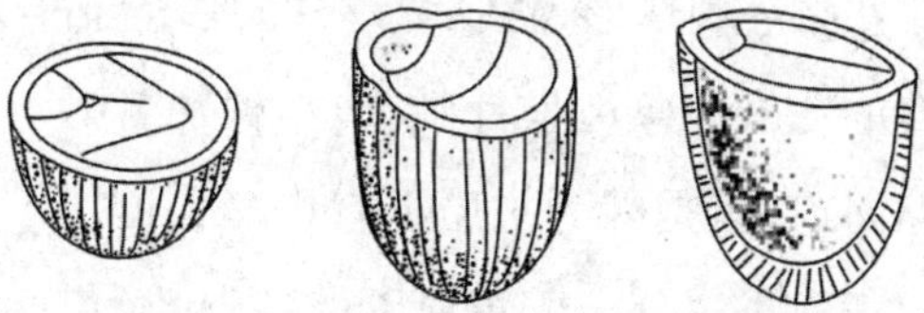

图3-88　十字花科植物的子叶类型

于胚根一侧，切面为○∥形；三为子叶缘倚，即两个子叶的侧面位于胚根的一侧，切面为○-形。芸薹属、萝卜属和诸葛菜属的子叶皆为对折的，紫罗兰属的子叶为缘倚的,荠菜属的子叶为背倚的。

本科有300多属3 000多种。我国有90多属300种以上。十字花科的鉴别较容易，但属和种的鉴别比较困难，单靠花不行，还要有成熟果实辅助。例如，子叶形态在开花时就看不到，必须采成熟果实。此外，长角果和短角果也是重要的分类依据。

29　金缕梅科出红叶

金缕梅科是个小科，只有27属约140种，我国有17属70多种。

（1）著名的红叶树——枫香树

别看本科种类少，却有世界闻名的红叶树——枫香树（*Liquidambar for-*

mosana Hance，图3-89）。这是一种大乔木，高可达40米。叶宽卵形，长达14厘米，常掌状3裂，边缘有锯齿；叶柄长；托叶条形，红色，早落。花单性，雌雄同株；雄花序排成柔荑花序，无花被，雄蕊多个；雌花组成头状花序，含数十朵花，无花瓣，花萼5齿，钻形，花后伸长，子房半下位，2室，胚珠多，花柱2。头状果序圆球形，直径2.5～4.5厘米，宿存的花柱和萼齿呈针刺状。本种别名为路路通，就是因为果序上有许多孔道。

图3-89　枫香树

枫香树分布于黄河以南各省区，包括台湾。常生于平原及丘陵地带。有树脂，故有香气，入药可解毒止痛、止血生肌。叶、果入药，有通经络之效。

入秋树叶变红的除枫香树外，还有槭树科的一些种类、漆树科的黄栌、大戟科的乌桕等。北京香山的红叶主要来自黄栌，此外还有鸡爪槭、平基槭等。枫香树在北方不能露地栽种，因此北方的红叶不会是枫香树的。

知识窗

著名的赏枫胜地

国内有三处赏枫香红叶的胜地。一为江苏省苏州市的天平山，那里有数百株枫香古树，有的高30多米，需两三个人才能合抱。在观枫台上，满山的红叶尽收眼底，有金黄、橘黄、橙红和深红等色，人称五彩枫。二为南京的栖霞山，那里的枫香树也很多。三为湖南长沙的岳麓山，山上有3万多亩枫香树，10万多株。历代文人墨客曾留下许多赏红叶的佳作，最著名的是杜牧的"停车坐爱枫林晚，霜叶红于二月花"。据说岳麓山的"爱晚亭"就是清代乾隆年间，根据"停车坐爱枫林晚"的意境而修建的。

（2）花序像单花的红苞木

红苞木属的花序非常奇特。开花时枝上会长出头状的花序，外面有覆瓦状排列的总苞片；花两性，红色的花瓣倒披针形，生于花序外侧，既像菊科的头状花序，又像一朵花。

著名种为红苞木（*Rhodoleia championii* Hook. f.，图3-90）。常绿乔木，高10多米。单叶，厚革质，卵形，长达13厘米，全缘，无毛。头状花序长达4厘米，似一朵花，实际上含5~6朵花，下垂，总

图3-90　红苞木

花梗长2~3厘米，下部有5~6个苞片；苞片卵圆形，有短柔毛；花两性；萼短；花瓣3~4，红色，匙形；雄蕊与花瓣等长；子房无毛，有多数胚珠，花柱2。头状果序宽达3.5厘米，蒴果长超过1厘米，成熟后4瓣裂。

分布于广东、广西，生于山地。香港有栽培，作为观赏花木。

（3）几个独特种类

牛鼻栓（*Fortunearia sinensis* Rehd. et Wils.）属牛鼻栓属，本属只有1种。分布于河南、湖北、安徽和江苏等省，生于山林中。河南鸡公山多见。灌木。叶倒卵形，基部稍偏斜，边缘有波状齿，侧脉6~10对。花有两性花和雄花两种，同株生。两性花组成总状花序；花萼具5齿；花瓣5，钻形，比萼齿短；雄蕊5，与萼齿同长；子房半下位，2室，每室1胚珠，花柱2。雄花组成柔荑花序。蒴果木质卵圆形，长达1.5厘米，室间及室背开裂，比较特殊。木材常用于制作牛鼻栓，结实耐用。我国植物的多样性由此也可略见一斑。

本科也有庭园观赏植物，如金缕梅（*Hamamelis mollis* Oliver，图3-91）。为落叶灌木或小乔木。叶宽倒卵形。穗状花序；花两性；花瓣4，黄白色，

条形。蒴果,有星状毛。分布于长江以南地区。

　　中华蜡瓣花(*Corylopsis sinensis* Hemsl.,图3-92)为灌木或小乔木。叶卵形,边缘有锐齿,下面有星状毛。总状花序;花两性;花瓣5,黄色,匙形。蒴果卵圆形。分布于湖南、浙江、安徽、广东和广西壮族自治区等地。

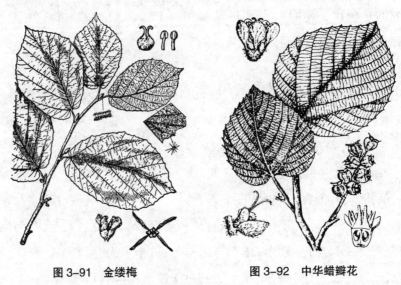

图3-91　金缕梅　　　　　　　图3-92　中华蜡瓣花

(4)金缕梅科要点

　　乔木或灌木。单叶,有托叶。花杂性或单性,同株;头状、穗状或总状花序;萼4～5裂;花瓣4～5,生萼上,有时无花瓣;雄蕊4～5或多;子房下位或半下位,心皮2,基部合生,胚珠多数或1个,中轴胎座,花柱2。蒴果,2室,室间或室背开裂。种子多,扁平有翅,多角形或椭圆卵形。

30　景天科一身"肉"

　　景天科植物多肉质化,尤其是茎叶,可以贮存大量水分,这是它们对干旱环境的一种适应。本科有35属1600多种,广泛分布于全球各地。我国有 10 属 200 多种，全国均有分布。

（1）能止血的费菜

费菜（*Sedum aizoon* Linn.，图 3-93）
旧称土三七、景天三七，北方山地（包括
北京）常见，属于费菜属。多年生草本。
根状茎近木质化。茎直立，不分枝。叶
互生，长披针形或倒披针形，厚肉质，顶
端尖，基部楔形，边缘有不整齐的齿。聚
伞花序，分枝平展；花密生，两性；萼片
5，不等长，肉质；花瓣 5，黄色，带肉质，
椭圆披针形；雄蕊 10，短于花瓣；心皮
5，仅基部合生。蓇葖果，黄色至红色，
星芒状排列，水平叉开式。种子多粒。

分布于东北、华北、西北及长江流
域。多生于海拔 2 000 米以下的山地、
丘陵及平原地区，阴湿林下或石头附近

图 3-93 费菜

常见。根或全草入药，有散瘀止血、安神镇痛的作用，能治血小板减少性紫
癜、吐血和咯血。外用治跌打损伤、外伤出血、烧烫伤等。

注意，有止血功能且名字中有三七的，除上种外，还有竹节三七（或大
叶三七）、羽叶三七，为五加科植物。菊科的菊叶三七也能止血，但疗效较弱。

堪察加景天（*S. kamtschaticus* Fisch.）与费菜形态接近，怎样区分呢？堪
察加景天的根状茎横走，木质化；地上茎较细且多簇生。叶倒卵形至匙形，
最宽处多在叶片中部以上，近顶端有齿。花橘黄色，有梗。蓇葖果红色或
褐色。而费菜茎不分枝，根状茎稍木质化，叶片长披针形或倒披针形，边缘
多有齿。花无梗，黄色。蓇葖果黄色至红色。

民间传说

三七外传

土三七名字中的"三七"与五加科的"参三七"有关。关于三七的来源,一种说法是掌状复叶有3～7个小叶;另一种说法是生长期长,至少3年方可入药,以7年生药效最佳。后一种说法还有一个故事。从前有个叫张二的人,患口鼻出血症,一位姓田的大夫用草药根治好了他的病,并给他一些草药种子备用。一日,知府女儿患出血症,张榜招大夫。张二带上自种的草药去为小姐治病,谁知治疗后小姐居然病故。知府要治张二的罪,张二道出药的来源。知府提了田大夫问罪。田大夫说此草要3～7年方有效,并当场用刀割手,然后用草药止血。此药即三七,因为是田大夫的药,又称田三七或田七。

(2)与景天属一字之差的红景天属

红景天属与景天属虽只有一字之差,但形态相差不小。红景天属根茎肥厚肉质或木质化。花单性,雌雄异株。茎基部常有退化的鳞片叶。种子翅宽。而景天属花两性,茎基部外露,无退化的鳞片状叶,种子无翅而翅狭窄。

常见种为小丛红景天[*Rhodiola dumulosa*(Franch.)Fu]。亚灌木状,高通常不超过25厘米。主干木质,基部有残枝簇生,枝硬;茎基部有褐色鳞片叶。叶互生密集,细条形,无柄,绿色,全缘。聚伞状花序顶生,有多朵花;花两性;萼片5,淡红白色,线状披针形;花瓣5,淡红色或白色,披针状长圆形;雄蕊10;心皮5,离生,胚珠多。蓇葖果直立,种子有狭翅。花期6—8月。

分布于东北、华北、西北、西南和华中等地区。北京东灵山、百花山海拔1800米以上的草坡上多见。根状茎入药,名凤尾七。全草入药,有补血调经、补肾、养心安神的功能。

近缘种为红景天（*R. rosea* L.，图3-94）。多年生草本，高约25厘米。根粗壮，黄褐色，圆柱形或圆锥形，有分枝。有鳞片状叶，茎叶无柄，椭圆形，有粗齿，先端锐尖，基部楔形。花序伞房状，花红色。蓇葖果。

红景天分布于西藏、新疆。生于高山草坡或林下。全草入药，有清肺止咳、止血和止带的功能，外用治跌打损伤和烧伤。

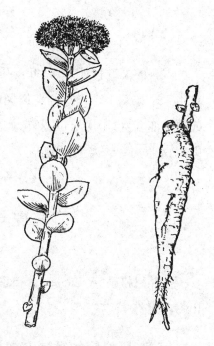

图3-94　红景天

（3）叶上能生芽的落地生根

落地生根属于落地生根属，本属有20多种，产于非洲热带。我国原有1种，引进了几种。落地生根非常奇特，它的叶片边缘有圆齿，圆齿间容易生芽，芽长大后落地就成为一新植株，"落地生根"之名也由此而来。

落地生根[*Bryophyllum pinnatum*（L. f.）Oken，图3-95]为多年生肉质草本，高40～150厘米。茎粗壮，光滑。羽状复叶或单叶，对生，肉质多汁，小叶椭圆形，两端圆钝。圆锥花序顶生，花下垂；萼圆柱状；花冠高脚碟状，裂片4，卵状披针形，淡红或紫红色；雄蕊8，生花冠筒基部；心皮4。蓇葖果包于花冠内。种子多数，小。

分布于云南、广东、广西、福建和台湾。

图3-95　落地生根

113

（4）景天科要点

本科的关键特征是，茎叶肉质，多单叶，无托叶。花序多聚伞形；花基数4～5；雄蕊1～2轮，与花瓣同数或是它的两倍；心皮数同花瓣数，离生或仅基部合生，子房上位，胚珠多个。蓇葖果，少蒴果。以上特点又以茎叶肉质、心皮4～5、离生更突出。

31　虎耳草科出名花

按照恩格勒（A. Engler）分类系统，虎耳草科应包括绣球花属（绣球属）、山梅花属等。

（1）花团似锦的绣球花属

东陵绣球（*Hydrangea bretschneideri* Dippel，图3-96）又叫东陵八仙花，为灌木。叶对生。伞房花序顶生，直径可达20厘米。花二型。周边花不育；片4，较大，白色，逐渐变淡紫或淡黄，花瓣状，宽卵形。中央花两性，多而小，淡白色；萼裂片5，小，宿存；花瓣5，椭圆形，早落；雄蕊10，2轮；子房半下位，花柱3。蒴果卵形，3室。种子多，有翅。花期4—7月。

图3-96　东陵绣球

分布于河北、山西、河南、甘肃、青海、湖北和四川，北京也有。生于海拔1 200～2 000米的山坡林下或山沟边。刚开花时白色，不久变淡紫色。

绣球[*H. macrophylla*（Thunb.）Seringe]是本属常见的另一种花卉，为

落叶灌木。小枝粗壮。叶大且较厚,宽卵形或椭圆形,长7~20厘米,有粗锯齿,上面鲜绿色,下面黄绿色。伞房花序顶生,直径可达20厘米;花白色或粉红色,变蓝色,均不育;每花有萼片4,宽卵形或圆形。花序团状、色泽美丽,极具观赏价值,又称八仙花。原产于长江以南地区,如今南方栽培很广。北方有盆景,野生植株稀少。

(2)在北京采集的太平花

太平花(*Philadelphus pekinensis* Rupr.,图3-97)又称北京山梅花,属山梅花属。本属有70多种,我国有15种。太平花是根据在北京采集的标本命名的,所以种加词的意思是"北京的"。灌木。叶对生。花白色,花瓣4;雄蕊多数;子房下位。蒴果。

图3-97 太平花

分布于四川西部、河北、山西和辽宁。北京小龙门、妙峰山和百花山均有,公园多栽培。北大校园也有。生于山坡或溪边的灌丛中。

与太平花相似的一种植物是山梅花(*P. incanus* Koehne)。两者的叶极相似,但山梅花叶的下面有短伏毛;花白色,稍大,花瓣4,长可达1.6厘米,花萼外密生灰白色贴伏的柔毛。据此可将二者分开。山梅花分布于四川、河南、陕西、甘肃、青海和湖北。北京植物园有栽培。

与山梅花属植物相似的是溲疏属。两属的区别是,山梅花属花瓣4,雄蕊多数;溲疏属花瓣5,雄蕊10枚,此外叶面被星状毛。

(3)果实能吃的茶藨子

茶藨子属有100多种,我国有近60种。本属的果实可以食用,如东北

115

茶藨子[*Ribes manschuricum*(Maxim.)Kom.]。其果为浆果,直径近 1 厘米,熟时红如樱桃,味酸甜,可生食或制果酱和果酒,种子还能榨油。分布于东北、河北、山西、陕西和甘肃。生于林下。北京多见于海拔 1 200 米以上的山地及山沟湿处,如小龙门南沟、百花山、密云坡头等。

东北茶藨子(图 3-98)为灌木,高达 2 米。叶掌状 3 裂,长宽均达 10 厘米。总状花序,长可达 16 厘米,有多花;花绿黄色;雄蕊 5;有花盘;花柱 2 裂。花期 5—6 月,果期 7—8 月。

刺梨(*R. burejense* Fr. Schmidt)又称刺果茶藨子。为灌木,高 1 米左右。小枝有细刺。叶圆形或宽卵形,掌状 3～5 深裂。花两性,单生或 2 朵生叶腋;粉红色,较大;萼裂片 5;花瓣 5,菱形;雄蕊 5;花柱 2 裂,子房外有刺毛。浆果黄绿色,有刺。

图 3-98　东北茶藨子

分布于东北、河北、山西及陕西,北京山区也有。生于山地林中或山沟水边。刺梨富含维生素 C,可制水果罐头,也可栽培供观赏。

香茶藨子(*R. odoratum* Wendl.)又称黄丁香,为灌木。叶片卵形、肾圆形至倒卵形,3 裂,有粗齿。花两性,鲜黄色,多朵组成总状花序,下垂。浆果黑色。花期 5 月。原产于美国。北京各公园偶见,北京大学有栽培。

(4)名字很多的虎耳草

虎耳草(*Saxifraga stolonifera* Meerb.)为多年生草本,茎匍匐。叶基生,圆形至肾形,边缘有浅裂或不规则钝齿,肉质,有柔毛,上面绿色,有白斑,下面紫红色;叶柄有毛。萼片 5;花瓣 5,白色,下面 2 个较大,披针形,上面 3 个小,卵形;雄蕊 10;心皮 2,合生,子房球形。蒴果卵圆形,顶端 2 深裂,喙状,种子多。花期5—8月。

虎耳草原产于我国中部至南部地区,北京常盆栽,有时植于池塘的假山上。入药有清热、解毒和凉血作用。

虎耳草的地方名多达几十个。李时珍曾这样描述它:生阴湿处,人亦栽于石山上,茎高五六寸,有细毛,一茎一叶,如荷盖状,人呼石荷叶。匍匐茎细长如丝,又名金丝草、金丝荷叶、金线荷叶、金线草。叶形如虎之耳,故名虎耳草。因可治耳疾,故有滴耳草、通耳草之名。叶似铜钱,也称铜钱草。

虎耳草属最能代表虎耳草科特征。本属约400种,约占全科的4/5。其重要特征:花两性;萼5裂,基部与子房分离或合生;花瓣5;雄蕊10;子房2室,2心皮几乎分离;果为蒴果。

(5)骗昆虫的梅花草

梅花草(*Parnassia palustris* L.,图3-99)属于梅花草属,为多年生草本,高多不过50厘米。基生叶丛生,卵圆形或心脏形,全缘,有长柄;花茎中部有1叶,无柄,形状同基生叶。花单朵生于茎顶,白色;花瓣5,卵状圆形;全花形同梅花,有5个能发育的雄蕊及退化的雄蕊。退化雄蕊形态有趣,上部裂成11~23个丝状体,丝裂的先端有头状的腺体,能引诱昆虫前来传粉。

梅花草分布极广,除分布在我国东北、华北、陕西和甘肃以外,北半球的其他温带地区也有。在亚寒带,多生于林下或山沟水边。北京山区多见。本属有50种,我国有30多种。

图3-99　梅花草

（6）虎耳草科要点

虎耳草科是一个种类繁多、面貌较复杂的科，要归纳出科的特征比较困难。首先，要分木本和草本，木本以绣球属为代表，草本以虎耳草属为代表。其次，要抓住花、果特征。因此，哈钦松系统将它分为几个小科，如茶子科仅含茶子属；绣球花科包括几个木本属，如溲疏属（*Deutzia*）、绣球属、山梅花属等；虎耳草科包括虎耳草属、梅花草属、落新妇属（*Astilbe*）等草本属。

32　花果之家——蔷薇科

蔷薇科也是个种类多、特征杂的科，但比起虎耳草科来，要好掌握一些。本科有100多属，3 000多种。我国有40多属，800多种。全球分布。它包含许多著名的花卉，如月季、玫瑰、蔷薇、樱花、海棠、桃花和梅花等；以及多种常见的水果，如桃、苹果、梨、李和枇杷等。

主要根据果实特征，蔷薇科分为4个亚科。这4个亚科的划分较客观，容易掌握。

（1）绣线菊亚科

绣线菊亚科多为灌木，包括绣线菊属、珍珠梅属和白鹃梅属等。

1）绣线菊属

本属皆灌木。单叶，无托叶。多为伞形总状花序，花小；萼片5；花瓣5；雄蕊多数，离生；心皮5个，离生；花托杯状，心皮生于花托底部。萼片、花瓣和雄蕊位于花托周边，这种形状的花称为周位花。蓇葖果5，成熟时开裂。种子较多。

代表植物是三裂绣线菊（*Spiraea trilobata* L.，图3-100）。关键特征为叶片先端钝，常3裂，边缘自中部以上有少数圆钝锯齿。伞形总状花序，有小

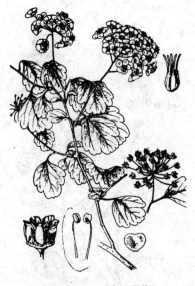

图 3-100　三裂绣线菊

花几十朵;花有细梗,白色,无毛,小;花托钟状(又称萼筒);萼裂片三角形;花瓣倒卵形;雄蕊多达 20 个,短于花瓣。蓇葖果 5,开裂。

分布于东北、华北、河南、陕西、甘肃和安徽等,北京山区很常见。生于山坡或阔叶林下。公园常栽培,为著名观赏花木。

近缘种有土庄绣线菊(*S. pubescens* Turcz.)、华北绣线菊(*S. fritschiana* Schneid.)、绣线菊(*S. salicifolia* L.)等。后者花序为塔状圆锥花序,花粉红色,美丽;叶矩披针形,似柳树叶。分布在东北三省(长白山多)及内蒙古、河北。生于山沟、草原和河流边。

2)珍珠梅属

灌木。羽状复叶,有托叶。圆锥花序,花多而小,白色,未开放时似粒粒白色的珍珠。虽与绣线菊属差别不小,但也是 5 个蓇葖果,所以放在绣线菊亚科。常见种为珍珠梅[*Sorbaria kirilowii*(Regel)Maxim.,图 3-101],又称华北珍珠梅,主要分布在华北、陕西、甘肃、山东和河南等地。北京各大公园及绿化带常见。

图 3-101　珍珠梅

相近种为东北珍珠梅[*S. sorbifolia* (L.)A. Br.],雄蕊数目 40~50,远多于珍珠梅。此外,东北珍珠梅花丝长,伸出花瓣外,花柱生于子房顶部,而珍珠梅花丝短于花瓣,最多与花瓣齐头,花柱稍侧生。根据这些特征,可将两者区分开。分布于东北,也产于朝鲜、日本及西伯利亚地区。

3）白鹃梅属

本属共 4 种，我国有 3 种。常见种为白鹃梅［*Exochorda racemosa*（Lindl.）Rehd.，图 3-102］。灌木。单叶，椭圆形或椭圆状倒卵形，先端圆钝或急尖，全缘，稀中以上有疏齿，无毛；叶柄短，无托叶。总状花序，有花 6～10 个，花径达 3.5 厘米；萼浅钟形，萼片宽三角形，黄绿色；花瓣 5，倒卵形，基部有短爪；雄蕊多数；心皮 5 个。蒴果，有 5 棱脊。花期 5 月，果期 6—8 月。

分布于江苏、浙江、江西及河南。河南鸡公山有野生植株，北京有栽培。此种花较大，洁白，因 5 个花瓣极似梅花而得名。与珍珠梅不同的是，单叶，无托叶，果实不是蓇葖果，为蒴果。因 5 心皮合生，所以果外有棱，花、果都有观赏价值。从进化角度看，白鹃梅属在绣线菊亚科中是进化的属，因为其心皮合生，果实为蒴果。

图 3-102　白鹃梅

（2）蔷薇亚科

蔷薇亚科包括的属很多，最著名的是蔷薇属，此外还有悬钩子属、委陵菜属、水杨梅属和龙牙草属等。

1）蔷薇属

本属有 200 多种，我国有 80 多种，著名花木极多。月季（*Rosa chinensis* Jacq.，图 3-103）是我国十大名花之一。具壶状萼筒（传统叫壶状花托），萼片 5，卵形，羽状分裂，有腺毛；花瓣多重瓣，各色；雄蕊多数；离生萼片、花

图 3-103　月季

瓣和雄蕊生于壶状萼筒的周边；花柱分离，子房有毛。果为蔷薇果，卵圆形或梨形，熟时红色，萼片宿存。花期 5—6 月，果期 9 月。

　　我国汉唐时就栽培月季，宋代盛极一时。宋朝诗人杨万里曾赞月季："只道花无十日红，此花无日不春风。"以月季为市花的城市有北京、天津、西安、南京和郑州等，足以看出人们对月季的喜爱之情。月季大约在 16 世纪传入意大利，随后传入英、法等国，受到当地人们的喜爱，人们将其与当地的蔷薇杂交，培育出了很多新品种。

　　蔷薇和玫瑰(图 3-104)与月季同属，三者形态很相似，让人难以区分。从花来看，蔷薇和月季的花柱伸出萼筒口外。蔷薇花多，形成圆锥花序，花柱合生，叶下面有柔毛。月季花常单生，或少数几朵聚成伞房状花序，叶下面无毛。

　　玫瑰的花柱不伸出萼筒外，常呈头状，位于萼筒口部。小枝密生绒毛，有皮刺和刺毛。小叶上面有明显的皱纹，民间称老脸皮样，而月季和蔷薇的小叶上面比较光洁，无皱纹，这一特征很突出。

图 3-104　玫瑰

　　2）悬钩子属

　　悬钩子属有 500 种左右，我国有 150 多种。几乎遍布全国。本属有 2 种植物的名字称"覆盆子"。《本草纲目》这样介绍覆盆子(*Rubus idaeus* L.)：子似覆盆之形，故名之。其中的"子"即聚合核果，成熟时红色，形状像小馒

121

头或倒扣的面盆,多汁,可食,入药能治阳痿、遗尿。山楂叶悬钩子(*R. cra-taegifolius* Bge.)也称覆盆子,其聚合果形似覆盆子,入药性质类似。

据说覆盆子之名源自它能治小儿尿床。有尿床孩子的家庭,夜间要准备尿盆,而吃了用覆盆子果配的药后,毛病被治愈,尿盆也底朝天扣到后院中(即弃之不用),所以称该植物为覆盆子。

华北覆盆子为落叶灌木,茎有刺。羽状复叶,小叶3~5或7,卵形、椭圆形或菱状卵形,有锐齿。伞房花序顶生或腋生,花粉红色。聚合果球形,红色。分布于甘肃、陕西、河南、安徽、浙江、江苏、江西、湖南、湖北和四川。

山楂叶悬钩子(图3-105)又称牛迭肚,枝有钩状刺。单叶,近圆形或宽卵形,长达10厘米,掌状3~5浅裂;托叶条形。短伞房花序或聚生,花白色,花

图3-105 山楂叶悬钩子

瓣易落。聚合核果近球形,熟时红色。分布在东北、华北及山东。生于山地林下。北京山区多见。

3)草莓属

草莓(*Fragaria ananassa* Duch.,图3-106)是世界著名的水果之一。原产自南美,我国广为栽培。花白色,花托隆起;萼片5;花瓣5;雄蕊多数,离生,类似毛茛科的花。为什么将它放到蔷薇科?因为草莓的花托较特殊,其中央隆起,基部上升成盘状,萼片、花瓣和雄蕊着

图3-106 草莓

生于盘状边缘上,为周位花,而毛茛科的花没有盘状边缘,为下位花。

草莓为多年生草本。茎匍匐。叶基生,为三出复叶,小叶卵形或近菱形,先端圆钝,有粗齿,两面有长柔毛;叶柄长。聚伞花序;萼片披针形,副萼片椭圆形;花瓣白色,椭圆形。聚合瘦果肉质,膨大,鲜红色。

4)委陵菜属

委陵菜属是一个大属,有500种。我国有近百种,分布全国。本属也有草莓那样的花托,果实也为聚合瘦果。著名种为鹅绒委陵菜(*Potentilla anserina* L.),又称绢毛委陵菜、蕨麻委陵菜。为多年生草本。根肉质纺锤形,富含淀粉,可以食用或造酒,被称为人参果,但与五加科的人参不同。

鹅绒委陵菜(图3-107)有以下特点:有细长的匍匐茎,节上生根;基生叶为羽状复叶,小叶3~12对,卵状矩圆形或

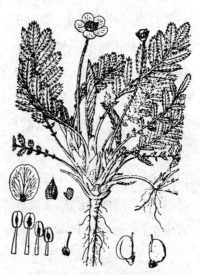

图3-107　鹅绒委陵菜

椭圆形;最突出的是小叶下面密生白色绵毛,略有光泽,小叶边缘的锯齿深,托叶膜质;花单生于匍匐茎的叶腋,黄色,花柄很长;聚合瘦果。

本种分布在东北、华北、西北和西南地区。喜生于河沟湿润的地方。除根肉质可食外,又为蜜源植物、野菜,也能入药。

山野林下经常能看到委陵菜属的多个种,其中最常见的是委陵菜(*P. chinensis* Ser.)和翻白草(*P. discolor* Bge.)。前者小叶15~31,矩圆形,长达3~5厘米,羽状深裂,下面密生白色绵毛;后者小叶只有5~9,较短,长不过1.5~4厘米,下面密生白色绒毛。

平原地区的房舍周围或荒草地上,常见的是朝天委陵菜(*P. supina* L.)。它是一两年生草本,茎平铺或斜向上。羽状复叶,基生小叶7~13,两面都为草绿色。花单生叶腋,黄色,较小。分布广。

中国科普大奖图书典藏书系

124

5）能止血的龙芽草

龙芽草（*Agrimonia pilosa* Ledeb.，图3-108）为多年生草本。奇数羽状复叶，小叶3～5对，大小相间排列，椭圆状卵形、宽卵形至近圆形，边有粗齿；托叶近心形。总状花序顶生，花多但小；苞片细小；萼筒上部有一圈钩状刺毛；花瓣5，黄色。瘦果椭圆形，包在宿存的萼筒内。6—9月开花，果期8—10月。

分布于东北到长江以南地区。北京山区多见。龙芽草是有名的药用植物，全草含仙鹤草素，有收敛止血的作用，可治呕血、咯血、尿血、便血和功能性子宫出血，又治胃炎和痢疾。

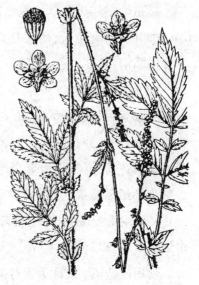

图3-108　龙芽草

综上所述，蔷薇亚科多为聚合瘦果或聚合小核果，说明这一亚科的心皮离生。两类果实以瘦果居多，都有托叶。这与绣线菊亚科不同。

知识窗

传统植物学在讲到本科的花时，均称"有杯状花托"。后来的研究发现，杯状花托并不完全由花托构成，萼片、花瓣和雄蕊群的下部也参与了形成，因此有的植物书上出现"萼管""萼筒""托杯""托筒"等名词。有学者认为，要准确表达杯状花托是花托加萼片、花瓣和雄蕊群下部构成的，应使用"被丝托"一词，意思是花被、花丝加花托形成。这里仍沿用杯状花托的说法，但并非最佳说法。需要注意的是，用杯状花托一词时，视萼片是离生的；用其他说法时，则视萼片是合生的，上部的裂片为萼裂片。

（3）果实为核果的李亚科

李属有 200 种左右，分布于北温带。我国有 140 多种，南北各省皆有。有学者将此属分成李属（梅属）、杏属、桃属、樱桃属和稠李属 5 个属。常见种类有桃、梅、李、杏、樱桃、樱花和日本樱花等。

1）桃

桃〔*Prunus persica*（L.）Batsch，图 3-109〕是北方地区常见的果木之一。如果将桃花纵切为两半，可以看到典型的杯状花托（即不呈管状和盘状，而是深浅适宜的杯状）。萼片 5；花瓣 5（有时重瓣）；雄蕊多数，离生，皆生于杯状花托的周边；雌蕊 1，生于花托底部，子房 1，花柱 1，细长。为典型的周位花，子房位于花托底部，花被和雄蕊着生在花托边缘，并且雌蕊不与花托结合。

图 3-109　桃

果实为典型的核果，外果皮薄，中果皮肉质，内果皮坚硬。果内有 1 个种子。

桃原产自我国，外国人曾以为桃产自波斯，所以将桃的种加词写成 *"persica"*（波斯的）。实际上桃是汉朝由新疆传到波斯的。我国栽培历史在 3 000 年以上。《诗经》中有"桃之夭夭，灼灼其华"的记载。古代关于桃花的故事也很多。

近缘种山桃〔*P. davidiana*（Carr.）Franch.，图 3-110〕，野生，也有栽培。花有粉红和白色两种。果上有毛，称毛桃。

图 3-110　山桃

常作为砧木。两者的不同点是,山桃花托(萼筒)及萼片外无毛,桃有毛;山桃果干燥无肉或肉少,不能吃,桃肉厚可食;山桃叶为卵状披针形,最宽处在中部以下处,而桃叶为椭圆状披针形或长圆状披针形,最宽处在中部附近。

趣闻轶事

传说唐代有一个叫崔护的人进京备考,清明时来到城外闲游,远远看到一片桃林,林中有一户人家,就前去扣门求饮。一年轻女子为他沏了杯茶,然后倚在桃树上看他饮用。女子的美丽给崔护留下了很深的印象。第二年清明节,崔护又去那户人家,只见桃林依旧,但门已上锁。怅惘之余,在门上题诗一首:"去年今日此门中,人面桃花相映红。人面不知何处去,桃花依旧笑春风。"

2)梅

梅[*P. mume*(Sieb.)Sieb. et Zucc.,图3-111]是我国十大名花之一,由于晚冬早春开花,被视为报春使者。古人对梅的认识侧重于果实。《书经》中记载:若作和羹,尔唯盐梅。后来,梅的食用价值逐渐让位于赏花,并培育出不少品种,如朱梅、紫花梅、白花梅和红花梅等。咏梅的作品也层出不穷,如宋代诗人林逋的"疏影横斜水清浅,暗香浮动月黄昏"。南朝的宫廷还盛行"梅花妆",真是喜梅成"癖"。

图3-111 梅

梅的形态酷似桃花和杏花。不同的是,梅叶较窄,宽2~5厘米,边缘有细密齿,而杏叶宽4~8厘米,边缘有圆钝齿。此外,梅的果核表面有蜂窝状的孔穴,杏的果核表面平滑。

四川、云南、湖北、浙江、安徽和江西等省有野生梅存在。《英汉辞典》

中找不到梅的单词，它常被称为"Japanese apricot"，即"日本杏"。这也间接说明梅原产自我国。赏梅胜地有无锡梅园、杭州的西溪和灵峰等。

3）李

李（*P. salicina* Lindl.）与梅、杏的相似处是：果实上有沟，枝上无顶芽。三者的不同处是：李的果实外无毛而有蜡粉，梅和杏的果外有毛无蜡粉；李的花有花梗，梅和杏无花梗；李花总为白色的，梅花有红白两种颜色，桃花则多为粉红。李分布在我国南北许多省。北京有栽培。李的果实也是著名水果之一，品种也不少。例如，醉李果大，皮红，味道甜中带酒香，是李中珍品。李虽好吃，但不宜多食，尤其是脾胃虚弱者。"桃饱人，杏伤人，李子树下吃死人"，说的就是这个意思。

4）杏

杏（*P. armeniaca* L.，图3-112）也是常见果木之一。杏花白色或稍带红色，谢时萼片反折，不同于桃花和梅花。果实成熟时呈红色或黄色，十分漂亮。杏仁含蛋白质、脂肪、糖类以及钙、磷、铁、胡萝卜素、核黄素等，是滋补佳品，也是名药。据说每天吃杏仁7个，可耳聪目明。研究表明，杏仁中的苦杏仁苷有防癌等作用。北京的管家岭为丘陵地带，每年春季杏花盛开时，满山遍野花团锦簇，赏心悦目。马叙伦曾赞美道："莫道江南春色好，杏花终负管家林。"杏原产于亚洲西部，我国栽培已有2 000多年了。

图3-112 杏

近缘种为西伯利亚杏（*P. sibirica* L.），又称山杏。其果肉干燥，不能食用。果熟后开裂。叶片基部有时近心形，而杏的叶片的基部圆形或渐狭。东北、华北各省多见。北京也很多。

5）樱桃

樱桃（*P. pseudocerasus* Lindl.，图 3-113）为落叶乔木，高可达 8 米。叶卵形至椭圆状卵形，先端渐尖，基部圆形，边有重锯齿，齿尖有腺体。总状花序有花 3～6，先叶开花；花梗上有短柔毛；花托（萼筒）圆筒形，有短毛；萼片卵圆形或长圆三角形，花后反折；花瓣 5，白色；雄蕊多数；子房圆形，无毛。开花期 3—4 月，果熟 5 月。核果近球形，无沟，熟后鲜红色。

图 3-113　樱桃

分布广。北京卧佛寺樱桃沟及各郊县有栽培。樱桃果早熟，味甜，是春夏之交的著名水果。营养丰富，含蛋白质、糖类、维生素、磷和铁等成分。《名医别录》记述：樱桃的根、枝、叶、果和果核皆能入药，有润中、益脾的功能，可治风湿腰疼等症。著名品种是安徽太和的樱桃，果紫红色，肉厚多汁，又甜又香。山东烟台的甜樱桃是从欧洲引种的。

6）樱花和日本樱花

樱花产于中国，日本樱花的产地则在日本，二者区别明显。从花和叶上看，樱花（图 3-114）的萼筒（花托）广钟形，无毛，叶片两面无毛，有时下面的脉上稍有毛。日本樱花的萼筒圆筒状，看上去比樱花的萼筒窄长些，外有柔毛，叶片下面沿叶脉有短柔毛。

樱花（*P. serrulata* Lindl.）为落叶乔木，小枝无毛。叶片卵圆形、倒卵圆形

图 3-114　樱花

或椭圆形,先端长渐尖,基部楔形,两面常无毛,边缘锯齿上有芒;叶柄有短毛,有2~4腺点。总状花序有花多朵,先叶开放,苞片不落;花直径2.5~3厘米,花梗长2~2.5厘米,无毛,萼筒广钟状,无毛,萼片卵圆状披针形,无毛;花瓣5,白色或粉红色;雄蕊多数;子房无毛。核果球形,熟时黑色。分布于东北至华东地区。北京有野生。

日本樱花(*P. yedoensis* Matsum.,图3-115)为落叶乔木,高达10余米。树皮光滑,嫩枝微有毛。叶椭圆形至倒卵形,先端渐尖,基部楔形,边有重锯齿,上面无毛,下面沿脉有短毛;叶柄长近1厘米,有短柔毛。总状花序,花径达3厘米;花梗长2厘米,有短柔毛;萼筒有短柔毛,萼片5;花瓣5,白色或粉红色,有香气;雄蕊多数。核果近球形,黑色。花期3—4月。

原产于日本,品种极多,花色美丽,为世界著名花木。我国有引种。日本樱

图3-115 日本樱花

花在日本极负盛名。每年樱花节万人空巷,皆外出赏花。日本诗人芭蕉曾形容其盛况:京城官庶九千九,九千九百入樱流。茅盾也描写过日本人赏樱花的情景:游客是那么多!他们是一堆堆地坐在花下喝酒,唱歌,谈笑……

(4)果实为梨果的苹果亚科

与其他亚科相比,苹果亚科的最大特点是花托与子房愈合。在果实的形成过程中,花托肉质膨大,子房埋于其中,为下位子房上位花。本亚科包括梨属、苹果属和枇杷属等。常见种类有梨、苹果、枇杷和山楂等。

梨属与苹果属的花的区别是,梨属花柱2~5,完全离生,即花柱分离直达子房顶端;苹果属有3~5个花柱,上部分离,基部合生。从果实看,梨属的果肉内含石细胞,苹果属不含。

1）白梨

白梨（*Pyrus bretschneideri* Rehd.，图3-116）为乔木，高可达10米。叶卵形或椭圆状卵形，先端渐尖，基部圆形，边缘有细密的尖齿，齿上有长芒刺；叶柄长。伞形总状花序，花多达10朵；萼筒外无毛，萼片三角形，内面有绒毛；花瓣5，白色；雄蕊多数；花柱5或4。果实卵球形，黄色，有细斑点，4~5室。花期4—5月，果期8—9月。

图3-116　白梨

白梨为北方的重要种，均栽培。品种多，如鸭梨、雪花梨。其营养价值高，除含果糖、葡萄糖、苹果酸、蛋白质、脂肪及钙、磷以外，还含有胡萝卜素、维生素B等多种维生素。梨性寒、味甘，有润肺、消痰、止咳、降火和清心等功能。《本草通玄》中说梨：生者清六腑之热，熟者滋五脏之阴。冰糖蒸梨有滋阴、润肺和祛痰作用。但吃梨过多会伤脾胃，脾胃虚寒的人不宜多吃。

白色的梨花也是春天的一大美景。唐代诗人岑参将雪景比喻成盛开的梨花："忽如一夜春风来，千树万树梨花开。"陆游《梨花》诗云："粉淡香清自一家，未容桃李占年华。常思南郑清明路，醉袖迎风雪一权。"

2）苹果

苹果（*Malus pumila* Mill.，图3-117）为乔木，小枝幼时有绒毛。叶椭圆形、卵形或宽椭圆形，边缘有圆锯齿；幼叶两面均有短柔毛，叶柄也被柔毛。伞房花序有3~7朵花，生小枝顶端；花梗有

图3-117　苹果

绒毛;萼筒外密被绒毛,萼片披针形;花瓣5,将开放时粉红色;雄蕊多;花柱5,下面密生白绒毛。果扁球形,不同品种的形状多变化,萼片宿存,果梗粗短。花期5月,果期7—10月。

苹果原产于欧洲,我国引种。辽宁、河北、山东和陕西等省栽培。据《西京杂记》记载,我国汉代已栽种苹果。苹果含丰富的糖类、有机酸、纤维素、维生素、矿物质、多酚及黄酮类等营养物质,被誉为"全方位健康水果"。

3)西府海棠

西府海棠(*M. micromalus* Makino,图3-118)粉红色的花有些像苹果花,但萼片脱落。与苹果相比,它的果实很小。西府海棠为小乔木,小枝嫩时有短柔毛,老则无毛。叶长椭圆形或椭圆形,边缘有尖锐锯齿,老叶两面无毛;叶柄长达2.5厘米。伞形总状花序;萼筒外密生白绒毛,萼片三角形,内面密生绒毛;花瓣5,粉红色;雄蕊多;花柱5。果实近球形,直径1~1.5厘米,红色,萼片脱落,偶不落。花期4—5月,果期8—9月。

图3-118　西府海棠

分布于辽宁、山西、山东、陕西、甘肃和云南等省。北京各大公园、庭园及绿化带栽培多。其花色艳丽,极具观赏价值。苏东坡有诗赞美它:"东风渺渺泛崇光,香雾空蒙月转廊。只恐夜深花睡去,故烧高烛照红妆。"朱自清在《看花》一文中也表达了对海棠的喜爱。

有3种植物名字中带"海棠",它们是海棠花(*M. spectabilis* Borkh)、海棠果[*M. prunifolia*(Willd.)Borkh.,即楸子]和垂丝海棠(*M. halliana* koehne)。它们与西府海棠的不同之处是,萼片都不脱落。

海棠花不同于海棠果:前者萼片先端急尖,常短于萼筒或与萼筒等长;

131

后者萼片先端渐尖,长于萼筒。此外,前者果黄色,后者果红色。

海棠花接近西府海棠,仔细观察你会发现:前者叶片基部渐狭或楔形,叶柄长 1.5～2 厘米,果黄色,果梗洼隆起;后者叶片基部楔形或近圆形,叶柄长 2～3.5 厘米,果红色,果梗洼下陷。

垂丝海棠为小乔木,枝纤细。叶椭圆至长卵圆形,边缘锯齿细钝。伞房花序有花 4～6;花梗纤细,长达 5 厘米,下垂;萼筒及萼片外面均无毛,萼片先端圆钝,内面毛密集;花未开时红色,开后粉红色,多重瓣;雄蕊多;花柱 4～5。果实小,倒卵形,紫红色,有细长果梗,萼片脱落。花期 4—5 月,果期 9—10 月。主产于长江流域,生于山地或山谷。山东、河南和北京有栽培。花梗细、紫红、下垂,是本种的特点。

贴梗海棠[*Chaenomeles speciosa*(Sweet)Nakai]的名字中也有"海棠"二字,但它属于木瓜属(也称贴梗海棠属),与海棠不同。这一属的梨果大,长 10 多厘米。花几乎无柄,像贴在枝干上一样。花色艳红,带橘红色。

(5)蔷薇科要点

抓住蔷薇科要点,才能鉴别这个科。首先要注意花托,为突起或凹陷;花被与雄蕊、花托合生成托杯(或称萼筒、花筒),形成周位花。其次看各亚科的果实类型。最好每个亚科都能举出 1～2 种代表植物。注意,李亚科的花是下位子房,上位花。此外,与毛茛科的花相比较,可以了解下位花和周位花的区别。

33　抓住荚果识豆科

这里指的是广义的豆科,其共同特征是果实为荚果。荚果由 1 心皮组成,含 1 至多个胚珠,成熟时背缝和腹缝同时开裂。荚果是豆科独有的,与瘦果和蓇葖果不同。后二者也由 1 心皮组成,但瘦果不开裂,蓇葖果由腹缝或背缝开裂。因此,抓住荚果就能识别豆科。豆科包括含羞草亚科、云实亚科和蝶形花亚科。狭义的豆科只包括蝶形花亚科。

(1)含羞草亚科

如果只看本亚科的花而不看果实的话,你可能认为它不属于豆科。来看两个例子吧。含羞草(*Mimosa pudica* L.,图3-119)是能运动的草本植物,多年生,植株常栽于盆中。二回羽状复叶,掌状排列,由4个羽片组成,每羽片有小叶7～24对;小叶长圆形。头状花序腋生;花小,淡粉红色;花萼漏斗状,小;花冠4裂,呈钟状;雄蕊4,外伸。荚果扁平,呈节状,共3～4节,每节1粒种子,边缘有刺毛。种子卵形。花期7—8月,果期8—9月。

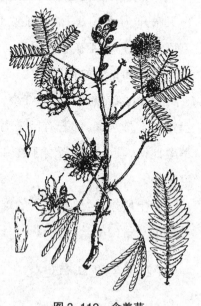

图3-119 含羞草

原产于热带美洲,我国多栽培。北京也多见。小枝和叶被轻轻触动后即下垂,不久就恢复。广东、广西、云南和台湾等地有野生。

合欢(*Albizzia julibrissin* Durazz.,图3-120)为乔木。二回羽状复叶,有羽片4～12对,小叶10～30对;小叶小,镰刀形,先端锐尖,基部截形,全缘;托叶早落。头状花序多数,在新枝顶端组成伞房花序;花小,粉红色;萼5裂,钟形;花冠较长,淡黄色,漏斗状,5裂;雄蕊多

图3-120 合欢

133

数,花丝长,粉红色,基部合生,花药小;子房上位,花柱丝状与花丝等长,粉红色。荚果扁平,带状,长可达10厘米,宽达2.5厘米,含多粒种子。种子扁平椭圆形。花期6—7月,果期8—10月。

分布地区北至辽宁,南到华东和西南。为观赏树木。其叶夜晚闭合、白天张开,十分有趣。合欢能吸收二氧化硫、氯气等有害气体,宜栽种在化工厂、水泥厂等工矿企业附近,可以改善环境。合欢的树皮入药,有安神、活血消肿和止痛的作用。

合欢的花似马头上的红缨,又名马缨花。《聊斋志异》中有诗提到它:盘沱江上是吾家,郎若有闲来喝茶。黄土筑墙茅盖屋,门前一树马缨花。读罢此诗,使人仿佛置身于祥和的农家小院之中。在民间,合欢常象征家庭和睦。

综上所述,含羞草亚科的雄蕊或多或少,基部合生;花瓣5,下部合生,与典型豆科的雄蕊和花冠不一样。果实为荚果,所以为豆科成员。

(2)云实亚科有进化

代表植物为紫荆(*Cercis chinensis* Bunge,图3-121)。落叶灌木或乔木。叶近圆形,先端稍突尖,基部心形或圆形,全缘,两面无毛;托叶早落。花先叶开放,3~5朵簇生于老枝干上,紫红色,有细花梗,小苞片2;花萼钟形,有5个小齿;花冠假蝶形,即最上方1花瓣最小,位于最内方;雄蕊10,离生;心皮1,子房有柄。荚果扁,窄长圆形,果皮薄质,沿腹缝有狭翅。种子2~4。花期4月,果期8—9月,为春季重要花木之一。

主要分布于华北、华东、中南至西南多省。北京有栽培,公园、庭园和大

图3-121 紫荆

学校园多见。紫荆的开花习性很有趣,花生于老干上,密集,先叶开放。有植物学家认紫荆原来生于森林中,树冠较密,花生在树的下部,易被昆虫找到并进行传粉。

香港的区花为洋紫荆(*Bauhinia blakeana* Dunn),属于羊蹄甲属,又称红花羊蹄甲,为常绿乔木。单叶,近圆形,有2裂片。花有香气,5花瓣略不等大,紫红色带深色斑,颇像兰花。不结实,可能为杂交种。花期11月至次年3月。

皂荚(*Gleditsia sinensis* Lam.,图3-122)比较特殊,果实煎汁后可代替肥皂,为皂荚属(我国有10种左右)。落叶乔木,高可达30米。树干上有粗枝刺,刺分枝,柱状圆锥形。偶数羽状复叶,有6~14个小叶;小叶长卵形、长椭圆形或卵状披针形,基部斜圆形或圆形、宽楔形,有细齿,几无毛。花杂性;总状花序;萼裂片4;花瓣4,黄白色;雄蕊6~8;子房长条形。荚果直,长可达30厘米,宽达3.5厘米,比较厚,有白粉。花期5—6月,果期10月。

图3-122 皂荚

分布于东北、华北到华东、华南和西南等地区。生于山地,也有栽培。北京郊区有栽培。木材结实,可制作家具。

肥皂荚(*Gymnocladus chinensis* Baill.)为乔木,属于肥皂荚属。无枝刺。二回羽状复叶,羽片6~10,有小叶20~24;小叶矩圆形或长椭圆形,先端圆,基部斜圆形,两面有密短柔毛。顶生圆锥花序;花杂性;花梗长,下垂;萼筒裂片5;花瓣5;雄蕊10,5长5短。荚果长椭圆形,有种子2~4。

本种与皂荚不仅花有差别,枝刺和复叶也不同,但果实煎汁也可代替肥皂。分布于华东、广东、湖南、湖北和四川等地。多栽培。杭州植物园一带用作行道树。

与含羞草亚科相比,云实亚科有进化,表现在雄蕊数目减少了,仅有10个或更少,花瓣的大小略有不同,即雄蕊向定数进化,花瓣向不整齐进化。

(3)蝶形花冠——蝶形花亚科的"招牌"

认蝶形花亚科,关键要识别蝶形花冠。在蝶形花冠的5个花瓣中,最上(或最外)的1瓣最大,称旗瓣;两侧的2个花瓣位于旗瓣的内下方,较小,称为翼瓣;翼瓣内下方的2个花瓣更小,略合生,称为龙骨瓣。这种形态的花冠就是蝶形花冠。此外,本亚科的雄蕊多为10个,其中9个花丝合生,1个离生,称为二体雄蕊,很有特点。雌蕊仍为1心皮,边缘胎座。

代表植物是豌豆(*Pisum sativum* L.,图3-123)。攀缘草本,无毛。偶数羽状复叶,小叶2~6,宽椭圆形;叶轴顶端有卷须,卷须有分枝;托叶大,叶状。花单生或2~3朵组成总状花序;萼钟状;花冠白色或带紫色,蝶形;子房无毛,花柱扁,向外纵折,上部里面有柔毛。荚果长圆柱形,含种子多粒,球形,淡绿色。花期4—5月,果期5—6月。

豌豆原产于欧洲。我国栽培广。豌豆的幼苗及新鲜种子为蔬菜。种子入药,有强壮、利尿和止泻的作用。

图3-123 豌豆

本亚科有大豆、蚕豆、菜豆、绿豆、赤小豆和豇豆等豆类作物,槐、刺槐和红豆树等常见乔木,紫藤、毛洋槐等著名花木,以及甘草、黄芪等著名药用植物。下面介绍槐与刺槐(洋槐)的特征和区分方法。

槐(*Sophora japonica* L.,图3-124)高可达25米。羽状复叶,小叶9~15

图3-124　槐

小叶卵状矩圆形(幼株小叶近圆形),先端渐尖,有细突尖,基部宽楔形,下面灰白色,有短柔毛。圆锥花序顶生;萼有5小齿;花冠乳白色,花瓣5,旗瓣宽心形,有紫脉;雄蕊10,离生,不为二体雄蕊。荚果肉质,串珠状,不裂。种子肾形。

槐在我国栽培很广,常作为行道树。北京有不少老树,如北海公园画舫斋的古柯庭前有一株古槐,据说为唐代所植。河北省涉县固新镇有一株古槐,高约30米,胸径5米,树龄在2 000年左右。槐的花蕾为清凉性收敛止血药,果实也能止血、降压。

刺槐(*Robinia pseudoacacia* L.,图3-125)的枝上有刺,是托叶变态而成的托叶刺。羽状复叶,小叶7~25;小叶椭圆形或卵形,先端圆形,或有微凹,有小尖,基部圆形。总状花序腋生;萼5浅裂;花瓣5,蝶形花冠,白色;二体雄蕊。荚果扁,长矩圆形。种子多粒,黑色。

刺槐原产自美国。18世纪末青岛率先栽培,因此青岛一度被称为刺槐岛。因生长快、适应性强、材质好,各地广为栽培,作绿化植物。木材用于制作家具、农具等,也是蜜源植物。花可用于制作面点。这两种树北京都很常见。

图3-125　刺槐

区分这两种槐树的简便方法是看枝上有无托叶刺,有者为刺槐,无者为槐。还可以根据以下特征区分:槐幼枝呈暗绿色,小叶片先端渐尖,刺槐

137

小叶片先端钝圆或微凹;槐的 10 个雄蕊离生,不为二体雄蕊,刺槐为二体雄蕊;槐果实肉质,念珠状(串珠状),不裂,刺槐果实扁平带状,不为肉质,干后裂开。

另一种常见槐树是毛洋槐(*R. hispida* L.),为落叶灌木。茎、小枝、总花梗及叶柄上均有较硬的毛。羽状复叶,小叶 7~13,全缘。总状花序,花玫瑰红色或淡紫色。荚果长达 8 厘米,有腺状毛。花期 7 月,果期 9—10 月。原产于美洲。北京有栽培。花美丽。

(4)豆科要点

豆科的关键特征是具荚果。只有掌握荚果的特征,才能准确识别。例如,罂粟科(或紫堇科)的紫堇(即地丁草 *Corydalis bungeana* Turcz.,图 3-126)为小草本,春天开花,嫩果实的形状极像扁豆。笔者带学生野外考察时,不少学生都认为是荚果。但将果实打开,就会看到两列胚或种子,说明果实由 2 心皮组成,胚珠生在 2 条侧膜胎座上,成熟时果实从 2 个腹缝开裂,应是蒴果而不是荚果。

图 3-126 紫堇

但是,有些植物的荚果有独特之处,要灵活掌握。例如,花生的荚果不开裂,槐的果实肉质,也不开裂。豇豆的果实肉质,很长,不像荚果。此外,胡枝子等属的荚果很短,扁,只有 1 个胚珠,外表上也不像荚果。尽管荚果的大小质地有变化,但万变不离其宗,我们应抓住其关键特征,如背缝和腹缝同时开裂,种子着生在腹缝线上,背缝线上没有种子等。

豆科特点除荚果外,还有蝶形花冠,二体雄蕊,但这为蝶形花亚科的特征,还应注意另外两个亚科的区别:含羞草亚科有些种类的雄蕊多,但不为二体雄蕊,花冠也非蝶形;云实亚科的花冠为假蝶形,雄蕊 10 个,也不是二体雄蕊。豆科木本和草本皆有,叶多为羽状复叶,有托叶。

34 牻牛儿苗科果有趣

牻牛儿苗科是个小科,有 11 属约 700 种,我国有 4 属(含引进的)。其中,野生的 2 属,即老鹳草属和牻牛儿苗属,共 60 多种。本科果实的形状奇特。

在野外考察时,应先弄清楚这两属的区别,即能判断是哪个属的。老鹳草属大约 60 种,共同特点是:叶掌状,浅裂或深裂;雄蕊 10,都有花药;蒴果成熟时开裂,果瓣与中轴分离,喙部自下而上反卷。

牻牛儿苗属仅 3 种,特点是:叶羽状全裂或深裂;雄蕊 10,常只有 5 个有花药;蒴果开裂时果瓣与中轴分离,喙部自下而上螺旋状卷曲。

(1)老鹳草属

老鹳草的果实有长喙,形似鹳鸟的喙而得名。常见的是鼠掌老鹳草(*Geranium sibiricum* L.,图 3-127)。多年生草本,茎细长。叶对生,有倒生柔毛和伏毛,肾状五角形,掌状 5 深裂,裂片卵状披针形、羽状分裂或齿状缺刻形;托叶狭细。花单生叶腋,较小;有细长梗;花柱短。蒴果长达 2 厘米。花期 7—8 月,果期 8—9 月。

分布于东北、华北到西北和华中,四川和西藏也有。北京丘陵和平原地带的村舍附近常见。北京大学校园内也有。

图 3-127 鼠掌老鹳草

139

近缘种为老鹳草(*G. wilfordii* Maxim.)。它与鼠掌老鹳草的不同点是：叶肾状三角形,3深裂,中裂片较大;每花序梗上有2花。分布于东北、华北和华东。北京山区多见,如门头沟小龙门的南沟、西沟中均有。

7—8月登百花山、东灵山和海坨山时,在海拔1 400~1 900米一带会发现两种老鹳草——毛蕊老鹳草(*G. platyant-hum* Duthie.,图3-128)和粗根老鹳草(*G. dahuricum* DC.)。前者花较大,花丝基部的扩大部分有长毛。叶为肾状五角形,掌状5裂,裂片菱状卵形,较宽。花径达3厘米,花梗和萼片上有柔毛和腺毛。后者花较小,径不超过2厘米,花丝无毛。叶对生,叶片掌状5~7深裂,再羽状深裂,小裂片窄,呈条形。因根肥粗而得名。

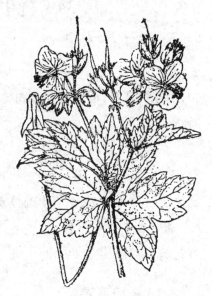

图3-128 毛蕊老鹳草

毛蕊老鹳草分布于东北、华北、西北和四川。北京东灵山海拔1 900米的桦树林下及林缘有。粗根老鹳草分布在东北、华北和西北。东灵山海拔1 400~1 500米的桦树林缘和草地上多见。

(2)牻牛儿苗属

习见种为牻牛儿苗(*Erodium stepha-nianum* Willd.,图3-129),又称太阳花。一年或两年生草本。叶对生,叶片卵形或椭圆状三角形,二回羽状深裂,羽片2~7对,基部下延,小羽片条形或有齿。伞形花序有花2~5,花淡紫色或

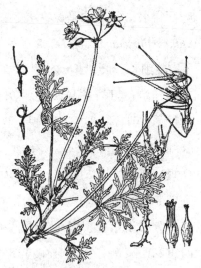

图3-129 牻牛儿苗

蓝紫色;萼片长圆形,先端有芒尖;花瓣5,倒卵形;雄蕊10,仅5个有花药。蒴果有长喙。花期4—5月,果期6—8月。

分布于东北、华北、西北、华中及云南、四川、西藏等地。北京丘陵地带多见。北京大学校园内也有。全草入药,有强筋骨、祛风湿的功用。

趣闻轶事

　　中药老鹳草用的是牻牛儿苗及前面的3种老鹳草。皆全草入药,功用为祛风湿、活血通经,可治跌打损伤、风湿性关节炎等。老鹳草作为药用植物,传说是唐代名医孙思邈发现的。孙思邈在峨眉山炼丹时,曾有人来治关节痛,但疗效并不理想。一日,孙思邈外出采药时,发现一只瘸腿鸟在吃草。他想,这种草是不是能治鸟儿的伤腿呢?就采了些回去,让病人熬汤服用,不久病人就走路自如了。

(3)天竺葵属

天竺葵属也属于牻牛儿苗科,有250种。分布于非洲,我国引入几种,全为草本。本属的突出特点是,植物体有特殊气味。单叶对生,掌状或羽状,浅裂或几乎全裂。两性花;萼片5;花瓣5,略不等大;雄蕊10,花丝基部稍合生。蒴果5室,每室1种子,成熟时果瓣与中轴分离,喙部由下向上卷曲。

常见种为天竺葵(*Pelargonium hortorum* Bailey,图3-130),又称洋绣球。叶肾圆形,上面有略呈红色的马蹄状纹。伞形花序,花较大,红色、粉红色或白色。蒴果。北京多盆栽。

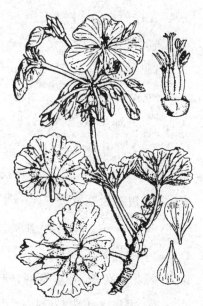

图3-130 天竺葵

141

（4）牻牛儿苗科要点

首先要注意果实特征，成熟时裂成5瓣，再根据喙部卷曲的方向，区分老鹳草属与牻牛儿苗属。多为草本，少有木本，栽培花卉来自天竺葵属。

35　大戟科花样多

大戟科约有300属5000种以上。分布很广。我国有70多属，约460种，主要分布在气候温暖的南方各省。种类多、花样丰富是本科的一大特色。

（1）主要属——大戟属

大戟属约2000种，占全科的1/4，主要分布在热带和亚热带。我国有50种左右，多分布在南方。北京有几种。本属的重要特征是：有乳汁；无花被，花序特殊，由1雌花和3雄花构成，为杯状聚伞花序。有乳汁是判断大戟属的重要标志之一。

常见种类为一品红（*Euphorbia pul-cherrima* Willd.，图3-131）。灌木，高1米以上。叶片卵形或条状披针形，全缘或有浅裂，上部叶开花时呈鲜红色；无托叶。杯状聚伞花序多数，生于枝顶；总苞坛状，边缘齿状分裂，有一两个黄色腺体，腺体杯状；无花瓣状附属物。总苞里面有单性花；雄花无花被，只有1枚雄蕊；雌花无花被，子房有柄，伸出总苞外，3室，每室1胚珠，花柱3，顶端2深裂。蒴果，开裂为3瓣。种子小。

图3-131　一品红

一品红原产于墨西哥。北京盆栽,室内过冬。南方露地栽植,又称圣诞花、猩猩木。特点是上部叶鲜红色。

光棍树(E. tirucalli L.)为灌木或小乔木,高可达2米。分枝对生或轮生,圆柱状,绿色。幼枝有小叶,不大即落;无托叶。原产于非洲南部的干旱地区,我国栽培,为观赏植物。由于无叶而得名,颇有趣味。

本属在北方野生种类较多,如猫眼草、地锦草和京大戟等。

(2)特殊种类

橡胶树[*Hevea brasiliensis*(H.B.K.) Muell.-Arg.,图3-132]为大乔木,有乳汁。三出复叶;小叶椭圆形,无毛。花小,单性,雌雄同株;圆锥花序腋生;萼5~6裂,花盘腺体5;无花瓣;雄蕊10,花丝合生;

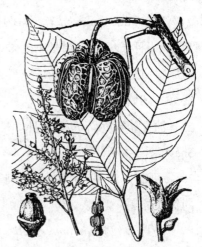

图3-132 橡胶树

子房3室,柱头3。蒴果球形,成熟时裂成3个果瓣。种子长椭圆形,有斑纹。

原产自巴西,我国海南有引种。树皮内含优质橡胶,工业上用途很广。

蓖麻(*Ricinus communis* L.,图3-133)为高大一年生草本,热带常为小乔木状。叶圆形,盾状生,掌状中裂,裂片5~11个,卵状披针形。花单性同株,无花瓣;圆锥花序与叶对生,花序下部为雄花,上部为雌花;雄花萼3~5裂,雄蕊多数,花丝结合成树枝状;雌花萼3~5裂,子房3室,每室1胚珠,花柱3,深红色,2

图3-133 蓖麻

143

裂。蒴果呈球形,外有软刺。种子矩圆形,光滑,有斑纹。

原产于非洲,我国广为栽培。种仁含70%的油,可制润滑油及肥皂。不能食用。

乌桕[*Sapium sebiferum*(L.)Roxb.]为乔木。种子中的蜡层是制蜡烛及肥皂的原料,也能榨油或制油漆。叶入秋鲜红,为红叶树之一。

油桐[*Vernicia fordii*(Hemsl.)Airy Shaw,图3-134]为乔木。种仁含油量达70%,可制造油漆、涂料,为印刷等行业的优质原料。

余甘子(*Phyllanthus emblica* L.,图3-135)为灌木或小乔木。小枝1~3,由节上发出,落叶时小枝也一起脱落。叶互生,2列,条状矩圆形。花小,单性,雌雄同株;无花瓣,数花簇生叶腋;雌花1,雄花多,雄花有3个雄蕊,雌花有杯状花盘。蒴果外果皮肉质,红色,干后开裂。分布于华南至西南地区。生于山野。果可生吃,也可入药,有止渴化痰的作用,维生素C含量很高。果实初入口时涩,随后转为甜味,故有"余甘子"之名。

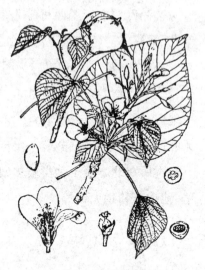

图3-134　油桐

图3-135　余甘子

(3)大戟科要点

大戟科中有些属大,如大戟属、巴豆属(750种)、叶下珠属(600种)、铁苋菜属(450 种)、算盘子属(300 种)和油桐属(280 多种)等。有些属很小,如石粟属有 2 种、蓖麻属仅 1 种。大属多分布在热带、亚热带。本科种类多,属也多,分化很大(有些属含种不多,就说明分化复杂),把握起来有一定难度。

鉴别时可以抓住几点。草本或木本,多有乳汁。单叶多,有托叶。花单性,同株或异株;花被单层,有时缺花被,有花盘;雄蕊 5 至多数,离生或合生;子房上位,3 心皮合生,3 室,每室有胚珠 1 ~ 2,中轴胎座。蒴果,少为浆果或核果。3 心皮合生、中轴胎座是本科最一致的特征,其次是多有乳汁。

36 芸香科一身香

芸香科有 150 属约 900 种,分布在热带和温带。我国有 28 属 150 多种,分布几乎遍布全国。本科植物的枝、叶、花、果均有香气。

(1)柑橘属植物

柑橘属有著名水果橘、橙、柚等多种。果实多为柑果,其外果皮厚,中果皮纤维质,内果皮薄,壁上的细胞囊状,富含甜汁,构成可食的瓤。

橘(*Citrus reticulata* Blanco,图 3-136)为常绿小乔木,枝有刺。叶革质,披针形至椭圆形,全缘或有细齿;叶柄细长,有狭翅,宽 2~3 毫米。花小,黄白色;单生或 2 ~ 3 朵簇生叶腋;萼浅杯状,5 浅裂;花瓣 5,长椭圆形;雄蕊多数,结合为

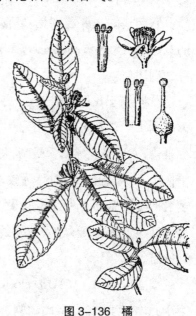

图 3-136 橘

145

5束;子房9～15。柑果多扁球形,直径5～8厘米,红色或橙黄色;果皮厚粗,容易剥离,瓤囊9～13瓣,中心柱疏松。种子卵形,多胚。花期5—7月,果期11—12月。

橘原产于亚洲东部。我国长江以南广大地区有栽培,北方不宜种植,因有"橘逾淮为枳"之说。品种多,如南丰蜜橘、温州蜜橘等。栽培历史悠久,2 000多年前扬州橘已作为贡品。宋代的《橘谱》详细记述了橘的栽培、管理、采摘、贮藏、食用和药用等方法。屈原的《橘颂》云:"后皇嘉树,橘徕服兮。受命不迁,生南国兮。深固难徙,更壹志兮。"橘营养丰富,每百克橘肉含蛋白质0.9克,脂肪0.1克,糖类12.8克,以及钙、磷、铁、胡萝卜素和维生素B等。

橙[C. sinensis (L.) Osbeck]又称甜橙、广柑。为小乔木,枝刺小或无刺。单身复叶,叶片椭圆形或卵状椭圆形,全缘或有钝齿;叶柄有翅,翅倒卵形或倒卵状三角形。花单生或簇生为总状花序,白色;萼杯状,5浅裂;花瓣长圆形或匙形;雄蕊多数,合成5束;子房球形。柑果球形或扁球形,熟时橙黄色、朱红色或淡黄色。种子有棱。花期5—7月,果期11月至次年2月。

它与橘的主要区别是,叶柄翅比橘的宽,为3～8毫米;果实多球形,果皮不容易剥离。

橙原产于我国南方亚热带地区,南方多栽培。营养丰富,含钙、铁、磷和维生素等,尤以维生素C含量高,每100克果肉中有54毫克。橙的品种较多,最为著名的是广东新会的甜橙,果大皮薄,色泽红黄,果肉柔软清香,因果顶有突起的脐,故名脐橙。

柚[C. grandis (L.) Osbeck,图3-137]为小乔木。小枝扁,有棱和刺。单身复

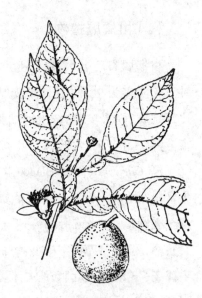

图3-137 柚

叶,叶片椭圆形,边缘有钝圆齿;叶柄有翅,翅倒卵状三角形,特宽,顶端有关节。花单生或多朵簇生叶腋;萼杯状,5浅裂;花瓣匙形,白色;雄蕊短于花瓣;子房球形。柑果梨形、球形或稍扁,果皮黄色、淡黄色或黄绿色。种子有棱。花期5月。

柚原产于亚洲东南部热带和亚热带地区,找国南方多栽培。果有"团圆果"之称,在一些地区是中秋赏月的必备水果,象征着团圆和美满。柚的品种中以沙田柚最有名。纯正的沙田柚,果形像葫芦,果顶平正,下部常有环或放射沟纹,皮淡黄,有光泽,果肉厚,味甜微酸。每100克果肉含维生素C 123毫克,是橙的2倍,橘的4倍。新鲜柚子中含有类胰岛素成分,有降血糖作用。此外还含枸橼酸,可消除疲劳,因此适当吃柚有保健功能。

(2)金橘和枸橘

金橘属于金橘属。金橘属共4种,其果实小,可以连皮吃,不同于柑橘属。

金橘[*Fortunella margarita*(Lour.)Swingle]为常绿灌木或小乔木,多无刺。叶披针形至矩圆形,全缘;叶柄有狭翅,与叶片相连处有关节。花白色,两性;萼片5;花瓣5;子房近球形。柑果卵形,长3.5厘米。花期5—7月,果期6—11月。

金橘原产于我国南方,广东普遍栽培。

枸橘[*Poncirus trifoliata*(L.)Rafin.,图3-138]又名枳,属于枸橘属,仅1种。落叶灌木或小乔木。分枝多,稍扁平,密生尖锐棘刺,基部扁平。三出复叶;叶柄长1~3厘米,有翅;小叶倒卵形或椭圆形,基部楔形,缘有钝齿。花白色,芳香;子房6~8,每室数胚珠。柑果球形,密生柔毛。种子多。

枸橘为我国特产,原产自中部地区,

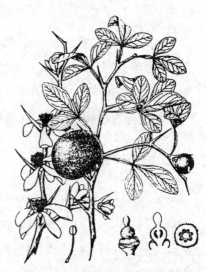

图3-138　枸橘

现栽培很广。北京紫竹院有栽培。果入药,有健胃消食、理气的作用,但不能当水果吃。

(3)芸香科要点

本科的关键在柑橘属,只要掌握好柑橘属,芸香科就了解到七八分了。本科木本、草本均有,普遍含芳香油,揉一揉叶子就能闻到。单身复叶或羽状复叶、单叶;叶常有透明油腺点,无托叶。单身复叶就是柑橘类的叶,是羽状复叶退化的结果,叶柄多有翅,基部有关节。花4~5基数,有花盘;子房上位,心皮4~5或更少更多,离生至合生。蓇葖果、蒴果、小核果和柑果,少翅果。

芸香科还有不少有用植物。例如,花椒果实为蓇葖果,是常用的烹调调料,川菜中的"麻"就来自花椒。再如,黄檗为药用植物,其树皮内层鲜黄色,入药有清热泻火的功效。

37 漆树科多树脂

提起漆树科,你可能会想到漆树和它的树脂。这科有60属600多种,主要分布在热带至温带。我国有16属50多种。常见种有漆树、黄连木和黄栌等。

(1)细说漆树

漆 树 [*Toxicodendron verniciflnum* (Stokes) F. A. Barkley ,图3-139]为落叶乔木,树皮灰白色。小枝生棕色柔毛。奇数羽状复叶,小叶9~15,卵形或长圆状

图3-139 漆树

卵形,全缘,两面脉上均有棕色短毛。圆锥花序腋生,花杂性或雌雄异株;花小而密,黄绿色;萼5裂;花瓣5;雄蕊5,有花盘;子房基部埋于花盘中,1室1胚珠,花柱3。果序下垂,核果扁球形或肾形。花期5—6月,果期7—10月。

分布几乎遍布全国。北京怀柔、昌平和房山有野生。生于山地向阳处的杂木林中。树干切皮部含生漆。种子可榨油,用以制油墨和肥皂。木材坚硬适中,不怕水,为建筑和家具用材。

(2)黄连木——孔林名木之一

黄连木(*Pistacia chinensis* Bunge,图3-140)为落叶乔木。小枝有毛。偶数羽状复叶,互生,有10~12个小叶;小叶披针形、卵状披针形,先端渐尖,基部斜楔形,全缘。花单性,雌雄异株;圆锥花序腋生;雄花序紧密,雄花萼片2~4,无花瓣,雄蕊3~5;雌花序疏松,雌花萼片6~9,子房球形,柱头3,红色。核果卵球形,成熟时红色,有白粉。花期4—5月,果期7—9月。

图3-140　黄连木

分布在长江中下游及河北、河南、山东和陕西等地。北京山区也有。苏州虎丘公园有大树。江西省永丰县陶唐乡有一株古黄连木,传说为六朝遗物。山东曲阜孔林的楷木即黄连木。果实、树皮可提制烤胶,鲜叶可提取芳香油,种子油可制润滑油。

(3)黄栌——香山红叶树

黄栌(*Cotinus coggygria* Scop. var. *cinerea* Engl.,图4-35)为落叶灌木或小乔木。小枝紫褐色。单叶互生,卵圆或圆形,先端圆形或稍凹,基部圆形或宽楔形,全缘;两面有灰色柔毛,下面较密。花杂性,小,有花梗;圆锥花

149

序,花序梗和花梗有柔毛;萼5裂;花瓣5,卵形;雄蕊5;花盘5裂,紫褐色;子房近球形,花柱3,分离。果序有许多不育花梗,呈羽毛状。核果肾形。花期4—5月,果期6—7月。

分布于河北、山东、河南、湖北、四川、陕西和甘肃。北京山区多见。北京香山的红叶多为黄栌的叶,为世界闻名的红叶树之一。木材可提取黄色染料。河北省涉县有一株古黄栌,高8米,树龄已有800年。秋天满树红叶,犹如一把大红伞,美丽异常。

（4）漆树科要点

木本,树皮多有树脂。多复叶,少单叶,无托叶。花小,多单性或杂性、两性,雌雄异株;圆锥花序;花基数3~5,有花瓣者有花盘;心皮1~5,子房上位,常1室,每室1胚珠,花柱1~5,分离。核果或坚果。

38　槭树科特征突出

槭树科有3属约300种,分布于北温带和热带高山地区。我国有2属100多种。其中的槭属有200多种,占绝对优势。常见种类有元宝槭、色木槭和鸡爪槭等。

（1）元宝槭

元宝槭（*Acer truncatum* Bge.,图3-141）是本科的习见种,又称平基槭,因叶基多呈楔形而得名,但有的叶基呈宽心形。落叶乔木。叶对生,无托叶;

图3-141　元宝槭

叶片掌状5深裂,裂片三角卵形或披针形,全缘,两面无毛;叶柄长3~5厘米。花黄绿色,杂性,雄花和两性花同株;伞房花序;萼片、花瓣均为5;雄蕊8,生花盘内缘;花柱2裂,柱头反卷。双翅果,双翅与果近等长,张开成锐角或钝角。花期4—5月,果期9—10月。

分布于东北及华北,西至河南、陕西,南到江苏徐州。北京山区有野生。由于生长快,树冠较大,常作为观赏树木。北京市有些街道种植此树,但生长状况不理想,可能与土质有关。

近缘种为色木槭(*A. mono* Maxim.),又称五角枫。与元宝槭不同的是,色木槭果翅长为坚果的两倍,叶片基部心形,而前者果翅与坚果近等长,叶片基部常为楔形。色木槭原产于我国,北京山区有分布。

(2)鸡爪槭

鸡爪槭(*A. palmatum* Thunb.,图3-142)为落叶小乔木。小枝细瘦,紫色。叶近圆形,基部心形,掌状7~9深裂,裂片长圆状卵形或披针形,先端锐尖或长锐尖,边有重锯齿。花紫色,杂性。双翅果,果翅与小坚果共长2~2.5厘米,成钝角,翅果熟前紫红色,熟后淡棕黄色。花期4—5月,果期9—10月。

图3-142　鸡爪槭

分布于河北、山东、江苏、浙江、安徽和江西等省。北京各公园有栽培,入秋叶变鲜红、紫红色,异常秀美,为著名红叶树之一,极具观赏价值。

(3)两种特殊种类

加拿大盛产一种糖槭,其树汁中含有丰富的糖类物质。在树干上钻孔,树汁就会流出,可熬制食用糖。

金钱槭（*Dipteronia sinensis* Oliv.）为奇数羽状复叶。圆锥花序；花杂性，白色；柱头2，反卷。坚果周围有翅，似金钱，嫩时红色，成熟时黄色。分布在陕西、甘肃、四川、贵州、湖北和河南，生于山地海拔千米以上的森林中，可移栽作为观赏树。

（4）槭树科要点

槭树科为落叶乔木，少常绿乔木或灌木。单叶对生，极少复叶，无托叶。花杂性，有花盘，雄蕊多为8。双翅果。叶对生，无托叶，有花盘，果有双翅，是本科的突出特征。

39 无患子科出岭南佳果

无患子科有150属2000多种，主要分布于热带、亚热带地区。我国有25属50多种，南北均有，以南方居多。本科的名木较多，如水果荔枝和龙眼、产油植物文冠果及庭园观赏树木栾树等。

（1）荔枝——果中皇后

荔枝有"果中皇后"之美誉，原产我国，栽培历史久。公元3世纪的《吴录》记载：苍梧多荔枝，生山中，人家亦种之。"长安回望绣成堆，山顶千门次第开。一骑红尘妃子笑，无人知是荔枝来。"这首诗描写的就是当年从岭南为杨贵妃送荔枝的场景。苏东坡被贬到惠州时，曾赞荔枝："日啖荔枝三百颗，不辞长作岭南人。"

荔枝（*Litchi chinensis* Sonn.，图3-143）

图3-143 荔枝

为常绿乔木。偶数羽状复叶,有小叶 2～4 对;叶片革质,披针形或矩圆状披针形,上面有光泽。圆锥花序顶生,长达 30 厘米,有柔毛;花小,绿白色,杂性;萼片 4,无花瓣;雄蕊 8。核果圆球形或卵形,果皮暗红色,布满瘤状小突起。种子白色,肉质,为多汁的假种皮包裹。

主要产区为广东、广西、福建、云南和四川。我们吃的荔枝肉是假种皮,由胚珠的珠柄发育而成。荔枝有"妃子笑""糯米糍"等品种。广东增城的"挂绿"堪称珍品,其果大如鸡卵,果壳上部暗红,下部带绿色,核小肉厚,洁白晶莹,味甜多汁,有香气。荔枝虽好吃,但难以保鲜。白居易曾言:若离本枝,一日色变,三日味变……

(2)龙眼

龙眼(*Dimocarpus longan* Lour.,图 3-144)也是岭南著名水果。常绿乔木。偶数羽状复叶,小叶 2～6 对;叶片革质,长椭圆形或椭圆状披针形,全缘或呈波状,上面有光泽。圆锥花序顶生或腋生,有星状柔毛;花小,杂性,黄白色;萼片和花瓣均 5;雄蕊 8。果圆球形核果状,不裂,外皮黄色或黄褐色,假种皮白色透明,果肉不及荔枝的厚。种子球形,黑褐色,有光泽。

图 3-144 龙眼

分布于福建、广东、广西、四川和台湾,多栽培。假种皮可生食,是一种滋补品。李时珍对荔枝和龙眼有过评说:食品以荔枝为贵,滋益则以龙眼为良。民间对龙眼也有"补气血之功,力胜参芪"的评价。

(3)文冠果和栾树

文冠果(*Xanthoceras sorbifolia* Bunge,图 3-145)为落叶灌木或小乔木。

奇数羽状复叶,小叶9~19个;叶片狭椭圆形或披针形,下面有星状毛。圆锥花序长达30厘米;花杂性;萼片5;花瓣5,白色,基部有红或黄斑;花盘5裂,裂片背面有1角状附属体,橙色;雄蕊8。蒴果长达6厘米,室间开裂,果皮厚木栓质。

154

分布于东北、华北及甘肃、河南。我国特产。文冠果每年五一前后开花,夏季果实成熟并裂成3个果瓣,内含球形种子数个,黑褐色。果实较大,有观赏价值。果仁含油脂多,生食味似莲子,炒和煮食有香甜味,对关节病有

图3-145　文冠果

治疗作用。

在园林树木中,本科的栾树(*Koelreuteria paniculata* Laxm.,图3-146)也很有名。栾树为落叶乔木。奇数羽状复叶,小叶7~15个,边缘有锯齿或羽状分裂。圆锥花序顶生,长达40厘米,广展;花淡黄色,中心紫色;萼片5;花瓣4;雄蕊8。蒴果长卵形,果皮纸质,顶端锐尖。种子黑色。花期8月。

分布在东北、华北、华东、西南及陕西、甘肃。生于山地杂木林中,也栽培。

图3-146　栾树

北京多见。为园林观赏树木,花和果均有特色。

(4)无患子科要点

本科为乔木和灌木,少草本。偶数羽状复叶多,也有奇数的。花单性

或杂性;圆锥花序多;花萼和花瓣均4~5,或无花瓣;花盘发达;雄蕊8~10,2轮,基部连合;子房上位,2~4室,每室1~2胚珠,中轴胎座或侧膜胎座。蒴果、浆果、核果、坚果或翅果。

应抓住蒴果和核果,羽状复叶居多,花杂性,雄蕊8等特征。

40　种子被弹出的凤仙花科

本科的凤仙花属植物,当果实将要成熟或已经成熟时,稍有风吹草动,就会立即自动开裂,将种子弹射出去。这样可以扩展后代的生存范围,是一种适应性行为。凤仙花科有4属,我国2属180多种,以凤仙花属所占的种类最多。

(1) 凤仙花奇又美

常见种为凤仙花(*Impatiens balsamina* L.,图3-147),为带肉质的草本。叶互生,无托叶。花两性,两侧对称,单生叶腋;萼片3,侧面2片小,绿色,后面1片大,花瓣状,向外伸成距;花瓣5,中央花瓣大,圆形,先端凹形,侧面两片宽大,2裂;雄蕊5,花药黏合;子房上位,5室,每室多个胚珠。蒴果尖卵形,有绒毛,成熟时自动开裂。种子多,椭圆形深褐色,有毛。花期7—9月,果期8—10月。

图3-147　凤仙花

原产亚洲热带,我国广泛栽培,为著名草花之一。因花可以染指甲,故称指甲花。凤仙花还有个传说。说古代伏牛山下曾住一位姑娘,叫凤仙。

因家境贫寒，凤仙每天都上山打柴，还要侍奉老母。一天她的手指被砍伤，流了很多血，不久指甲也变黑了，疼痛难忍。晚上凤仙梦见仙女说，紫云山上有一种草，能治好你的指甲。第二天，凤仙按仙女所指果真找到了那种草，用它治好了指甲。中医也认为，凤仙花有活血消肿的作用，能治跌打损伤。凤仙花全株捣烂外敷或加红糖内服，可以治指甲发炎。

图 3-148　水金凤

北京山区的山沟湿地旁，有一种凤仙花属植物，叫水金凤(*I. noli-tangere* L.，图 3-148)。水金凤为一年生草本，6 月开花，花黄色，3～4 朵聚于花轴上，从叶腋生出，花梗细长。分布在东北、华北到西北和华中地区。

北京居民爱养的玻璃翠(*I. sultanii* Hook. f.)，也是凤仙花属的一种，又称苏丹凤仙花。花红色。

（2）凤仙花科要点

本科的关键在认识凤仙花的花和果实，尤其是花的形态结构，如萼片的后面 1 片大，延伸成距，形态特殊。

41　种子漂亮的卫矛科

本科种子的外面有橙红色的假种皮，果实(蒴果)开裂后红色种子就会露出，十分漂亮。本科有 55 属 800 多种。我国有 12 属近 200 种，重要的是卫矛属和南蛇藤属。

(1)卫矛属植物

卫矛属约150种,我国有100多种,分布广。著名种有明开夜合(白杜)、卫矛、冬青卫矛和扶芳藤等。

明开夜合(*Euonymus bungeanus* Maxim.,图3-149)为落叶乔木或小乔木。叶对生,卵圆形或椭圆状圆形,边缘有细齿,无毛;叶柄长达3厘米,绿色。聚伞花序腋生,有多花,花淡绿色;萼片、花瓣、雄蕊均为4;心皮4,合生。蒴果。种子红色。

图3-149 明开夜合

分布于南北多省。北京市多见,北大未名湖边有近百年的老树。

冬青卫矛(*E. maackii* Rupr.)叶对生,像黄杨叶,许多人称其"大叶黄杨",但实际上与黄杨科的大叶黄杨差异甚大。冬青卫矛为常绿灌木或小乔木。小枝绿色,4棱。叶对生,倒卵形或狭椭圆形,边缘有钝齿,两面有光泽。聚伞花序;花绿白色,4基数,较小;有肥大花盘。蒴果扁球形,淡红色。假种皮橙红色。花期6—7月,果期9—10月。

原产于日本,我国早已引种栽培,为常见绿篱植物,常成小乔木状。变种多。

扶芳藤[*E. fortunei* (Turcz.) Hand.-Mazz.,图3-150]的独特之处是,常绿匍匐或攀缘藤本,枝上生细根。小枝绿色,常有微突的细密皮孔。叶椭圆形或长圆

图3-150 扶芳藤

状倒卵形,边缘有钝齿;叶柄短。聚伞花序,花绿白色。蒴果近球形,粉红色。种子外有橙红色假种皮。花期6—7月,果期9—10月。

原产于我国。因具攀缘习性,常用于公园、校园等的墙壁及篱笆的绿化。扶芳藤容易被误认为是夹竹桃科的络石。两者的区别是,络石有乳汁,扶芳藤无乳汁。

(2)南蛇藤和雷公藤

南蛇藤属有50种,我国约30种,皆为攀缘状灌木,叶宽卵形。著名种为南蛇藤(*Celastrus orbiculatus* Thunb.,图3-151),叶宽椭圆形或圆形,较大。聚伞花序,有数花;花黄绿色,单性,雌雄异株;5基数,有花盘;子房3室,每室2胚珠,花柱细长,柱头3裂,先端再2裂。

图3-151 南蛇藤

蒴果球形,鲜黄色。种子有鲜红色假种皮。花期5月,果期7—9月。

分布几乎遍布全国,南方热带少。北京山区多见,生于山坡、山谷的灌丛中。

雷公藤(*Tripterygium wilfordii* Hook. f.,图3-152)为藤状灌木。叶椭圆形至宽卵形。花杂性,白绿色,较小;5基数,有花盘;子房三角形。蒴果,有3个膜质翅,种子1。分布在长江流域以南。生于山地林内。根、茎、叶均有毒。

华东地区有寒食节吃乌饭的习俗,做法是取乌饭树(杜鹃花科的一种灌木)叶捣碎取汁,将糯米放于其中浸泡后蒸

图3-152 雷公藤

熟。雷公藤与乌饭树相似,有人曾在做乌饭时误用了雷公藤的叶,以致中毒身亡。其实两者区别明显,乌饭树为直立灌木,而雷公藤为藤状。只要仔细分辨,就不会发生此类事故。

(3)卫矛科要点

鉴别时抓住以下几个特征。木本。单叶对生或互生。花基数4~5;有花盘,肉质;子房上位,1~5室,每室1~2胚珠。蒴果,也有浆果、核果。种子有假种皮。

42　鼠李科有甜枣

本科有58属约900种。我国有15属100多种。分布广。著名种为枣。

(1)营养丰富的枣

枣(*Ziziphus jujuba* Mill.,图3-153)为落叶乔木,高不过10米。树皮黑褐色。幼枝"之"字形弯曲,托叶成刺,刺直立或呈钩状。单叶互生,长卵圆形或卵状披针形,基部偏斜,边缘有钝齿,基出3脉,上面光滑。花黄绿色,2~5朵簇生叶腋;萼5裂;花瓣5,线状匙形;雄蕊5,与花瓣对生;花盘明显。核果,多长圆形,深红色。花期5—6月,果期9月。

南北各地广泛栽培。北京山区尤其多。

图3-153　枣

159

我国栽培枣树的历史在3000年以上,各地古树不少。山东省庆云县后张乡有一株古枣树,树高6米,胸径1.2米,树干中空,表面疙疙瘩瘩,如雕刻而成,相传已有千年寿命。

枣的营养丰富。鲜枣含糖量为23%,干枣含糖量达70%,比甘蔗、甜菜的含糖量还高。枣的维生素C含量是水果中最高的,维生素D含量是苹果的70倍,被誉为"活维生素丸"。此外,还含蛋白质、脂肪、铁、钙和磷等成分,有提高免疫力、软化血管、防治贫血等作用。枣花蜜为蜜中佳品。枣的品种也很多,有山东乐陵的金丝小枣、山西交城的骏枣和陕西的吊枣等。

枣可生食,也可制作蜜饯、果脯等。它与柿、栗一起,曾作为度荒食物。《战国策》曰:北有枣栗之利,民虽不由田作,枣栗之实,足食于民矣。用芝麻一斤、红枣一斤(煮熟去核)和糯米一斤,共研制成丸,曾作为救饥荒的食物之一,据说日服一丸而不饥。

酸枣[*Z. jujuba* Mill. var. *spinosa*(Bge.)Hu ex H. F. Chow]为落叶灌木或小乔木。小枝多"之"字形弯曲,托叶刺直立或钩状。叶椭圆状卵形或卵状披针形。核果近球形,两端钝。分布于东北、华北、华东及河南、湖北、四川和贵州。北京山区极多,多生长在海拔1000米以下地区。酸枣味酸甜,维生素C含量丰富,可食用或制作酸枣汁。种仁名"酸枣仁",有镇静安神作用。

酸枣一般为小灌木,但也有长成乔木的。山西省高平市石末乡有一株古酸枣树,高近10米,胸径1.6米,树龄约有2000年,仍年年结果。北京昌平桃洼乡有两株大酸枣树,其中一株高15米,树龄有400多年。野生酸枣树年龄超过枣树,说明先有酸枣树后有枣树,后者是由前者培育而来的。

(2)北拐枣不是枣

北拐枣(*Hovenia dulcis* Thunb.,图3-154)属于拐枣属,为落叶乔木。叶

图 3-154 北拐枣

互生，有托叶；叶片广卵形或卵状椭圆形，先端渐尖，基部近心形，边缘有粗齿，3出脉。复聚伞花序腋生和顶生；花小，黄绿色；萼片5；花瓣5；雄蕊5，与花瓣对生；子房球形，柱头3裂。核果球形，成熟时果柄扭曲肉质，红褐色。种子扁圆形，暗褐色。花期6月，果期10月。

北拐枣分布于东北、华东、西北和西南等地区。北京有栽培，房山区上方山、昌平沟崖多见。生于山沟，喜阳光。北拐枣与枣不同，其托叶不变态成刺；核果有3个种子；果熟时花序轴稍膨大；花序为复聚伞花序。

（3）鼠李属植物

鼠李属是本科较大的属，有200种。我国有近60种，分布全国。常见种有圆叶鼠李、鼠李、小叶鼠李和冻绿等。本属与前两属的不同之处为：枝端常变为硬刺；叶脉羽状，托叶早落；花盘贴生于萼筒中，与枣的肉质花盘不同；核果浆果状，2~4核。

圆叶鼠李（*Rhamnus globosa* Bge.，图3-155）为灌木。枝端为硬刺。叶倒卵形或近圆形，先端突尖，基部近圆形或宽楔形，有圆齿状锯齿，两面均有柔毛。聚伞花序腋生；花小，单性，黄绿色；雄花萼片4，花瓣4，雄蕊4，有不育子房；雌花萼片4，花瓣、雄蕊退化成丝状，子房

图 3-155 圆叶鼠李

近球形,柱头2裂。核果近球形,熟时黑色,有2个核。种子背面有种沟,沟长占全长1/2。花期5—6月,果期8—9月。

圆叶鼠李分布于华北、华东、河南、山东和陕西。北京山区多见。北京大学和北京师范大学校园内有栽培。种子榨的油可制润滑油。茎皮和果可制作绿色染料。也为园林绿化树木。

鼠李(*R. davurica* Pall.)又称大绿,为落叶灌木或小乔木。枝顶多无刺。叶长圆形、卵状椭圆形或长圆状椭圆形,长达12厘米,宽达5厘米,比其他种的叶大许多。花单性。核果球形,熟时紫黑色。种子2,背面有沟,但不开口。花期5—6月,果期8—9月。

分布于东北至华北。北京山区有分布,门头沟小龙门和密云云蒙山多见。

冻绿(*R. utilis* Decne)接近鼠李,不同的是冻绿枝端有硬刺,无顶芽,可区别。分布于华北、华东及西南。北京东灵山、海坨山均有。用途同圆叶鼠李。

锐齿鼠李(*R.arguta* Maxim.,图3-156)最大的特点是,叶片边缘有芒状锐锯齿,叶片卵圆形或近卵形,枝端有

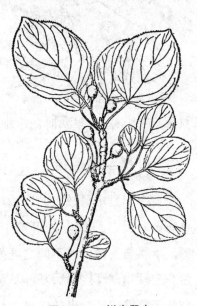

图3-156　锐齿鼠李

硬刺。分布于东北、华北至甘肃。北京延庆松山、密云云蒙山可见。

(4)鼠李科要点

乔木、灌木或木质藤本,少草本。常有枝刺、托叶刺。单叶互生,托叶早落或成刺。花两性或单性,绿色或黄绿色;萼片常5;花瓣常5或无;雄蕊5,与花瓣对生;有花盘,花盘发达肉质,或贴生于萼筒内;心皮2~4,合生,子房2~4室,上位,每室有1胚珠,基生胎座。果为核果、翅果或蒴果。

43　具典型浆果的葡萄科

葡萄科有 12 属约 700 种。我国有 7 属 100 多种，南北都有分布。果实为典型浆果，外果皮薄，中果皮和内果皮肉质。

（1）葡萄与蛇葡萄

在北方经常能看到葡萄科的藤本，这些藤本形态接近，多属葡萄属和蛇葡萄属。可以从以下 3 方面区分这两个属的植物：一看藤心，藤心黄色的一般是葡萄属，白色的是蛇葡萄属；二看花序，圆锥花序是葡萄属，聚伞花序是蛇葡萄属；三看花冠，葡萄属的花瓣 5 个，顶端连合成为帽状，而蛇葡萄属的 5 个花瓣分离，不呈帽状。

葡萄（*Vitis vinifera* L.，图 3-157）为葡萄属。木质藤本。有卷须，卷须分枝。叶圆形或卵圆形，3 ~ 5 掌状深裂，边缘有粗锯齿；叶柄长 4 ~ 8 厘米。圆锥花序与叶对生；花小，黄绿色，两性或杂性异株；花萼盘状，5 齿裂不明显；花瓣 5，顶端合生，花后帽状脱落；雄蕊 5，与花瓣对生；花盘隆起，基部贴于子房。浆果圆形、卵圆形或长圆形，熟时紫黑色，有白粉，富含汁液。花期 6 月，果期 8—9 月。

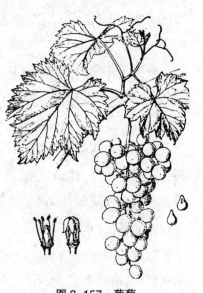

163

图 3-157　葡萄

葡萄原产于亚洲西部，世界广泛栽培。品种很多。葡萄（果实）甜香，除生食外，还可制葡萄干或葡萄酒。有资料显示，6 000 年前埃及已栽培葡萄并用葡萄酿酒。我国自汉代起引种葡萄，距今有 2 000 多年的历史了。葡萄所含的葡萄糖易为人体吸收,所含的酒石酸有助于消化,因此适量吃葡萄有健脑健胃作用。葡萄还含多种矿物质、维生素及 10 多种人体必需的氨基酸,可缓解神经衰弱和身体疲劳。

北京山区常见一种野生葡萄,叫山葡萄(*V. amurensis* Rupr.),叶片边缘的锯齿比葡萄的小。果实小,可以食用和酿酒。

蛇葡萄属于蛇葡萄属,常见的有两种。一种是乌头叶蛇葡萄(*Ampelopsis aconitifolia* Bge.,图 3-158)。本种有卷须。叶掌状 3 ~ 5 全裂,有长柄,全裂片披针形或菱状披针形,常再羽状深裂,裂片多有粗齿。二歧聚伞花序,与叶对生;花小,黄绿色;雄蕊与花瓣对生;子房 2 室。浆果近球形,熟时橙黄色或橙红色。种子 1 ~ 2。花期 5—6 月,果期8—9 月。

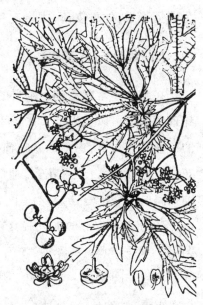

图 3-158　乌头叶蛇葡萄

分布于东北、华北地区以及河南、湖北、陕西和甘肃等省。生于山区及平原地区。北京大学内有很多。根入药,有活血散瘀的功能。

另一种是葎叶蛇葡萄(*A. humulifolia* Bge.)。葎叶蛇葡萄与乌头叶蛇葡萄的不同之处是,叶硬纸质,单叶,3 ~ 5 浅裂或中裂,少不裂,背面苍白色。果实淡黄色或淡蓝色。种子 1 ~ 2。根皮入药,有消炎、解毒、活血的作用。分布同上种,北京山区多见。

近缘种为白蔹[*A. japonica* (Thunb.) Makino]。地下有块根,纺锤形。掌状复叶,小叶 3 ~ 5 个;小叶一部分羽状分裂,一部分羽状缺刻状,裂片卵形至披针形,中间裂片大,裂片基部有关节;叶轴和小叶柄有狭翅。聚伞花序小,花序梗细长;花小。浆果球形,熟时蓝色或白色。花期 6—7 月。

其鉴别特征是,叶轴和小叶柄有狭翅,地下有块根。分布于东北、河北、山东、河南至华东,以及四川、贵州、湖南等省。北京山区偶见,如金山。全草及块根均入药,有清热解毒作用。

(2)爬山虎

爬山虎［*Parthenocissus tricuspidata* (Sieb. et Zucc.) Planch.,图3-159］属于爬山虎属,为木质藤木,似蛇葡萄,但卷须顶端常扩大成吸盘。花盘不明显。叶掌状3浅裂,幼苗和下部枝上的叶3全裂,甚至为复叶。秋天叶片先落,以后叶柄再落。花果均似蛇葡萄。爬山虎分布广,常作为绿化植物。

近缘种为五叶爬山虎［*P. quinquefolia* (L.) Planch.］。掌状复叶,小叶5。花期为6—7月,果期9月。原产于北美。我国引种,北京习见。入秋叶变鲜红色。

图3-159 爬山虎

常用于墙壁和地被绿化,也用作公路旁的护土植物。

(3)葡萄科要点

藤本,木质。有卷须。叶互生,单叶或复叶。圆锥花序或聚伞花序,与叶对生;花小,黄绿色,常5基数;雄蕊与花瓣对生;有花盘。浆果。

165

44 雄蕊抱团的锦葵科

本科花的独特之处是,雄蕊数目很多,花丝结合成套状,套在花柱外面,这种雄蕊叫单体雄蕊,是识别锦葵科植物的重要特征之一。

锦葵科有70多属1 000多种。我国有17属70多种,分布全国。常见种类有棉、锦葵、蜀葵、木槿、木芙蓉和扶桑等。

(1) 贡献巨大的棉

棉属于棉属,又称陆地棉(*Gossypium hirsutum* L.,图3-160)。灌木状草本。叶互生,叶片宽卵状近圆形,常掌状3～5裂,裂片宽卵状。花较大,两性;副萼片(又称苞片)3,离生,边缘有多数狭长齿;萼杯状,稍5裂;花瓣5,旋转状排列,白色、黄色或粉红色;单体雄蕊,花药1室;心皮4～5,合生,中轴胎座,子房4～5室,每室4～5胚珠。蒴果4~5瓣裂,室背开裂。种子有长棉毛,毛白色。花果期8—9月。

图3-160 棉

资料显示,我国11世纪以前已种植棉(美洲的陆地棉),那时是当作花卉来种的,后来逐渐认识到棉的优点,才广泛种植。作为衣物的原料,棉制品至今仍受到人们的厚爱。

趣闻轶事

棉原产于墨西哥,是世界广泛栽培的纤维植物。其纤维来自种子上的毛,质优,为纺纱织布的重要原料。

棉也是一种传奇性植物。中世纪时欧洲人还不知道棉是什么。1322年,孟德维尔出版了《旅行记》一书,书中写道:里海边有一种神奇植物,它的果实很大,里

棉果实里有羊
(仿《植物和人类的生活》)

面有个小动物,像小羊,长着长毛,人们既吃果肉也吃羊。文中还配了一幅图,上面画了几个裂开的棉果,露出里面的羊。在此后的二三百年里,还有类似的游记出现。在今天看来,这些想法既可笑,也有趣。

(2)木槿属花卉

木槿属约 200 种,主产于热带和亚热带。我国有 20 多种。本属观赏花卉多,如木槿、扶桑、木芙蓉和吊灯花等。也有纤维植物,如大麻槿、黄槿。还有特殊的经济植物,如玫瑰茄。本属与棉属的区别在于:木槿属花柱 5 深裂,棉属花柱极浅裂;木槿属种子无毛,棉属种子有毛。

木槿(*Hibiscus syriacus* L.,图 3-161)为灌木或小乔木,分枝多斜上升。叶互生,卵形,3 裂。花单生叶腋,钟形,径 8 厘米以上,有红、白、紫等色;副萼片 6 ~ 7,条形;萼不等线状裂;单体雄蕊;花柱 5 裂。蒴果长圆形,有毛,室背开裂。花果期 7—9 月。

木槿原产于我国中部地区,全国广为栽培。北京栽培多。栽培历史达 3 000 年以上。《诗经·郑风》中描写:"有女同车,颜如舜华。""舜华"就是指木槿。

图 3-161 木槿

木槿花可食,用白色花和面粉可制成软饼。花入药,有清热凉血、解毒消肿的功效。

木芙蓉(*H. mutabilis* L.,图 3-162)为灌木或小乔木,高 5 米,有星状毛。叶宽卵形或圆卵形,3 ~ 5 浅裂,偶 7 裂,裂片三角形,基部心形。花腋生,花梗细长,初开时白色或粉红,后变为深红色;单体雄蕊,不伸出花冠。蒴果扁球形,有毛。花期 7—8 月。

原产于我国南方，多生在河岸及水沟边的林中。各地多栽培，成都较多。《成都古今记》记载：五代时……成都城上遍种芙蓉，每至秋，四十里如锦绣，高下相照。因此成都又称蓉城，现在木芙蓉为成都的市花。

多数花春天开放，木芙蓉却秋天开放，所以被称为拒霜花。苏东坡有咏木芙蓉的诗："千林扫作一番黄，只有芙蓉独自芳。唤作拒霜知未称，细思却是最宜霜。"注意，有些地方称木芙蓉为芙蓉花（荷花的别名），但后者为水生植物。

图 3-162　木芙蓉

朱槿（*H. rosa-sinensis* L.，图 3-163）又被称为扶桑，为落叶灌木或小乔木，高 1～3 米，无毛。叶宽卵形或稍狭，不分裂，有粗齿，基部楔形。花单生叶腋；副萼片 6～7 个，线形；萼 5 裂；花冠红色，常 5 瓣；单体雄蕊，伸出花冠。蒴果卵圆形，光滑。花期 5—10 月。

原产于我国南部，现已传至亚洲各国。我国栽培广，北京常见的是盆

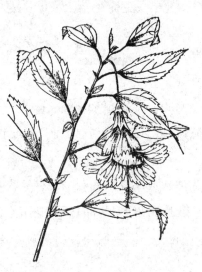

图 3-163　朱槿

图 3-164　吊灯花

景。因花形漂亮，深受人们的喜爱。朱槿也是斐济、马来西亚和韩国的国花。

吊灯花（*H. schizopetalus* Hook. f.，图 3-164）的最大特点是花瓣反卷，深细裂成流苏状，雄蕊柱伸出，花冠很长，花下垂，极似一串吊灯，因此而得名。原产于东非，我国南方有栽培。北京也有，但为温室植物。

（3）本科的经济植物

本科也有洋麻、苘麻和冬寒菜等经济植物。

洋麻（*Hibiscus cannabinus* L.）为草本，高可达 5 米。下部叶不裂，卵形，上部叶掌状 3～7 深裂；叶柄上端有刺。花黄色，大。蒴果锥形，密生硬毛。8—9月为花期。原产于印度，我国有栽培。其茎纤维强韧，可用于织麻袋。

苘麻（*Abutilon theophrasti* Medic.，图 3-165）为一年生草本，茎有柔毛。叶互生，圆心形，两面密生星状柔毛。花黄色，无副萼；萼片和花瓣均为 5；心皮多数，轮生，花柱与心皮同数。蒴果半球形，分果成熟后与中轴脱离，有芒。种子扁，有星状毛。花期 6～8 月，果期 8—9 月。分布广。我国北方多种植，也有野生。为纤维植物，可制绳索。

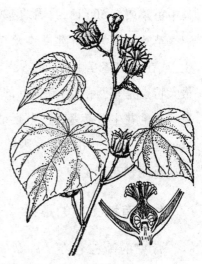

图 3-165　苘麻

野葵（*Malva verticillata* L.）又称冬寒菜，草本。叶圆形，掌状 5～7 裂，边卷曲。花白色，小。分果。花期 7—8 月。我国南方多栽培，为常见蔬菜。

（4）锦葵科要点

可以棉和苘麻为例掌握本科。主要特征是：单体雄蕊，花药 1 室（一般为 2 室）；常有副萼片，但苘麻无；花瓣 5，旋转状排列。果实为蒴果或分果，棉为蒴果，苘麻为分果，花期心皮连在一起，果熟期从腹缝开裂，形成与心皮数目相同的分果。

45 堇菜科有两种花

堇菜科有 22 属 900 多种,广布全球。我国有 4 属 120 多种,分布全国。其中堇菜属有 500 种,我国约 120 种,在堇菜科占主导地位。

堇菜属皆为多年生草本植物,无地上茎的占多数。单叶在地下茎上丛生,或在地上茎互生。花常从丛生的叶中伸出,若有地上茎则生于叶腋。最大特点是有两型花:春天开的花生于上部,花瓣大而美丽,果中种子少;夏季开的花生于茎基部或贴近地面处,没有花瓣,称闭锁花,果中种子多。这就是说,早春开花的堇菜因昆虫活动少而受粉率低,产生的种子少,所以主要靠闭锁花产生种子。

(1)有地上茎的堇菜

常见的为三色堇(*Viola tricolor* Linn.,图 3-166),又称蝴蝶花。地上茎较粗。叶长卵圆形或长圆状披针形,边缘有疏圆齿;托叶叶状,羽状裂。花梗单生叶腋,有小苞片,近膜质,卵状三角形;花大,径达 5 厘米,常有紫、黄、白三色;萼片 5,长圆状披针形,边膜质,基部附属物有不整齐边缘;花瓣 5,假面状,侧瓣内侧基部密生须毛,下瓣有距;花柱短,基部膝曲,柱头"之"字状,子房无毛。蒴果。花期 3—6 月,常成片生长。

图 3-166 三色堇

鸡腿堇菜(*V. acuminata* Ledeb.)的叶心状三角形;托叶大,羽状深裂,基部与叶柄合生,因似鸡腿而得名。花白色或淡紫色。分布于东北、华北至华中地区。北京山区多见。

双花堇菜(*V. biflora* L.)叶肾形,托叶全缘。花黄色。分布于南北各省,生于海拔高处。北京百花山、东灵山海拔1 400米以上处有分布。

(2)无地上茎的堇菜

北方习见种为早开堇菜(*V. prionantha* Bge.,图3-167)。叶丛生,叶片卵形或长圆状卵形,先端钝或稍尖,基部钝圆形,边缘有钝锯齿;托叶基部与叶柄合生。花梗开花时高于叶,结果时短于叶,中部有2个小苞片;花两性;萼片5,披针形,基部附属物长1~2毫米,齿状;花瓣5,淡紫色或淡紫白色,距长5~7毫米;雄蕊5;蜜腺距状,延伸至花瓣的距

图3-167 早开堇菜

内;子房上位,3心皮合生,侧膜胎座,胚珠多数。蒴果长圆形或椭圆形,无毛,背缝裂开,果瓣3个,小舟形,里面有成行的种子。花期自4月初开始,可延续至9月。分布于东北、华北地区。北京极多,山区、平原和公园很普遍。

近缘种为紫花地丁(*V. philippica* Cav. ssp. *munda* W. Beck.,图3-168)。与早开堇菜的不同处为,本种的叶披针形。萼片的附属物短,不超过1毫米,无齿;侧瓣内侧无须毛或略有须毛,下瓣的距

图3-168 紫花地丁

较细;子房无毛。蒴果长圆形,无毛。分布于东北、华北和西北地区。北京多见,常与上种混生,或单独成片生于山坡地、平原和公园等处。

东北堇菜(*V. mandshurica* W. Beck.)接近紫花地丁,但根常黑褐色。果期叶片狭三角形,基部钝圆形,叶缘齿疏而平。侧瓣内面有须毛,距长5~7毫米。蒴果长圆形。花果期4—9月。分布于东北、华北及山东。山东烟台昆嵛山的山坡草地上多见。

北京山区有斑叶堇菜(*V. variegata* Fisch.,图3-169)。叶圆形或宽卵圆形,先端圆形,少钝,叶基心形,叶缘齿圆,上面沿脉有白斑,下面紫红色。花暗紫色或红紫色;子房球形,无毛。蒴果椭圆形,无毛。花果期4—9月。分布于东北、华北。北京百花山1 400米斑叶堇菜林下、怀柔喇叭沟门、密云坡头均有。

图3-169 斑叶堇菜

(3)堇菜科要点

注意区分无地上茎和有地上茎的种类。主要特征是,多为草本。5个花瓣中的1个有距。子房由3心皮合生成,侧膜胎座。蒴果,3瓣裂。

46 瓜类的大家庭——葫芦科

重要的瓜类作物如南瓜、黄瓜、冬瓜、丝瓜、西葫芦和苦瓜等,都是葫芦科植物,所以称葫芦科为瓜类大家庭一点也不为过。

（1）代表植物黄瓜

黄瓜（*Cucumis sativus* L.）为一年生草质藤本,有卷须。叶互生,叶片宽心状卵形,掌状3~5浅裂,边缘有疏锯齿,两面有柔毛状短刚毛。花单性,雌雄同株。雄花数朵簇生,萼裂片钻形;花冠黄色,裂片长圆形;雄蕊3,其中2个由2对雄蕊合生而成,药室"S"形折曲,药隔向上延伸约1毫米。雌花子房有刺状突起,3心皮合生,子房下位。瓠果长圆形或圆柱状,嫩时绿色,有刺尖,熟后黄色。种子白色,矩圆形。花果期5—9月。

黄瓜原产于印度,世界各地广为栽培。我国极普遍,冬季常温室栽培。

以黄瓜为代表可以看到葫芦科的突出特征:雄蕊3,实际上是5个雄蕊,但4个两两合生、1个离生;花药"S"形折曲;子房3心皮合生,侧膜胎座,胎座肉质化。黄瓜横切面为实心,就是胎座肉质化造成的,仔细看上面有3条沟,说明不是中轴胎座,而是侧膜胎座。子房下位,形成瓠果,为葫芦科独有,就像豆科有荚果、十字花科有角果一样。

黄瓜最初叫胡瓜,据李时珍考证:张骞使西域得种,故名胡瓜。说明黄瓜引入我国有2 000年历史了。黄瓜脆嫩清香,含丰富的维生素、钾,以及多种糖类、氨基酸等,其中的纤维素有利于排便,还能降低胆固醇。鲜黄瓜中的丙醇二酸可以抑制糖类物质转变为脂肪,因此多吃黄瓜可防止肥胖。

（2）其他瓜类作物

香瓜（*C. melo* L.）又称甜瓜,与黄瓜同属。它与黄瓜的不同处为:花冠裂片钝头,而黄瓜裂片尖锐;子房无刺状突起,只有毛。香瓜原产于亚洲热带。我国栽培品种多。新疆哈密瓜和兰州白兰瓜均为香瓜的不同品种。

南瓜[*Cucurbita moschata*（Duch.）Poiret,图3-170]为一年生蔓生草本。节上常生根。卷须分3~4叉。叶宽卵形或卵圆形,5浅裂。花雌雄同株;花冠钟形。果实上常有棱。南瓜与黄瓜的不同处为花冠钟形,叶片5浅裂,果实形状多样,较大。

南瓜的果实大，果肉红黄色，含丰富的糖类、蛋白质、脂肪、维生素A、维生素B和维生素C，还有钙、磷等矿物质。胡萝卜素含量尤其高。南瓜在我国民间极受欢迎，嫩瓜为蔬菜，老瓜不仅为菜，还可当饭吃。陕北有一种特殊食品"南瓜烩面"，就是用南瓜与面片烹制而成，别具特色。南瓜果实的用途还有很多，如北美人将它雕成鸟笼。

图3-170　南瓜

苦瓜（*Momordica charantia* L.，图3-171）为一年生攀缘草本，茎被柔毛。叶5~7深裂。花单性，雌雄同株；花小，黄色；花冠5深裂。果实纺锤形，有疣状突起。种子有红色肉质假种皮。

明代《救荒本草》《农政全书》始有苦瓜记载。清代《随息居饮食谱》说：苦瓜青则苦寒，能涤热、明目清心。熟则色赤，味甘性平，能养血滋肝、润脾补肾。

西瓜［*Citrullus lanatus*（Thunb.）Mansfeld，图3-172］叶掌状3~7深裂，

图3-171　苦瓜

图3-172　西瓜

中国科普大奖图书典藏书系

裂片再羽状深裂。果实特大,球形或椭圆形。胎座肉质多汁,有红、黄、白诸色。花期6—7月,果期8—9月。

西瓜原产于非洲热带的沙漠地区。野生西瓜的果实只有网球大小,是当地多种野生动物如羚羊、狮、狼和鼠等的食物。相传公元900多年前由西域传入我国。西瓜是深受人们喜爱的夏季解暑水果,可补充体内水分和多种养分。

葫芦科的瓜类大多属于不同的属。例如,冬瓜属于冬瓜属、丝瓜属于丝瓜属、黄瓜属于黄瓜属、南瓜属于南瓜属、苦瓜属于苦瓜属等。这说明它们在形态上有明显差异,可在观察中仔细琢磨。

(3)葫芦科要点

可以黄瓜为例掌握本科特征。草质藤本,有卷须。单叶互生。花单性同株;花冠合瓣;雄花有3雄蕊,花药折曲为"S"形;雌蕊由3心皮合生成,侧膜胎座,胎座肉质化。瓠果。

47 难忘的桃金娘科

桃金娘科有100属约3 000种,主要分布在热带,以美洲和大洋洲居多。我国有8属大约90种,引进栽种8属70多种。

(1)难忘的桃金娘

笔者一家曾搬迁至桂林住在瑶山。秋天,兄弟几个上山拾柴,看到一种小灌木,上面结了很多暗紫色的果实,有指头那么大,里面还有小种子。当地人说这果子可以吃,我们高兴极了,一直吃到牙齿都变紫。这种有甜味的果实给笔者留下了美好的印象。读大学后,才知道那种植物叫桃金娘。

桃金娘[*Rhodomyrtus tomentosa*(Ait.)Hassk.,图3-173]为小灌木,高不过2米。幼枝有细绒毛。单叶对生,革质,椭圆形,下面有短绒毛,离基3出脉;叶柄长4～8毫米。聚伞花序腋生,有1～3朵花;花紫红色,两性;萼筒钟形,裂片5,圆形;花瓣5,倒卵形;雄蕊多数;子房下位。浆果卵形,暗紫色。

分布于福建、广东、广西、云南、贵州和台湾。果实可生食,入药有活血通络的功效。桃金娘有多个俗名,广东叫姑娘木、山念,广西叫逃军粮、念子木或念子,福建叫桃娘、糖莲子。福建流传一首儿歌:"七月半,糖莲子乌一半。八月半,糖莲子滚滚翻。九月节,糖莲子乱乱跌。"

图 3-173　桃金娘

（2）美味的水果——莲雾

莲雾[*Syzygium samarangense*(Bl.)Merr. et Perry,图3-174]是桃金娘科著名水果,属于蒲桃属。乔木,高可达10米。叶对生,革质,椭圆形或椭圆状矩圆形,顶端近圆形或钝尖,基部圆形或狭心形,侧脉在距叶边缘处汇合为一边脉;近无柄。聚伞花序顶生或腋生,有数花至多花,白色;萼筒倒圆锥形,裂片4,半圆形,宿存;花瓣4;雄蕊多数,离生,外伸。浆果核果状,近半球形,顶部略平,肉质,淡红色,光亮如有蜡。

图 3-174　莲雾

莲雾的中文普通名叫洋蒲桃,原产于马来半岛和印度尼西亚。我国早已引种,栽培于福建、广东、广西、云南和台湾。莲雾有多个品种,以台湾高雄产的"黑珍珠"最为有名,汁多味甜。北京植物园的温室内有引种。

(3)本科又一名果——番石榴

番石榴(*Psidium guajava* L.,图3-175)属番石榴属,为灌木或小乔木。枝四棱形。叶对生,革质,矩圆形,下面密生柔毛,羽状脉;有短叶柄。花单生或2~3朵生于总花梗上;花白色,芳香;萼裂片4~5,厚;花瓣4~5;雄蕊多数;子房下位,3室。浆果球形或卵形,淡黄绿色。番石榴原产于美洲热带。我国广东有栽培,果似石榴,可食。有70多个品种,"胭脂红"最受欢迎。

图3-175　番石榴

番石榴靠鸟类传布种子。其种子极坚硬,鸟食后难以消化,就随鸟粪被排到各处,不久种子在鸟粪中萌发,人称鸟粪果。番石榴对环境要求不高,只要气候炎热即可,也被称为吉卜赛果子。番石榴富含蛋白质、脂肪、糖类、钙、磷、铁和维生素,维生素C含量尤其丰富。据说到北极等地的考察者,都要带番石榴粉,以补充维生素C。番石榴还能降低血糖。

(4)好大一个属——桉属

桉属是本科最大的属,有600余种,全产于澳大利亚及附近岛屿上,为当地森林的主要树种。我国引种40多种,分布在西南至东南部。

桉属为乔木或灌木。叶多革质,变化多,有透明腺点;苗期叶对生,成年期互生。花单生或成花序;萼筒钟形、圆锥形或半球形,与子房基部合

177

生;花多白色,花瓣与萼片合生成帽状体,或不合生,开花时横裂,帽状体脱落;雄蕊多数,排成多列,离生,外围雄蕊常无花药;子房与萼筒合生,3~6室,胚珠多。蒴果全部或下半部藏在萼筒内。种子极多,大部发育不全,发育好的种子呈卵形,种皮坚硬,有时种皮扩大成翅。

我国引种的重要种有桉(*Eucalyptus robusta* Smith)、柠檬桉(*E. citriodora* Hook. f.,图 3-176)、赤桉(*E. camaldulensis* Dehnhardt)、细叶桉(*E. tereticornis* Smith)和蓝桉(*E. globulus* Labill.)等。前 2 种为乔木,后 3 种为大乔木。枝叶均可提取芳香油制香精。桉树很高,在澳大利亚有的树竟长到 100 多米。木材质优,供建筑用。

图 3-176　柠檬桉

（5）桃金娘科要点

本科为灌木或乔木。叶对生,全缘;有透明腺点,有香气;无托叶。花多两性;萼筒与子房合生,萼片 4~5 或更多,宿存;花瓣 4~5;雄蕊多,多为数束生于花盘边缘,与花瓣对生;子房下位或半下位,心皮 2 至多个,1 至多室,中轴胎座。浆果或核果、蒴果、坚果。种子 1 至多个。

上述特征中应注意的是,叶常对生(桉属长成后互生),全缘,无托叶,常绿,叶片中有腺点。子房下位;雄蕊多数,常成束生等。

48　"胎生"的红树科

植物也有"胎生"的,如红树科植物。红树科有 16 属 120 种,主要分布在热带海岸。我国有6属13种,主产于西南部和台湾,是构成南部海岸林的主要树种。

(1)常见种类

红树(*Rhizophora apiculata* Bl.,图3-177)为灌木或小乔木,高2～10米。有支柱根。单叶对生,革质,椭圆形,叶脉不明显;叶柄厚而扁。花序生落叶的叶腋,总花梗短于叶柄;花无梗,黄色;萼4裂,宿存,裂片三角形,厚;花瓣4,薄,全缘;雄蕊8;子房半下位,2室。果卵形,下垂。种子1个,在母株上便发芽,当胚轴伸长成棒状后,垂直扎入海滩上的泥中,逐渐长成为新株,所以称"胎生植物"。

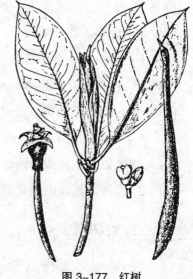

图 3-177　红树

分布于广东、海南,印度、印度尼西亚和马来半岛也有。

图 3-178　秋茄树

秋茄树[*Kandelia candel*(L.)Druce,图3-178]属于秋茄树属,本属与红树属的不同点为:雄蕊多数,花瓣深裂。秋茄树为灌木或小乔木。叶对生,革质,矩圆形或椭圆形,长5～12厘米,宽2.5～5厘米,顶端钝或圆。萼5～6深裂,裂片条形;花瓣5～6个,白色,早落,2深裂,再裂成丝状的小裂片;雄蕊20～25;子房下位,3室,结果时为1室。果狭卵状圆锥形,长达2厘米。种子1。种子于离母树前发芽,胚轴伸长,略弯。分布于广东、福建及台湾。深圳大学附近的海边很多。

179

红树林对保护海岸、防止海浪冲击有积极作用,还是许多海洋动物的栖息地,海岸的防风林。大部分种类的树皮中含有丰富的单宁,是染渔网和皮革的原料。

本科重要的种类还有红茄苳(*R. mucronata* Lam.)、角果木[*Ceriops tagal* (Perr.) C. B. Rob.]、木榄[*Bruguiera gymnorhiza* (L.) Lam.]、海莲[*B. sexangula* (Lour.) Poir.]和竹节树[*Carallia brachiata* (Lour.) Merr.]。其中的竹节树为小乔木。叶对生,薄革质,倒卵形或椭圆形。花绿白色,萼6～8裂;花瓣6～8;雄蕊数为花瓣数的两倍;子房下位,4室。果球形,小,种子1。分布于广东、广西低海拔的山地林中。不为胎生植物。

(2)红树科要点

关注胎生、花基数、子房半下位和叶对生等方面。可以秋茄树为例,认识雄蕊多数、子房下位等特征。本科主要为灌木,少小乔木。

49　五加科有人参

本科约80属900种,分布于温带至热带。我国有23属160种左右。分布广,以西南地区居多。

(1)补药之王——人参

人参(*Panax ginseng* C. A. Mey.,图3-179)为多年生草本。主根肥厚肉质,圆柱形或纺锤形,一般淡黄色。根状茎短,极不明显。掌状复叶3～6,轮生于茎顶;小叶3～5,中央1片最大,椭圆形,

图3-179　人参

长 8～12 厘米,宽 3～5 厘米,先端长渐尖,基部楔形,下延,边缘有较细密的锯齿,最下面 1 对小叶较小,有小叶柄。伞形花序顶生;花小,淡黄绿色;萼有 5 齿;花瓣 5;雄蕊 5;子房下位,2 室,花柱 2,分离。果扁球形,熟时鲜红色。

分布于东北,以长白山林区为中心。野生植株曾经很多,由于滥挖滥采,如今已极其罕见。多为人工种植,河北、北京有少量栽培。

人参的肉质根入药为著名补药,具有滋补强壮的作用,还是兴奋剂和祛痰药。我国是人参的故乡,2 000 多年前就开始用人参治病。《神农本草经》将人参列为上品。《本草纲目》指出:人参可治男妇一切虚症。人参能提高中枢神经系统的兴奋性,增强机体的抵抗力和调节功能。有研究表明,人参能促进蛋白质和核糖核酸的合成。

人参的属名 *Panax* 源自希腊词 Pan 和 akos,前者意为"完全",后者为"药功",合起来就是"完全的药功",即能治百病,说明西方人也很推崇人参。种加词 *ginseng* 是音译,说明来自中国。18 世纪初,加拿大传教士拉费脱看了中国人参的资料和标本之后,认为加拿大气候与中国东北差不多,可能有人参,就雇人寻找。两年后,终于在蒙特利尔森林中发现了与人参相似的一种植物,经鉴定,与人参是同一属。随后在美国南部和东部也相继发现这种植物,便称为西洋参(*P. quinquefolius* L.)。

西洋参与人参药性有别。在急救时,常选用功效强的人参。西洋参性寒味微苦,具有补气养阴、泻火除烦和养胃生津之功效,适宜津液亏损、肺热燥咳和四肢倦怠等,但不能滥用。

181

(2) 止血药三七

三七(*P. pseudo-ginseng* Wall.,图 3-180)为人参的近缘种,形态与人参相似。也为掌状复叶轮生于茎顶,但小叶 3～7,中央小叶比人参的中央小叶略短窄,长 8～10 厘米,宽 2.5～3.5 厘米,基部圆形至宽楔形。子房下位,2～3 室,花柱 2～3,分离或基部合生达中部。果扁球形,熟时红色。与人参的主要区别是小叶数目和形态。另外需注意,三七的主根有时肉质,有时也不为肉质;根状茎短,有时也较长。

三七分布于四川、云南、西藏、广西和湖南。云南东南部的文山和广西的西南部栽培较多。著名的止血散瘀、消肿止痛良药——云南白药,就主要是用三七的根状茎和肉质根制成的。之所以叫三七,一般认为是由于复叶有3~7个小叶,入药也必须用3~7年生的根状茎和肉质根。

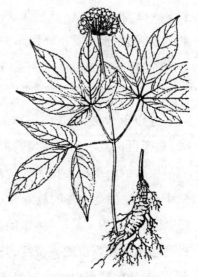

图3-180 三七

(3)刺五加

刺五加 [*Acanthopanax senticosus* (Rupr. et Maxim.) Harms,图3-181]为灌木。茎上密生锐刺,刺多向下,叶柄上也有刺。掌状复叶,小叶常5个,偶3个,纸质,有短柄;幼叶下面有毛,椭圆状倒卵形,边缘有锐重锯齿;叶柄长3~12厘米。伞形花序单个顶生,或2~4个聚生,具多花;总花梗长5~7厘米,花梗长1~2厘米;萼齿小,5个;花瓣5,卵形;雄蕊5;子房5室,花柱合成柱状。果

图3-181 刺五加

略呈球形,长8毫米,有5条棱。分布在东北、河北和山西,生于山地。北京山区也有,小龙门南沟等沟中有。

刺五加的茎皮、根皮入药,有舒筋活血的功效,还可以益气健脾、补肾安神、健脑益智、抗疲劳和激活免疫力。由于刺五加的药性广且特殊,所以比人参的适应强。

五加属与人参属的不同之处是,前者为木本,后者为草本。更重要的是,这两个属分别属于五加科中不同的族,前者属于鹅掌柴族,特征是花瓣镊合状排列(瓣与瓣之间接合,即彼此接近,互不覆盖边缘);后者属于楤木族,特征是花瓣覆瓦状排列(花瓣边缘有覆盖)。

(4)楤木和通脱木

楤木(*Aralia chinensis* L.,图 3-182)为有刺灌木或小乔木。二回或三回羽状复叶。伞形花序聚成顶生的大型圆锥花序,长 30~60 厘米;花序轴长,密生棕黄色柔毛;花白色,子房下位。果球形,有 5 棱,熟时黑色。

分布于华北、华中、华东至华南和西南。根皮入药,有活血散瘀、健胃的功效。

近缘种为辽东楤木[*A. elata*(Miq.)Seem.],具伞形花序组成顶生的伞房状圆锥花序,主轴短,长 2~5 厘米。这与上种不同,可以区分。树皮入药。分布于东北。

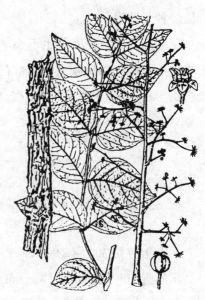

图 3-182 楤木

通脱木[*Tetrapanax papyriferus*(Hook.)K. Koch]为灌木或小乔木,无刺。单叶,掌状 5~11 裂,每裂再有小裂片。顶生伞形花序聚成大的复圆锥花序,长 50 厘米以上,花白色;萼有星状绒毛;花瓣 4,少 5;雄蕊 4,少 5;子房下位,2 室,花柱 2,分离。果球形,小,熟时紫黑色。

分布于长江以南各省。茎髓叫"通草",入药为利尿剂,有清热解毒、通乳的功能。

(5)五加科要点

五加科除人参属外,皆为木本或木质藤本。叶常互生、单叶、掌状复叶

183

或羽状复叶,多有托叶。花两性或杂性,排成伞形花序、总状花序或穗状花序,这些花序常再组成圆锥状复花序;萼筒与子房合生,边缘有萼齿或呈波状;花瓣5~10,离生,少结合成帽状;雄蕊与花瓣同数,互生,有时更多;子房下位,2~15室,每室1胚珠,花柱离生,与子房室同数,或下部合生、全合生;有上位花盘,肉质。核果或浆果,外果皮常肉质,内果皮硬或膜质、肉质。种子侧扁。

五加科的特征变化也不小。首先,应掌握花序为单伞形花序,或多个单伞形花序再组成较大的圆锥花序。其次,多为灌木或小乔木,有时有刺。再次,果实为核果或浆果。根据这些特征,可与伞形科相区分:伞形科花序复伞形;全为草本;叶分裂或二至三回复叶;双悬果。

50 伞形科中药多

伞形科约300属2 900种,广泛分布于北半球的温带、亚热带或热带。我国有近100属500多种,分布全国。本科堪称药用宝库,有柴胡、防风、当归、白芷、独活、藁本、前胡、北沙参、阿魏和蛇床等多种药用植物。此外,还有胡萝卜、芹菜和芫荽等常见蔬菜。

(1)胡萝卜的形态

胡萝卜(*Daucus carota* L. var. *sativa* DC.,图3-183为野胡萝卜)为两年生草本,高可达1米。根圆锥状,橙黄色至橙红色,肥厚肉质。基生叶长圆形,有长柄;叶二或三回羽状全裂,终裂片条形或披针形,叶柄基部鞘状。复伞形花序

图3-183 野胡萝卜

有伞辐多条,总苞片多个,叶状;小伞形花序有多花,小总苞片条形,多数;花两性,萼齿不明显;花瓣 5,白色或淡紫红色;雄蕊 5;心皮 2,合生,2 室,每室 1 胚珠。双悬果背腹稍显压扁,主棱 5 条,次棱 4 条,翅状,棱上均有刺毛。解剖显示,棱下有油管 1 条,合生面 2 条。双悬果熟透后裂成 2 个分果悬挂于心皮柄上。根含丰富的胡萝卜素。

原产于欧洲和亚洲东南部,世界广泛栽培。我国栽培广。

胡萝卜拉丁学名中的 *Daucus*,来自希腊词 daukos ,意为"一种胡萝卜类植物";*carota* 意为"胡萝卜";var. 为变种的缩写;*sativa* 则为变种加词,意为"栽培的";DC. 为变种命名人的名字缩写。从这里也可以看出人们对胡萝卜的认识。

知识窗

你可能不知道,野生的胡萝卜是一年生的,春天播种夏季开花、结果,地下根又细又硬,山东昆嵛山就有分布;而栽培胡萝卜为两年生的。这两种胡萝卜的亲缘关系是怎样的呢? 一位法国蔬菜专家认为,两年生胡萝卜的祖先是野生的一年生胡萝卜。为验证他的想法,他选择了一块土质肥沃的农田,6 月将野生胡萝卜的种子播下,结果这些胡萝卜当年冬天没有开花,根只长粗了一点。接下来,他再将收获的种子种下去……经过连续 8 年的实验,野生胡萝卜终于长出了栽培胡萝卜那样的肥大直根。这就证明了栽培的两年生胡萝卜是由野生的一年生胡萝卜培育出来的。

185

(2)几种常见中药

柴胡(*Bupleurum chinense* DC.,图 3-184)为多年生草本,高 45～85 厘米。主根粗,有分枝,灰褐色。茎单一或丛生,上部多分枝。基生叶倒披针形或狭椭圆形,有长柄,早枯;茎生叶类似基生叶,较长较宽,有平行脉 7～9。复伞形花序多个,总苞片 2～3 或缺,披针形;伞辐 3～8,小总苞片 5,披针形;小伞形花序有 5~10 朵小花;花黄色,有花柱基(也称上位花盘),萼齿不显,花瓣 5,雄蕊 5,花柱分离,短。双悬果椭圆形,棕色,两侧扁,果棱稍锐,狭翅状。花果期 7—9 月。

柴胡分布于东北、华北、西北和华东地区,河南、湖北和四川也有。北京山区多见。生于低山至中山地带的林下或草坡中。根入药即柴胡,有解毒和疏肝解郁作用,用于治疗感冒发烧。柴胡原名为茈胡,最初收录于《神农本草经》。

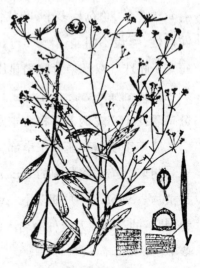

图 3-184 柴胡

《本草图经》以柴胡为名。《本草纲目》曰:"茈字有柴、紫二音。茈姜、茈草之茈皆音紫,茈胡之茈音柴。茈胡生山中,嫩则可茹,老则采而为柴。故苗有芸蒿、山菜、茹草之名,而根名柴胡也。"后人称茈胡为柴胡。

防风[*Saposhnikovia divaricata*(Turcz.)Schischk.,图 3-185]为多年生草本,茎二歧分枝。叶二或三回羽状深裂,长 10~20 厘米,宽 3~6 厘米,较厚,淡灰绿色,无毛,有叶鞘。复伞形花序,伞辐 5~10,无总苞片;小伞形花序有 4~10 朵花,小总苞片 4~6,披针形;花萼齿 5,小,花瓣 5,白色,雄蕊 5。双悬果椭圆形,背腹稍扁,主棱隆起,侧棱稍宽。

防风分布于我国东北、华北和西北,多生于干燥地带。北京山区多见,如门头沟小龙门的公路边。7—8 月间开花,花小而多,白色,如满天星的花序。根入药有祛风解表、散湿止痛的作用,用于外感风寒所致的头痛、恶寒等症,也用于风

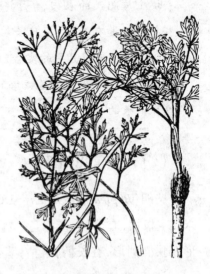

图 3-185 防风

寒湿痹、关节疼痛等症。《神农本草经》说防风：味甘温，无毒，主治头痛、风邪、目盲无所见、骨节痛痹，久服轻身。

当归[*Angelica sinensis*（Oliv.）Diels]为多年生草本，茎带紫红色。叶二或三回三出羽状全裂，终裂片卵形或卵状披针形，叶鞘大。复伞形花序，无总苞片或有 1～2，伞辐 9～13；小总苞片 2·4，花梗多个，密生细柔毛；花白色。双悬果椭圆形，侧棱有翅。分布于陕西、甘肃、四川、云南、贵州和湖北，多为人工栽培。

当归根入药，有补血活血、调经的功能，是治痛经的主要药。当归含挥发油、维生素和有机酸等，可以美容。实验表明，它能增强血液循环、抑制黑色素的形成，对治黄褐斑、雀斑等有帮助，对老年斑也有抑制作用。

（3）本科的有毒植物

伞形科有不少有毒植物，下面举几个例子。

毒芹（*Cicuta virosa* L.，图 3-186）为多年生草本，著名的有毒植物。根状茎节间短，中空，有横隔，为重要的识别特征之一。二或三回羽状复叶，小裂片披针形，长 4～8 厘米，边缘有齿；叶柄叶鞘状，也为重要的识别特征。复伞形花序，直径可达 11 厘米，伞辐多数，近等长，无总苞片；小伞形花序有花 20～40，小总苞片 8～12，条形，花柄短；萼齿三角形，花瓣白色。双悬果近球形，果棱肥厚，钝圆。花果期 6—9 月。

图 3-186 毒芹

毒芹别名野芹菜花、走马芹、芹叶钩吻等。分布在东北、华北和西北，多生于山沟湿地或河边。北京山区也有，如八达岭西沟、喇叭沟门河边。全草含毒芹毒素。果实和种子含挥发油，油中无毒素。误食毒芹会导致恶心、瞳孔扩大、昏迷和痉挛等,最终使人窒息而亡。小孩误食10克就会丧命。

相似种为水芹〔*Oenanthe javanica* (Bl.)DC.,图3-187〕,也生于山沟湿地、水边或浅水中。一至二回羽状复叶,小叶披针形或卵状披针形,基部小叶3裂,顶生小叶菱状卵形,有缺刻状锯齿。复伞形花序,伞辐8~17,不等长,总苞缺或1~3个,早落;小伞形花序花多数,小总苞片4~9个;花白色。双悬果椭圆形,果棱肥厚,锐圆,侧棱比背棱宽大。花果期7—9月。

水芹分布全国,北京也有。为野菜,可以食用。为避免误食,应注意鉴别。

图3-187 水芹

它与毒芹的主要区别为:毒芹的小伞形花序球形,根状茎较肥大,里面中空并且有横隔;水芹的小伞形花序不呈球形,根状茎不肥大,里面无横隔。毒芹的叶二至三回羽状全裂,叶裂片边缘多具锐齿或缺刻;水芹为一至二回羽状复叶,小叶较短,边缘多具缺刻状锯齿。毒芹的双悬果近球形,水芹果为椭圆形。区分时应仔细观察,尤其要注意根状茎内有无横隔。

毒参(*Conium maculatum* Linn.)为两年生草本,高可达1.8米。根肥厚,茎中空。叶二回羽状分裂,终裂片卵状披针形,长1~3厘米,边缘羽状深裂,不同于以上两种;基生叶只有叶鞘,无叶片。复伞形花序,生于茎和分枝的顶端,呈聚伞状,伞辐10~20,总苞片5,卵状披针形,小伞形花序有花10~20朵,小总苞片5~6,卵形。双悬果,果近卵形。花期7—9月。

主要分布于欧洲、亚洲、非洲北部和北美洲。我国仅新疆有分布,常生于农田和森林边缘。全草有毒,以种子最毒。有毒成分为生物碱,作用于中枢神经系统。植株干枯后生物碱消失,毒性大减。苏格拉底被判死刑,执行时喝的就是本种的汁液。

（4）伞形科要点

均为草本，全株有芹菜味。叶多为复叶，叶柄有鞘。复伞形花序；花多两性，5基数；萼齿常不明显；心皮2，合生，2室，每室1胚珠，顶生。双悬果，开裂后2分果悬挂于心皮柄上。

51　高山木本之花王——杜鹃花科

杜鹃花科有个属叫杜鹃花属，全世界约有800种，均分布在北温带。我国有600多种，除了新疆，全国分布，尤其是西南的高山地区。其花色艳丽，花形多样，花朵密集，乃花中瑰宝。

（1）多种多样的杜鹃花

名字中带杜鹃的植物很多，它们都属于杜鹃花属。最著名的是杜鹃（*Rhododendron simsii* Planch.，图3-188），又称映山红，为落叶灌木。叶卵形、椭圆状卵形或倒卵形，两面均有毛；叶柄短。花2～6朵簇生枝顶；花冠粉红色、鲜红色至深红色，宽漏斗状，裂片5，内有深红斑点；雄蕊10；子房10室。蒴果卵圆形，有密毛。

分布在长江流域各省以及更南的地区，四川和云南也有。常生于丘陵地带。栽培品种多，是著名的花卉，中国十大名花之一，还是国内许多城市

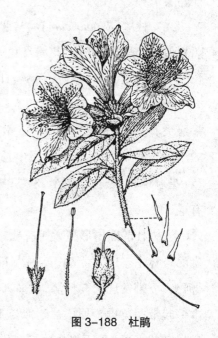

图3-188　杜鹃

189

的市花。白居易最喜欢杜鹃花,曾这样赞美它:"回看桃李都无色,映得芙蓉不是花。"

迎红杜鹃(*R. mucronulatum* Turcz.,图 3-189)为落叶灌木,高 1.5 米左右。叶散生,较瘦,矩圆状披针形,下面有疏鳞片;叶柄短。花簇生枝顶,淡红紫色;先叶开花,较大;花冠漏斗状,裂片 5,圆头,边缘波状;雄蕊 10;子房 5 室。蒴果圆柱形,褐色。

迎红杜鹃又称照山红、蓝荆子,分布于东北、华北、山东和江苏北部,朝鲜、日本和俄罗斯也有。北京山区多见。有人认为,朝鲜国花"金达莱"可能是迎红杜鹃及下种。

图 3-189　迎红杜鹃

兴安杜鹃(*R. dauricum* L.)与迎红杜鹃相似,也是先叶开花,花粉红色,花冠漏斗状,但较上种小,只有 1.8 厘米长。分布在东北、内蒙古,朝鲜、日本和俄罗斯也有。

杜鹃花属也有大乔木,叫大树杜鹃(*R. giganteum* Forrect et Tagg),为常绿大乔木,高达 25 米。主干粗直,直径达 1 米。叶大,椭圆形,长 12 ~ 37 厘米,宽 4 ~ 12 厘米。顶生总状伞形花序,有花 20 ~ 25,花红而带紫色;花冠钟状,长达 7 厘米,8 裂;雄蕊 16,不等长。蒴果矩圆形,长 4 厘米,有毛。

大树杜鹃因树形高大而有杜鹃王之称,它生于云南高黎贡山海拔 2 800 米的疏林中。1919 年初,英国人 Forrest 第四次来中国时去了高黎贡山,在"河头"一带发现大树杜鹃,就命人将树锯断,截下一段主干,连同采集的标本一起带回英国。回国后,他与 Tagg 一起进行鉴定,并作为新种发表在 1926 年出版的《爱丁堡植物园》杂志上,而那段树干保存在大英博物馆中。

如今,大树杜鹃已成为国家保护的珍稀植物之一。

(2)漂亮的北国红豆——越橘

越橘属约300种,均分布在北温带。我国近50种,分布很广。有些种类的果实可食,如越橘(*Vaccinium vitis-idaea* L.)。在哈钦松分类系统中,本属归入越橘科。

越橘(图3-190)又称红豆、牙疙瘩,为矮生半灌木。地下茎长,匍匐,地上茎只有10厘米左右。叶革质,椭圆形,长1~2厘米,宽达1厘米,顶端圆形,常有微缺,基部楔形,边缘有细睫毛,上部有微波状锯齿,下面有散生腺体;叶柄短。总状花序有花2~8,生于去年生枝

图 3-190 越橘

条的顶端,稍下垂;花萼钟状,4裂;花冠钟状,白色或稍带红色,4裂;雄蕊8;子房下位。浆果球形,红色。

分布于东北、内蒙古和新疆,北欧、北美也产。生于亚寒带针叶林下,长白山习见。浆果可生食,也可以制作果汁、果酒。叶入药为有名的尿道消毒剂。

近缘种笃斯(*V. uliginosum* L.)又称地果、甸果。其浆果扁球形或椭圆形,成熟时蓝紫色,味酸甜,可生食。分布于东北、内蒙古和新疆,朝鲜、日本、俄罗斯、北欧和北美也产。

(3)做乌饭的乌饭树

乌饭树(*V. bracteatum* Thunb.,图3-191)为常绿灌木,高1.5米。叶革质,椭圆状卵形,长2.5~6厘米,宽1~2.5厘米,先端急尖,基部宽楔形,边有

尖细齿；叶柄短。总状花序腋生，长2～6厘米；苞片大，不落；萼5浅裂；花冠筒状，上部稍窄，5浅裂，白色，有细毛；雄蕊10；子房下位。浆果成熟后紫黑色，稍有白粉，可食用，味甜。

分布于长江以南各地区，台湾、海南也有。在长江以南，民间常用其叶揉汁浸染糯米后，做成乌黑发亮的米饭，称乌饭，吃起来有独特的香味。据说乌饭有强筋益气的作用。

相似种南烛[*Lyonia ovalifolia*（Wall.）Drude]属于南烛属，与乌饭树的不同之处是：果实为蒴果，叶卵形或椭圆形，分布于西南地区。南烛有一个变种，叫狭叶南烛[var. *lanceolata*（Wall.）Hand. -Mazz.，图3-192]。叶狭长，矩圆状披针形，长8～12厘米，宽2.5～3厘米。多分布在长江以南。嫩茎也用于做乌饭。

图3-191　乌饭树

图3-192　狭叶南烛

（4）杜鹃花科要点

本科常为亚灌木（半灌木），无草本。单叶互生，无托叶。花两性，整齐或稍不整齐；花冠合瓣，4～5裂，少离生；雄蕊为花冠裂片的2～3倍，花药多有芒，顶孔开裂；子房上位，中轴胎座，数室。蒴果或浆果、核果。识杜鹃花科的关键是抓住杜鹃花属的特征。

52 高山草本之花王——报春花科

如果说杜鹃花科是高山木本花卉之工，那么报春花科就是高山草本花卉之王。本科有22属800种，其中的报春花属约500种，占本科60%以上，均为多年生草本，多分布在北温带的高山上。我国有300种，主产于西部和西南部，常在高山上成片生长。

（1）报春花有两型花

报春花的花常有两种类型。一种花柱长，柱头位于花冠筒的喉部，雄蕊生于花冠筒的中部；另一种花柱短，柱头位于花冠筒的中部，雄蕊则生在花冠筒的喉部。两型花的出现与传粉有关。报春花的花瓣合生成筒状，要靠昆虫实现异花传粉。当昆虫到达短花柱的花时，其雄蕊在花冠筒喉部，花粉就涂在昆虫身上。当这个昆虫来到长花柱的花中时，其花柱的柱头在喉部，这样携带的花粉就会接触到柱头，完成异花传粉。

植物园的温室里常有四季樱草（*Primula obconica* Hance，图3-193），它的花就是两型花，可以观察。四季樱草为多年生草本，多须根。叶基生，丛生，叶片长圆形或卵圆形，顶端钝圆，基部心形或圆形，边缘有圆形波状缺刻或锯齿，也有全缘的，下面有柔毛；叶柄长达15厘米。花莛高可达30厘米；伞形花序有多花；苞片条形，绿色；花萼宽钟状漏斗形，5浅裂；花冠漏斗状或高脚碟状，裂片5，倒心形，平展，红色、

图3-193 四季樱草

193

粉红色或白色;雄蕊 5。蒴果圆球形。1—3 月开花,4—5 月结实。

原产于我国西南地区,各地温室多栽培。

(2)美丽的报春花

在北京如果要看野生的报春花,可于春夏之交去爬东灵山或百花山,它们生长在海拔 1 800 米处。这种报春花叫胭脂花(*P. maximowiczii* Regel),为多年生草本,全株无毛。叶基生,长圆状倒披针形或倒卵状披针形,先端钝圆,基部渐狭并下延成叶柄,边缘有三角形齿。花葶粗壮,高可达 50 厘米;伞形花序有 1~3 轮,每轮花多朵;苞片披针形,基部连合;萼钟状,裂片三角形;花冠暗红色,筒部长达 1.5 厘米,裂片长圆形,全缘,反折;子房长圆形。蒴果圆柱形,种子多粒。花期 6 月,果期 7—8 月。

分布于东北、华北至西北。北京见于海拔 1 800 米以上亚高山区,生桦树林下、林缘一带。可以尝试引种。

在云南西北部、四川西部巴塘雪山以及西藏拉萨一带,有一种开黄花的报春花,叫小苞报春(*P. bracteata* Franch.)。根状茎粗壮,老叶柄留存且呈鱼鳞状。叶密集,叶片矩圆或卵形,顶钝尖,基部楔形并下延成翅。花单一。整个株形很像堇菜科的早开堇菜。但开花时花黄色,花冠短高脚碟状,花筒长达 1 厘米,有 5 个裂片,裂片顶凹缺。

在四川巴塘及西藏东部的石灰岩中,生长着一种报春花,叫巴塘报春(*P. bathangensis* Petitm.)。其花冠金黄色。叶圆形或矩圆形,基部心形,边缘圆缺刻及细锯齿,叶柄长。花序不是多数报春花的伞形花序(1~6 层),而是总状花序。花冠金黄色为识别的标志特征。

藏报春(*P. sinensis* Lindl.)是我国栽培历史悠久的报春花,也是比较名贵的温室观赏花卉。其花粉红色,花萼膨大成陀螺形,叶羽状裂,为重要识别特征。北京多栽培。

(3) 点地梅不同于报春花

春天,在北京郊外的草地上,经常会看到一种小草,其叶圆基生,花序伞形,花小白色,如小梅花,十分精巧,这就是点地梅［*Androsace umbellata*（Lour.）Merr.,图 3-194］。初看起来,点地梅有点像报春花,仔细观察便会发现差异明显。点地梅的花冠筒短于花冠裂片和花萼,花冠喉部缢缩;而报春花的花冠筒长于

图 3-194　点地梅

花冠裂片和花萼,花冠喉部不缢缩。这就是点地梅属和报春花属的区别。

点地梅为一年生。基生叶圆形或卵圆形,先端圆形,基部微凹或几截形,边有三角状齿。花葶数个,自基部生出,直立,高 5~10 厘米;伞形花序生花 4~15 朵,有苞片;萼杯状,5 深裂几近基部,结果时增大;花冠白色,5 裂,裂片倒卵状长圆形,筒部短于花萼。蒴果扁卵球形,5 瓣裂。种小而多。花期 4—5 月。

分布于东北、华北、华中至广东、四川。北京多见,公园、草地和校园均多。全草入药有清凉解毒之功效,可治咽喉痛,又称"喉咙草"。

(4) 神奇的灵香草

灵香草(*Lysimachia foenum-graecum* Hance)属于珍珠菜属,全草含有类似香豆素的芳香油,可用于提取香精。据说这种草干了以后放在衣柜中,可以防止衣物生虫。此草入药,能治感冒头痛、牙痛、咽喉痛和胸满腹胀,还能驱蛔虫。

灵香草为多年生草本,全株无毛,有香气。叶互生,椭圆形,全缘;叶柄有狭翅。花单生茎上部的叶腋,有细梗;花冠黄色,5 深裂,裂片椭圆形;雄蕊 5,花丝短。蒴果球形。

195

分布于广东、广西和云南,生于山谷的湿润地带。

(5)报春花科要点

多为草本,少灌木。单叶,对生或互生、轮生,无托叶。花序多种,伞形居多;多有二型花;萼宿存;花冠合瓣,5裂;雄蕊5,与花冠裂片对生;子房上位,特立中央胎座,胚珠多。蒴果。其中,特立中央胎座为重要特征。

53 柿树科

本科共有6属450种,柿属占有400种。我国有1属50种,即柿属。

(1)柿和黑枣

柿树(*Diospyros kaki* L. f.,图3-195)为落叶乔木。树皮方块状裂,枝粗壮。叶卵状椭圆形或长圆形,先端尖,基部近圆形或广楔形。雄花序由1~3花组成;雌花及两性花单生;萼4裂,果时增大;花冠黄白色,4裂;子房上位。浆果扁球形或卵球形,熟时橘黄色或黄色。花期5—6月,果期9—10月。

分布于东北、华北、西北、华中、华南至西南,以华北最多,多为栽培。北

图3-195 柿树

京郊区很多。柿树为著名水果树,果鲜食或制柿饼、柿霜。我国栽培柿树历史悠久。西汉司马相如的《上林赋》记载,黄河中游两岸多栽培柿树。山西永济所产的柿子,皮薄肉多味甜,那里的挂霜柿饼从唐宋到清朝都是进贡珍品。柿子富含葡萄糖、蛋白质、脂肪、钙、磷、铁和维生素C等。柿子还

能入药,有降血压、解酒毒和润便等功效。但柿子不能多吃,容易引起消化不良。

古人喜欢柿树,称柿树有七绝:一树多寿,二叶多荫,三无鸟巢,四少虫蠹,五霜叶可玩,六佳实可啖,七落叶肥大,可以写字。唐代文人郑虔家穷,无钱买纸写字,以柿树叶为纸,在叶上题诗、工书、作画,被称为"郑虔三绝"。

黑枣(*D. lotus* L.,图3-196)与柿树同属,不同之处为:黑枣的叶较狭,先端渐尖;花冠外无毛;果实小,直径只有1.5~2厘米,熟时变成黑色。分布于北方,北京山区较多。黑枣是嫁接柿树的砧木,也是园林绿化树种。

图3-196 黑枣

(2)柿树科要点

乔木或灌木,木材多黑褐色。单叶互生,无托叶。花单性或杂性,雄花成花序,雌花及两性花单生;萼3~7裂;花冠钟状或壶形,3~7裂;雄蕊与花冠同数或更多;子房上位,2~16。浆果肉质。种子扁平,有时无种子。

趣闻轶事

明人《在田录》里记载了这样一个故事。说明高皇帝微贱时,一次逃荒到了一个叫剩柴村的地方,由于两天没有进食,饥饿难耐,突然看到村中一废园里有柿树一株,上面的柿子已熟,就摘下便吃,连吃10个,拜树而去。后来,他当了皇帝,出巡又到了剩柴村,看到那株柿树,下马趋前,脱下黄袍,围于树身,并且口中喃喃道:今封你为"凌霜侯",以表感激之情。

54 木犀科出香花

木犀科植物丰富多彩,有多种著名花卉如迎春、连翘、丁香、茉莉和桂花等,还有著名的油料植物油橄榄、行道树白蜡树以及能放养白蜡虫的女贞等。

(1)好香的花

桂花[*Osmanthus fragrans* Lour., 图3-197]最能代表本科特征。为常绿灌木或小乔木。冬芽只有 2 个鳞片。叶对生,革质,有短柄,叶片椭圆形或长圆状披针形。聚伞花序生叶腋,花多而小,黄白色,有浓香;萼筒有 4 齿;花冠合瓣,4深裂,裂片长椭圆形;雄蕊 2 少 4,不外露;子房上位,柱头头状,子房 2 室,每室2胚珠。核果椭圆形或球形,紫黑色。成熟种子仅 1 个。花期 9 月,果期 10 月。

图3-197 桂花

桂花原产于我国西南部,全国多栽培,杭州西湖一带最多。花可制香料和高级香精油。品种多,有金桂、银桂、丹桂和四季桂等。我国栽培桂花已有 2 500 多年,唐宋时已广植于庭园。民间有吴刚伐桂的传说。因花香醇厚,深受民众喜爱。宋代诗人杨万里的《丛桂》诗云:“不是人间种,移从月胁来。广寒香一点,吹得满山开。”李清照称桂花“自是花中第一流”。如今,桂花被选为我国十大名花之一。

与桂花齐名的茉莉花[*Jasminum sambac* (L.) Aiton ,图3-198]属于茉莉属。茉莉花为木质藤本或直立灌木。单叶对生,偶有 3 小叶,椭圆形或广卵形,全缘。顶生聚伞花序,花朵白色,比桂花大;花冠裂片 4 或更多,裂片长圆形,多重瓣。一般不结实。原产于印度和阿拉伯一带。我国栽培。清代陈学洙的诗《茉莉》云:"玉骨冰肌耐暑天,移根远自过江船。山塘日日花成市,园客家家雪满田。"

茉莉花可提取香精油,用于制作化妆品等,400千克茉莉花只能提炼1千克茉莉花油,所以茉莉花油价格昂贵。我国茉莉花油的产量居世界首位。茶叶中加入茉莉干花,即为"茉莉花茶",其中的茉莉花香浓郁。

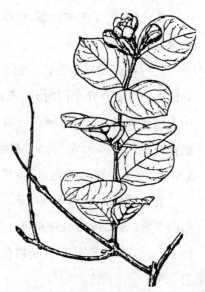

图 3-198 茉莉花

(2)早春开的花

迎春花(*J. nudiflorum* Lindl.,图3-199)与茉莉花相近,为同一个属。落叶灌木。枝常弯曲向地,小枝有棱角。羽状复叶,小叶3,卵形至长椭圆状卵形。花单生,有绿色小苞,先叶开花;萼裂片6,条形;花冠黄色,6裂,少5裂,裂片倒卵形。花期2—4月,不结果。

原产于我国中部和北部,公园和校园栽培多。因早春开花,博得人们青睐。叶和花均可入药,有解毒消肿、清热利尿的作用,能治各种无名肿毒。

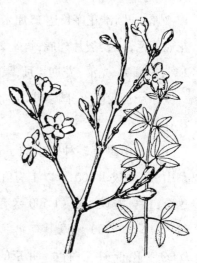

图 3-199 迎春花

连翘(*Forsythia suspensa* Vahl,图3-200)为早春先叶开花名种。花黄色,内有橘红色条纹;花冠4裂;雄蕊2。蒴果。叶对生,多单叶,少有3裂或3小叶。枝条多中空。其近缘种金钟花(*F. viridissima* Lindl.),枝条节间

199

内有片状髓,叶片圆披针形,稍厚质,单叶不裂,花黄色。

上两种多栽培于公园、校园,为早春观花植物。与迎春几乎同时开,或稍后一点。注意与迎春区别为:连翘花冠裂片4,偶5;迎春花冠裂片多为6,偶5。迎春叶为羽状3小叶,枝条四棱形绿色,极少见结实。

紫丁香(*Syringa oblata* Lindl.,图3-201)和白丁香(var. *affinis* Lingelsh.)是常见的两种丁香,前种花紫色,后种花白色,为紫丁香的变种。

紫丁香为落叶灌木。叶对生,阔卵形或肾形,基部心形,常宽大于长,全缘;叶柄长1~2厘米。圆锥花序长达15厘米;萼4齿裂;花冠紫色,4裂,裂片外展;每室2胚珠。蒴果2裂,先端尖,光滑。花期4月,果期7—9月。

原产自我国,公园多栽培。为春季常见花卉。

北方山野有多种野生的丁香。例如北京山区,海拔1 600米以上有红丁香,花紫色至白色;海拔400~1 500米有毛丁香,花紫色;海拔1 200米以上有北京丁香(*S. pekinensis* Rupr.),花白色。北京的公园里有时也有花叶丁香,叶羽状裂或深裂,花紫色或白色,很香。还有暴马丁香。

图3-200　连翘

图3-201　紫丁香

(3)油橄榄出好油

油橄榄(*Olea europaea* L.,图3-202)是一种特殊植物,又称橄榄树,为常

绿小乔木。小枝四棱形。单叶对生，近革质，披针形或矩圆形，上面绿色，下面密生银屑状鳞毛，全缘，内卷。圆锥花序腋生；花两性，白色，有香气；萼4裂；花冠4裂；雄蕊2；子房2室，每室2胚珠。核果椭圆形或近球形，黑色，有光泽。

原产于地中海。我国有引种，栽培于长江以南地区。果榨出的油营养价值高，为食用油。

图3-202 油橄榄

油橄榄一直被看成是希望和和平的象征。古希伯来人的法律甚至规定，禁止损坏任何能结实的油橄榄。油橄榄的祖先是波斯湾沙漠地区的一种灌木，大约8000年前，人们开始在中东一带栽植，后来传到意大利、希腊和西班牙。今天这些地区仍为油橄榄的主要分布区。

知识窗

油橄榄的果实苦涩，必须去掉所含的橄榄苦苷才能食用。果实中含大量油，即橄榄油。橄榄油的味道和色泽因产地而异。西班牙和希腊产的橄榄油色泽金黄，法国的为淡黄色，意大利的为绿色。其味道有水果味、淡辣味和坚果香味等。橄榄油的80%以上为单不饱和脂肪酸，并富含多种维生素。调查显示，地中海沿岸居民多食用橄榄油，其心脑血管病、心脏病、糖尿病、风湿病、高血压及癌症等的发病率是世界上较低的地区之一。

201

（4）奇特的雪柳和流苏树

20世纪80年代，某地曾发布一则新闻，说江西有一种奇特的五谷树，此树若结稻子则当年稻子丰收，若结小麦则小麦丰收。一时众说纷纭。经鉴定,这树是木犀科的雪柳,别名五谷树,所结的果实不是五谷中的任何一种,而是一种带翅的小坚果,只是果不大、密生,有点像谷穗。雪柳(*Fontanesia fortunei* Carr.)为灌木,落叶。叶对生,披针形或卵状披针形,全缘,有光泽;叶柄短。腋生总状或圆锥状花序,花密集,绿白色,有香气,小。小坚果扁,有翅。花期5—6月,果期8—9月。常栽培作观赏树木,北大校园及公园水边多见。

流苏树(*Chionanthus retusus* Lindl. et Paxt.)又称茶叶树,其嫩叶和芽可代茶,种子能榨油食用。20世纪80年代,笔者到河北省青龙县,听说附近的山上有茶树,甚感惊讶,于是抽空前去查访。到了以后,看到3棵树,树高6~7米,叶椭圆形,全缘,对生,较厚。当地人介绍,此树开的花如雪白的小纸条,满树白色。笔者恍然大悟,原来是流苏树。

流苏树(图3-203)的名字源自它的花,其花冠白色,4深裂几乎到基部(几为离瓣花),裂片窄长,呈条状倒披针形,长达2厘米。圆锥花序,花多较集中,盛花时白色的花冠裂片状若流苏,十分好看;花单性,雌雄异株。流苏树集观赏、茶用和油用于一身,十分难得。树枝常作为砧木,嫁接桂花。

北京大学承泽园有一株流苏树,高6~7米,可能有60多年历史。山东省苍山县下村乡有一株流苏,树高20米以上,胸径约1.8米,树龄达千年,堪称流苏树王。因当地人奉为神树,所以才保存至今。

图3-203　流苏树

(5)行道树白蜡树

白蜡树属于梣属,也称白蜡树属。本属有70种,我国全有,分布广。

为落叶乔木或灌木,奇数羽状复叶,圆锥花序,果实顶端有翅。

白蜡树(*Fraxinus chinensis* Roxb.)为落叶乔木。羽状复叶,小叶 5 ~ 9,常为 7,椭圆形或椭圆状卵形。圆锥花序顶生于当年枝上;无花冠。分布于东北、华北、中南至西南地区。北京山区的杂木林中常能看到。木材坚硬,可制农具等。也能放养白蜡虫,白蜡虫的分泌物用于制蜡。

洋白蜡(*F. pennsylvanica* Marsh.,图3-204)也很常见。为落叶乔木,也叫美国红。羽状复叶,小叶 7 ~ 9,披针形、披针状卵形、长圆形或椭圆形;小叶柄短。雌雄异株;圆锥花序,花先叶开放;无花冠。果翅下延,翅果长 2.5 ~ 6 厘米,翅长于果身。洋白蜡原产于北美。北京栽培多,为行道树或园林树。生长快,3 年树冠就能长大。

图 3-204 洋白蜡

北京山区有一种大叶白蜡,拉丁学名为 *F. chinensis* Roxb. subsp. *rhyncophylla*(Hance)E. Murr.。小叶 5,顶小叶特大,宽卵形或倒卵形,边缘有粗钝齿,少全缘。分布广,形态与白蜡树接近。

(6)木犀科要点

木本。叶对生,单叶,少复叶,无托叶。花序多样;花两性,少单性;辐射对称;萼 4 裂,有时多至 15 裂;花冠合瓣,4 裂,有时 12 裂,有时无花冠;雄蕊常为 2,少 3 ~ 5;子房上位,2 室,每室 2 胚珠,少 4 ~ 10。核果、蒴果、浆果或翅果。在上述特征中,应抓住以下几点:木本;叶对生;花冠合瓣,4 裂;雄蕊 2 等。

203

55　高山名花又一家——龙胆科

杜鹃花、报春花和龙胆花为我国西南高山地区的三大名花。龙胆花属于龙胆科,本科约80属900种左右,广布全球。我国有14属350多种,全国分布。最重要的属为龙胆属(*Gentiana*),有500种,广布于温带和热带高山。我国有230种,主要分布在西南高山地区。

(1)龙胆属植物

本属全为草本,茎多直立。叶对生,少轮生,全缘。花多蓝色,两性;萼管状,有5条龙骨状突起或翅,5裂;花冠钟状或漏斗状,5裂,裂片全缘或有睫毛,裂隙多有皱褶;雄蕊5,生于花冠管上;子房上位,1室,柱头2。蒴果,种子极小。常见的有龙胆(*Gentiana scabra* Bge.)、秦艽(*G. macrophylla* Pall.)等。

龙胆(图3-205)又称龙胆草。多年生草本,高达60厘米。根黄白色,绳索状。茎直立,粗壮。叶对生,卵形至卵状披针形,主脉3～5;无叶柄。花多朵簇生茎顶或叶腋,苞片披针形;萼钟状,条状披针形;花冠筒状钟形,蓝紫色,裂片卵形,裂片之间有褶;雄蕊5,花丝基部有宽翅;花柱短,柱头2裂。蒴果矩圆形,有柄。种子多。

分布于东北、浙江。根入药为著名中药,能去肝胆火,主治目赤、咽痛、黄疸、热痢及小便热痛等症。《花镜》卷五说:龙胆草……产齐、鲁及南浙。叶如龙

图3-205　龙胆

葵,味苦如胆。

秦艽(图3-206)与龙胆的不同为:秦
艽有莲座状的基生叶,茎生叶基部连合,
叶片披针形至矩圆状披针形,远长于龙
胆的叶,全缘;花蓝紫色,花萼膜质,于
一侧裂开,花丝基部无宽翅。分布在东
北、华北、西北及四川西北部,生于海拔
2 000~3 000 米的山地林缘和草地。北
京海拔 1 900 米以上的山地草坡中多有,
如东灵山顶峰的草地。

图 3-206　秦艽

秦艽的根入药,有散风除湿、清热利尿和舒筋的作用,用于治疗风湿、
骨关节疼痛。《本草纲目》云:"秦艽出秦中,以根作罗绞文纠者佳,故名秦
艽。"秦艽的根部表面有纵向或扭曲的纵沟,即"罗绞文纠者"。

北京海拔 1 000~2 000 米的山区草地上有一种矮小的龙胆,称鳞叶龙
胆(*G. squarrosa* Ledeb.),高仅 3~5 厘米。叶对生,上部叶匙形,1 脉,基部
连合。花单生枝端,花冠淡紫色,钟形,5 裂。蒴果外露。花期 4—7 月,果
期 7—8 月。分布于东北、华北及西南地
区。本种为山地杂草,但花小巧玲珑,
可移植。

(2)扁蕾

扁蕾[*Gentianopsis barbata*(Froel.)
Ma,图3-207]为两年或多年生草本,高
不过 40 厘米,有分枝。叶无柄,基生叶
匙形或条状倒披针形,早枯死;茎生叶
4~10 对,条状披针形。花单生枝端,花
冠钟形,淡蓝紫色,4 裂,裂片阔椭圆形,

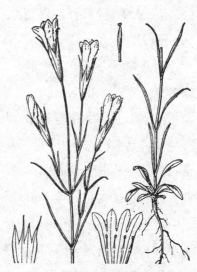

图 3-207　扁蕾

无褶;子房圆柱形。蒴果有长柄,种子多。花期4—8月,果期9月。

分布于东北、新疆、甘肃、河南和河北等地,北京山区也有。可作观赏花卉。

扁蕾与龙胆属植物相似。区别特征为:扁蕾萼内膜小,三角形,花冠无褶,基部有小腺体,花萼和花冠均4裂;龙胆属萼内膜管形,花冠有褶,基部无腺体,花萼和花冠5裂,明显不同。

(3)花锚和当药

花锚[*Halenia corniculata*(L.)Cornaz.,图3-208]属于花锚属,分布很广。最大特点是花冠裂片4,各有一角状物,即距,酷似船上的铁锚,为识别标志。一年生草本,高达70厘米。叶对生,下部叶匙形,上部叶椭圆状披针形。顶生伞形花序,或花序腋生;萼裂片4;花冠钟形,褐黄色,裂片4;子房卵圆形,无花柱,柱头2裂。蒴果长圆形,种子多。花期7—8月,果期9—10月。

图3-208 花锚

南北均有分布。北京东灵山、百花山等海拔1 400米以上的草地或林缘多见。

北京山区有一种当药[*Swertia diluta*(Turcz.)Benth. et Hook. f.],属于獐牙菜属。茎多分枝。叶对生,长披针形。花淡蓝色,5裂,内侧基部有2腺窝;雄蕊5;无花柱,柱头2。蒴果卵圆形,种子多。分布于东北、华北和西北。北京山区常见。生于山地林下或草坡上。

肋柱花[*Lomatogonium rotatum*(L.)Fries]的形态与当药接近,但它的柱头沿子房缝线下延,花冠辐状;茎少分枝;叶稍短。此为二者的主要区别。分布在东北、华北和西北。北京百花山、八达岭一带有,但比当药少些。

（4）水中的龙胆科植物

常见的是荇菜 [*Nymphoid peltatum* (Gmel.) O. Ktze.，图3-209]，也称莕菜。多年水生草本。茎圆柱形，多分枝。沉水，有不定根。叶漂浮水面，圆形，基部深心形；上部叶对生，其他叶互生；叶柄基部鞘状抱茎。花腋生，成束，有长花梗；两性；萼片5，几乎分离，卵状披针形；花冠辐状，黄色，喉部有长毛，5裂几至基部，裂片卵圆形，钝尖，边缘具齿毛；雄蕊5，生花冠基部，花丝短；蜜腺5，生子房之下；子房1室，花柱瓣状2裂。蒴果扁卵圆形，不裂。种子多，有翅。花果期7—9月。

图3-209　荇菜

分布广，欧洲及亚洲的多国都有。多生于池塘、湖泊等静水边。北京大学未名湖常见。全草为饲料，入药有解热利尿作用。嫩叶可作蔬菜，加米煮羹为南方名菜。

（5）龙胆科要点

草本。叶对生，单叶，无托叶，全缘。聚伞花序或花单生；两性；萼4~5裂；花冠合瓣，辐射对称，裂片4~5；雄蕊4~5，生花冠管上；子房上位，心皮2，1室，侧膜胎座，胚珠多。蒴果2裂，多室间开裂，种子小而多。

56　夹竹桃科多乳汁

夹竹桃科多含乳汁，这是鉴别本科的重要依据之一。卫矛科的扶芳藤与本科的络石均为藤本，叶对生，区别之一就是络石有乳汁。本科有 250属 2 000 多种，大多分布在热带和亚热带地区。我国有 46 属 140 多种，多分布在南方。

（1）美丽的有毒植物

夹竹桃（*Nerium indicum* Mill.，图3-210）为灌木，含乳汁。叶 3~4 个轮生，窄披针形，较硬质。聚伞花序顶生，有花数朵；萼 5 裂，裂片紫红色；花冠深红色，多重瓣，裂片 3 轮，基部合成漏斗状；雄蕊生花冠筒中部，花药基部有尾状附属物，顶端有丝状附属物。蓇葖果圆柱形。种子顶端有毛，黄褐色。花期 6—8月，果期 7—10 月。

图 3-210 夹竹桃

夹竹桃原产于阿富汗、伊朗和印度，世界广为栽培。我国早已引种。元代诗人李开元曾这样描写它："阶下竹抽桃，雨余生意饶。日留丹灼灼，风散篆萧萧。""竹抽桃"意为叶似竹、花如桃。夹竹桃能吸收二氧化硫、氯气、烟尘等有害物，适宜在工矿区栽种。全株有毒，含强心苷，人畜误食均有危险，因此不能栽在饮水源附近，也不宜用于室内盆景。

断肠花（*Beaumontia brevituba* Oliv.，图 3-211）的叶和乳汁均含强心苷，误食会致死，故名断肠花。木质大藤本，有乳汁。叶对生，倒披针形或矩圆状倒卵形。聚伞花序，有 4~10 花，花梗长 7 厘米；花白色，有香气；花冠钟状，裂片 5，

图 3-211 断肠花

向右覆盖,展开后可达 10 厘米;雄蕊 5,有 5 个肉质腺体组成的花盘;心皮 2,合生。蓇葖果合生,木质,圆柱形。种子矩圆形,有白绢毛,毛长达 4 厘米。分布于海南,生于山林中。

（2）几种药用植物

罗布麻（*Apocynum venetum* L.,图 3-212）为直立亚灌木,有乳汁。叶对生,叶片长椭圆形或长圆状披针形,有短柄。聚伞花序顶生,苞片披针形;萼 5 深裂;花冠钟状,裂片 5,粉红色;雄蕊 5,生花冠筒基部;心皮 2,离生,胚珠多。蓇葖果 2 个,长棒状,下垂。种子多,有毛。花期 6—7 月,果期 7—8 月。

图 3-212 罗布麻

分布在东北、华北、西北和华东。北京也有。生于平原河滩边及荒地,卢沟桥下就有。韧皮纤维可用于纺织和造纸。叶药用,可治高血压、神经衰弱等症。因形态似夹竹桃,故称草夹竹桃。

长春花[*Catharanthus roseus*(L.)G. Don,图 3-213]为多年生草本或半灌木,有乳汁。叶倒卵形或长椭圆形,对生。花单生,或聚伞花序有 2～3 花;花冠红色,高脚碟状。蓇葖果双生,直立,圆柱形。种子多粒,黑色。花期 7—9 月,果期 9—10 月。

原产于南非,世界广为栽培,为观赏花卉。植株含长春碱,有降血压和抗癌的功效。

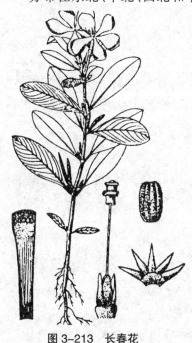

图 3-213 长春花

209

广州一带的鸡蛋花(*Plumeria rubra* L. cv. Acutifolia,图 3-214)为红鸡蛋花的栽培变种。落叶小乔木。枝粗壮,带肉质。叶长圆状倒披针形。聚伞花序顶生,花白色带红色;心皮 2。蓇葖果双生,叉状,长圆形。种子多,顶端有翅。花期 5—10 月,果期 7—12 月。原产自南美,北京有栽培,供观赏。鲜花含芳香油,为高级香精原料。

图 3-214　鸡蛋花

萝芙木(见图 1-4)也属于本科,直立灌木,高达 3 米,有乳汁。单叶对生或 3~5 叶轮生,长椭圆状披针形。聚伞花序,花白色;花冠裂片 5,向左覆盖;心皮离生。核果卵形,离生,熟时紫黑色。分布在华南、西南至台湾,生于山沟或山坡林下。根含利血平,可治高血压、黄疸型肝炎。利血平就是"降压灵"等药物的有效成分。

(3)夹竹桃科要点

有乳汁。叶对生、轮生或互生,单叶全缘,无托叶。花两性,辐射对称;花冠合瓣,常 5 裂,裂片旋转排列,无副花冠;雄蕊 5,生花冠上,花粉粒状,花药箭头形;有下位花盘;子房上位至半下位,心皮 2,离生或合生,1~2 室。蓇葖果或浆果、核果、蒴果。种子有毛。

其中有乳汁、合瓣花、花粉粒状、无副花冠为重要特征,后两点是本科与萝藦科的重要区别。

57　萝藦科花奇特

本科的花两性,伞形、聚伞或总状花序;萼筒短,常 5 裂;花冠合瓣,辐状或坛状,裂片5;常有副花冠,由5个离生或基部合生的裂片或鳞片组成,生于花冠筒上、雄蕊背部或合蕊冠上;雄蕊5,花药与柱头黏合成合蕊柱,或花丝合生成筒包围雌蕊,称合蕊冠;花粉结合,包被于柔韧的薄膜内,呈块状,称为花粉块;具有载粉器,下面连于着粉腺上;无花盘。这种花十分独特,其关键特征为:花丝合生,花药与柱头黏合,花粉组成花粉块。

(1)代表植物马利筋

马利筋(*Asclepias curassavica* L.,图3-215)又称莲生桂子花,属于马利筋属。多年生草本,有乳汁。叶对生,披针形或长圆状披针形,全缘。聚伞花序顶生或腋生,有花10~20朵;花萼5裂,里面有腺体;花冠紫红色,5裂,裂片长圆形,反卷;副花冠5,金黄色,匙形,有柄;雄蕊5,生花冠基部,花丝合生,花药合生,花药2室,每室花粉块1,长圆形,下垂,

图3-215 马利筋

着粉腺紫红色;子房上位,心皮2,离生,花柱合生,柱头5角状裂。蓇葖果角状,两端尖。种子顶端具白绢毛。花期8—9月,果期9—10月。

原产于中美洲西印度群岛。我国有3种,北京多为盆景。全株有毒,入药能治四肢浮肿、肺炎等。

(2)独特的杠柳

杠柳(*Periploca sepium* Bge.)在本科比较特殊,为木质藤本。此外,花粉不形成花粉块,而为四合花粉,藏于匙形载粉器上,花丝分离。

杠柳(图3-216)有乳汁。叶对生,长圆形或长圆状披针形,全缘,上面常有光泽;叶柄很短。聚伞花序腋生,生花数朵,有细花梗;花萼5裂,裂片卵圆形,里面基部有10个腺体;花冠紫红色,辐射状,裂片5,中间加厚,反

卷,内面有柔毛;副花冠环状,生花冠基部,10 裂,其中 5 个延伸成丝状并向内弯曲;雄蕊 5,花丝短,离生,背面与副花冠合生,花药卵圆形,背面有毛,腹面合生并与花柱贴生;心皮 2,离生,柱头盘状,2 裂。蓇葖果双生,圆柱形。种子多数,长圆形,顶端有白绢毛。花期 5—6 月,果期 7—9 月。

图 3-216 杠柳

杠柳分布在东北、华北、华东及陕西、甘肃、四川等地。北京山区多见,平原也有。北京大学也有。为庭园绿化植物。根皮和茎皮入药称香加皮,有祛风湿、强筋骨的作用。采药人称,新鲜的根皮有花生味。

(3)解毒治痛的良药徐长卿

徐长卿[*Cynanchum paniculatum*(Bge.) Kitag.,图 3-217]为多年生直立草本,高达 1 米。根须状,有气味。茎常无分枝。叶对生,条状披针形。伞房状聚伞花序顶生或腋生;萼裂片披针形,绿色;花冠 5 裂,裂片黄绿色,长圆形;副花冠 5 裂,裂片卵形;药隔顶端的膜片比花药短,花粉块纺锤形,下垂;子房上位,心皮 2,离生,柱头合生,五角状,顶端稍突起。蓇葖果刺刀形。种子矩圆形,顶端有白绢毛。花期 6—8 月,果期 7—9 月。

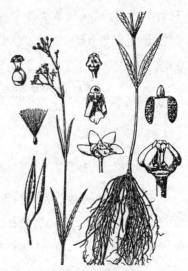

图 3-217 徐长卿

分布几乎遍布全国。北京山区多见。生于山地林下或草坡中。根状茎和全草入药,有祛风止痛、解毒消肿的作用,用于风湿痹痛、胃痛胀满及牙痛腰痛等。李时珍曾说:徐长卿,人名也。常以此药治邪病,人遂以名之。

(4)能乌发的白首乌

白首乌(*C. bungei* Decne.,图3-218)为攀缘草本。块根粗壮。茎细。叶对生,戟形,基部心形,有短腺毛;叶柄长2厘米。伞状聚伞花序腋生;萼5深裂,裂片披针形;花冠5裂,白色,裂片长圆状披针形,反卷;副花冠5深裂,裂片披针形,里面有舌片;雄蕊5,花丝合生,每药室1个花粉块,下垂;子房上位,柱头基部5裂,顶部全缘。蓇葖果,长角状。种子卵形,顶端有白绢毛。花期6—7月,果期7—9月。

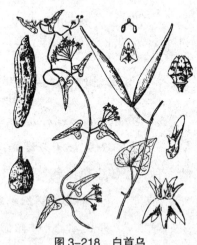

图3-218 白首乌

分布于东北、华北及河南、山东、陕西等地。北京山区多见于山林及路边的灌木丛中。块根入药,有补肝肾、养血敛精的功效。山东泰山一带视此药为补药,与蓼科的何首乌齐名。据说可治疗少年白发。

徐长卿和白首乌都属于鹅绒藤属。此属在萝科中为大属,有约200种。我国有50多种,分布全国。常见种类还有地梢瓜、白薇和白前等。

白薇(*C. atratum* Bge.)因根细且为白色而得名。直立草本,须根有香气。茎密生细毛。叶对生,宽卵形或卵状椭圆形,较厚质。花黑紫色。蓇葖果单生,角状。花期5—7月。分布广,北京山区习见。全株药用,可治肾炎等。

白前[*C. glaucescens*(Decne.)Hand. -Mazz.]为直立矮灌木。叶较小,对生,矩圆形或矩圆状披针形。花冠黄色,辐状。蓇葖果单生,纺锤形。种子顶端有白毛。分布在长江以南地区。习生河边沙石带。须根入药,有止

213

咳祛痰的作用。

地梢瓜[*C. thesioides*（Freyn）K. Schum.]为直立草本，茎细。叶对生，狭条形。花冠绿白色，副花冠杯状，裂片三角状披针形。蓇葖果纺锤形，中部膨大。种子卵形，顶端有白绢毛。花期6—8月，果期8—10月。分布于东北、华北、华东及西北。北京山区和平原均多见。全草及果均入药，有清热降火、生津止渴的作用。果可食。

（5）婆婆针线包——萝藦

萝藦[*Metaplexis japonica*（Thunb.）Makino，图3-219]属于萝藦属，为本属代表种。多年生草质藤本，有乳汁。叶对生，宽卵形或长卵形，全缘，基部心形，上面绿色，下面粉绿色；叶柄长。总状聚伞花序腋生，有花多朵；萼5裂，绿色；花冠钟状，5裂，裂片内面有毛，端部反卷；副花冠杯状，5浅裂，生于合蕊冠上；花粉块黄色，每室1个，下垂；子房上位，心皮2，花柱延伸于花药之外，2裂。蓇葖果双生，纺锤形，表面有瘤状突起。种

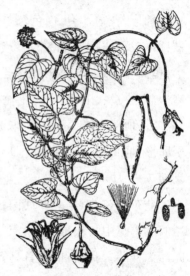

图3-219　萝藦

子扁平，卵形，边有窄翅，顶端有白绢毛。花期6—8月，果期7—9月。

分布于东北、华北、华东及西北等地，河南、贵州也有。北京山地多，平原也有。北京大学校园内常见。全草和根入药，有补精益气作用，用于虚损劳伤、乳汁不通、丹毒疮肿等。果皮能止咳化痰，种毛能止血。因蓇葖果内的种子有白毛，像绒团，果实像装针线的包，民间称之为婆婆针线包。

识别萝藦注意以下几点：首先是藤本、有乳汁；其次是叶对生，叶片长卵形，上面中脉靠近下部处常呈淡紫色；再次是果实纺锤形，果皮外有瘤状突起。

(6)萝藦科要点

认识萝藦科最好与夹竹桃科联系起来。两科的共同点为都有乳汁,叶多对生,花两性,5基数,果实为蓇葖果。不同之处为:夹竹桃科的花粉粒状,不结成花粉块,花丝离生;萝藦科的花粉多结合成花粉块,花丝合生或离生,常有副花冠。此外,萝藦科多为缠绕藤本。

58　开喇叭花的旋花科

旋花科几个属的花冠均为漏斗状,极像喇叭,有的就叫喇叭花。本科有50多属1 800种左右,分布于热带、亚热带和温带。我国有20多属100多种,分布全国。重要属有番薯属、旋花属、打碗花属和莛萝属等。

(1)牵牛

根据《中国植物志》,牵牛[*Ipomoea nil* (L.) Choisy,图3-220]属于番薯属,为一年生草质缠绕藤本,又称喇叭花。叶互生,宽卵形或近圆形,常3裂,少5裂,先端裂片长圆形或卵圆形,侧裂片较短,三角形;叶柄长6~15厘米。花序或单花,均腋生;苞片2,披针形;花两性;萼片5,披针形,不反曲,基部有短毛;花冠蓝紫色或粉红色,漏斗状;雄蕊5,不等长;子房无毛,柱头头状,3室,每室2胚珠。蒴果近球形。种子卵状三角形,黑褐色或米黄色。花期6—9月,果期7—10月。

图3-220　牵牛

原产于热带美洲,我国分布广。山野田边均有。北京各公园常栽培于篱笆或墙边,供观赏。种子为常用中药,称牵牛子,有黑丑、白丑之分。多用黑丑,能泻水利尿。陶弘景曰:此药始出田野,人牵牛易药,故以名之。牵牛还是监测光化学烟雾的指示植物。

京剧大师梅兰芳生前十分喜爱牵牛花,不仅自己栽种,还培育出了多个不同花色的品种。每到花盛放时,总邀齐白石、徐悲鸿、张大千等前来赏花作画。他认为,牵牛花是勤劳的使者,每天早上开出小喇叭状的花,似雄鸡高啼,催人奋起。

近缘种为圆叶牵牛[*I. purpurea*(L.)Voigt,图 3-221]。叶圆心形,全缘。萼片椭圆形;花冠漏斗状,紫红色或粉红色,花冠筒近白色;雌蕊由 3 心皮合生成,3 室,每室 2 胚珠,柱头 3 裂。蒴果近球形,离轴开裂。种子三棱状卵形。花期 6—9 月,果期 9—10 月。原产于南美洲。我国分布广。北京常栽培作为观赏花卉。种子也可入药,有祛痰利尿的作用。

图 3-221　圆叶牵牛

(2)食用植物——番薯和蕹菜

番薯属还有经济植物番薯[*I. batatas*(L.)Lam.,图 3-222]和蕹菜(*I. aquatica* Forsk.)。

番薯又称白薯、红薯,为一年生草质藤本。块根粗壮,长圆形或其他形状,

图 3-222　番薯

白色、肉色或黄色。茎匍匐或稍向上。叶片多为宽卵形，基部心形。聚伞花序腋生；萼片5；花冠钟状，白色或粉红色、淡紫色；雄蕊5；子房2室。蒴果卵形，被假隔膜隔成4室。种子多为2，有时4。花期7—8月。

原产于南美洲，世界栽培广。我国各地多栽培。性喜热，不抗寒，所以不宜种植在高海拔地区。块根富含淀粉。

蕹菜又称空心菜，为一年生蔓生草本。全株光滑，茎中空，匍匐地上或浮在水面。叶互生，椭圆状卵形或长三角形，全缘或呈波状，基部心形或戟形；叶柄长。聚伞花序腋生；花两性；萼片5；花冠漏斗状，白色或紫色，5浅裂；雄蕊5；子房2室，柱头有2裂片。蒴果卵球形。种子卵圆形。南方广为栽培，嫩茎叶为蔬菜，北京菜市场上常见。全草入药，可解饮食中毒。

趣闻轶事

番薯是哥伦布在美洲大陆发现后传入西班牙，再由西班牙传入欧洲、亚洲的。明代时由菲律宾传入我国。传说明万历年间，福建省长乐人陈振龙在菲律宾经商时，看到那里的人把番薯当粮，想到国内经常闹饥荒，就打算引进。当时菲律宾严禁出口，陈振龙想方设法弄到番薯藤，将它放到吸水绳中带回福建，然后在福州城外试种。万历22年福建出现大饥荒，陈振龙之子陈经纶向福建巡抚金学曾推荐番薯，于是各县开始种植，当年收益很好，使福建顺利渡过粮荒。后来，人们修建先薯祠来纪念金、陈等人，番薯也迅速传至国内许多省市。

（3）形态相似的田旋花和打碗花

这两种植物在北京荒地上都很常见，属于旋花科的不同属。田旋花（*Convolvulus arvensis* L.，图3-223）又称箭叶旋花，属于旋花属。打碗花（*Calystegia hederacea* Wall.，图3-224）又称小旋花，属于打碗花属。鉴别时，应把握它们的关键差异。

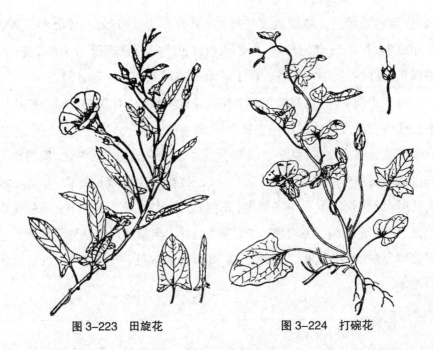

图 3-223　田旋花　　　　　　　　图 3-224　打碗花

　　旋花属的花梗上有 2 个小苞片,苞片距花基部较远;打碗花属的花梗上也有 2 个苞片,但苞片比较大,并且紧贴花萼。这一点至关重要。除此之外,这两种植物的叶形也有差异。田旋花的叶戟形,全缘或 3 裂,侧裂片展开,中裂片狭长,披针形或长椭圆形、卵状椭圆形;打碗花的叶近椭圆形,全缘,基部心形,茎上部的叶三角状戟形,侧裂片开展,常 2 裂,中裂片卵状三角形。只要细心对比,就能抓住要害。

　　从分布上看,打碗花分布全国各地;而田旋花分布东北、华北、西北以及河南、山东、四川和西藏,比打碗花分布略窄些。北大校园常见。两种植物均可入药,打碗花有调经活血、滋阴补虚的功效。

(4)旋花科要点

　　多为草本,多有乳汁。茎多缠绕,也有平卧或匍匐的,稀直立。部分种有块根。单叶互生,叶基心形或戟形,无托叶。单花或组成花序,花序多种,苞片成对;花两性,辐射对称,5 基数;花冠漏斗状或高脚碟状,开花前旋转;花盘环状或杯状;子房上位,2~3心皮合生,1~4室,中轴胎座,每室2胚珠。浆果或蒴果,室背开裂或周裂、盖裂。种子三棱形。

59　唇形科具6大特征

唇形科特征突出,有人总结出6大特征:第一,几乎全为草本,有浓香;第二,茎四棱形;第三,叶对生;第四,花冠合瓣,唇形花冠;第五,二强雄蕊(4个雄蕊,2个较长);第六,4个小坚果,由2心皮合生,中轴胎座,2室,每室2胚珠,子房多4全裂,果实十字形,成熟后全裂成4小坚果。

在上述特征中,只凭某个特征难以鉴定是否为唇形科植物。例如,玄参科和爵床科的一些种类也为唇形花冠;玄参科植物也是二强雄蕊;紫草科也具4小坚果。如果具4小坚果,但有叶对生、二强雄蕊等特征,则能判断不属于紫草科。因此,这六大特征应综合起来考察。

(1)益母草为代表

益母草(*Leonurus japonicus* Houtt.,图3-225)为两年生直立草本,高1米以上。茎四棱,有倒向短柔毛。下部叶近掌状分裂;茎中部叶3全裂,裂片长圆状菱形,又羽状分裂,裂片宽条形,有少数齿或全缘。轮伞花序腋生,有花8~15朵,苞片针刺状;花萼筒状钟形,外有伏毛,5脉,齿5,前2齿靠合;花冠粉红或淡红色,二唇形,上唇长圆形,向上直伸,外有白色长毛,下唇3裂,中裂较大,呈倒心形,下唇与上唇约等长;雄蕊4,为

图3-225　益母草

二强雄蕊,前对雄蕊与后对雄蕊平行排列于上唇之下;花柱先端2等裂。4小坚果,先端平截,长圆状三棱形,基部楔形,淡褐色,光滑。花期7—9月,果期9—10月。

益母草分布广,全国均有。生于山地或平原荒地。北京习见,生于荒地或路边。北京大学校园内也有。秋季果实成熟后落地生苗,以苗越冬,次年春返青、抽茎,七八月开花结实。全草入药,为妇科良药,有调经活血的作用,可治月经不调、产后瘀血腹痛、小便不畅。果实称"茺蔚子",入药有活血调经、清肝明目的作用,治目赤肿痛、高血压。传说武则天养颜秘方的主要材料就是益母草。

(2)雄蕊2个的鼠尾草

唇形科的有些属只有2个雄蕊,另2个退化,如鼠尾草属等。本属有700多种,我国78种。常见种类有丹参(*Salvia miltiorrhiza* Bge.)、鼠尾草和一串红等。

丹参为多年生草本。根肥厚,外皮朱红色,里面白色。茎高达80厘米,四棱形,密生长柔毛。奇数羽状复叶,对生,小叶3~5个,偶7个;小叶片卵形或椭圆状卵形,两面有毛。轮伞花序,组成顶生或腋生总状花序,密生腺毛和长柔毛,苞片披针形;萼钟形,紫色,外有腺毛;花冠蓝紫色,二唇形,上唇镰刀状,下唇较短,3裂,中间裂片大;能发育的雄蕊2个,伸至上唇内;花柱伸出花冠外,先端不等2裂。4小坚果,果椭圆形,黑色。花期4—7月,果期7—8月。

分布于东北、华北、华东及中南地区。生于山坡林下或沟谷。北京低山区多见。根形似人参,皮丹肉紫,故有丹参、赤参、紫丹参等名称,为活血祛瘀要药,用于月经不调、胸腹刺痛和心绞痛等症。

知识窗

丹参花比较特殊,有2个能育、呈杠杆形的雄蕊。雄蕊生于花冠筒上,花药2室,1个退化,1个药隔伸长成杠杆形,藏于上唇之内。两个雄蕊并排生于花冠筒内。当昆虫前来采蜜时,触动无花粉的药室一端,借杠杆的作用,另一端有花粉的药室扑打在昆虫背部,就将花粉抹在昆虫背部。当带花粉的昆虫再去另一花朵时,若该花雌蕊先熟,其花柱就从花冠上唇伸至花冠筒口部,这样昆虫背部的花粉就涂抹在柱头上,完成异花传粉。丹参花的特点一方面是杠杆形雄蕊,另一方面是各花的雄蕊、雌蕊不同时成熟,以避开自花受粉。因此杠杆形雄蕊的产生也是一种适应。

荔枝草(*S. plebeia* R. Br.)又称雪见草,为两年生草本。叶对生,椭圆状卵圆形或椭圆状披针形。轮伞花序集成圆锥花序,顶生;花小,淡紫蓝色;二唇形;能育雄蕊2个。小坚果倒卵圆形。花期4—5月,果期6—7月。全国大部地区有分布。北京山地和平原常见。全草入药,可治跌打损伤。

图3-226　一串红

一串红(*S. splendens* Ker. -Gawl.,图3-226)为常见草本花卉。轮伞花序组成总状花序,顶生;苞片、花萼和花冠均为鲜红色。为鸟媒植物。原产于巴西,我国栽培广。节日期间常用于摆花坛,能增添喜庆气氛。

(3)黄芩是好药

唇形科与伞形科一样,具有多种重要的药用植物,除了已经提及的益母草和丹参外,著名的还有黄芩、薄荷、藿香、夏枯草、荆芥和紫苏等。

黄芩(*Scutellaria baicalensis* Georgi,图3-227)为多年生草本。根状茎

第三章　常见科的鉴别

肥厚,地上茎多分枝。叶对生,披针形或条状披针形,全缘,下面密生腺点。花序顶生,圆锥状,下部苞片叶状;花萼结果时增大;花冠合瓣,紫色、紫红色或蓝色,二唇形,上唇微裂,下唇3裂,中裂片近圆形;雄蕊4,前对较长;子房4裂,花盘环状。小坚果卵圆形,有瘤。花期7—9月,果期8—9月。

图3-227 黄芩

分布于东北、华北及河南、山东、陕西、甘肃和四川等地。根入药,为著名泻火药。传说李时珍年轻时曾发热咳嗽,皮如火烧,口干难忍,用了多种药均无效。其父多方查考后,用黄芩将他治愈。黄芩在北京山区分布也很广,海拔200~1 000米处都有。民间多用其叶代替茶叶,以清热去火。

(4)唇形科要点

鉴别时除观察特征外,还可以闻一闻。唇形科含挥发油,类似薄荷。观察过程中可与玄参科、马鞭草科等进行对比。这两个科的许多种叶对生,花冠唇形,但不为4小坚果。爵床科多为草本,叶对生或轮生,花冠二唇形;二强雄蕊或雄蕊2;心皮2,子房上位;果实不为4小坚果,而为蒴果,种子生于胎座的钩状突起或杯状突起上。紫草科植物有4小坚果;但花冠辐状,不为二唇形;叶互生。通过细心地观察与比较,相信收获会不小。

60 茄科经济植物多

茄科约80属3 000种,分布广,以美洲热带居多。我国有20多属100

多种。本科有不少重要的经济植物。

（1）马铃薯和茄

马铃薯（*Solanum tuberosum* L.）和茄（*S. melongena* L.）都属于茄属。本属2 000多种，是茄科的重要属和大属。

马铃薯（图3-228）又称土豆、洋芋、山药蛋，为一年生草本。块茎椭圆形或扁球形。奇数羽状复叶，小叶大小相间排列，6～8对，卵形至长圆形。伞房花序顶生，花白色或蓝紫色；萼钟状；花冠辐状，5浅裂；雄蕊5，花药顶孔开裂；子房由2心皮组成，中轴胎座，2室，胚珠多。浆果圆球形，表面光滑。花期7—8月，果期8—9月。

图3-228 马铃薯

马铃薯原产于美洲热带的山地。世界广为栽培，以山区为多。块茎含大量淀粉，可代粮食也可作蔬菜。马铃薯的别名很多，如秘鲁的印加人呼之为"爸爸"，法国人称"地苹果"，意大利人称"地豆"，美国人叫"爱尔兰豆薯"。马铃薯被列为五大粮食作物之一（其余为小麦、水稻、玉米和燕麦），欧美国家多离不开它。1847年爱尔兰马铃薯染病绝收，竟饿死了上百万人，许多人逃亡海外。

马铃薯块茎营养丰富，含蛋白质、糖类、脂肪、粗纤维、钙、磷、铁及多种维生素，被营养学家誉为"十全十美"的食物。研究表明，马铃薯含钾丰富，可治消化不良。

茄（图3-229）又称茄子，为一年生草本。小枝紫色，枝、叶和花柄都有星状毛。叶互生，卵形至长圆状卵形，较大，边缘呈波状。花两性；花冠辐状，紫色，裂片5，三角形；花柱中部以下有星状毛，柱头浅裂。浆果大小和形态有变异，紫色或绿白色，萼宿存。花果期6—9月。

223

茄原产自亚洲热带。我国栽培历史悠久，果实为重要蔬菜之一，古代称之为"落苏"，也称"酪酥"。现在的茄皆为草本，而古书多称它为"树"。例如，唐代的《酉阳杂俎》一书说：岭南茄子，宿根成树，高五六尺，姚向曾为南选史，亲见之。茄原产于热带，如果水土适宜，也许会长成树。果实营养丰富，含蛋白质、脂肪、糖类、矿物质及维生素，尤其是紫色茄子。其中的维生素 P 能减少毛

图 3-229　茄

细血管出血，可以预防脑溢血、视网膜出血等疾病。

珊瑚樱(*S. pseudo-capsicum* L.)也属于茄属，又称冬珊瑚。为落叶小灌木。叶互生，狭长圆形或披针形。花单生，少成花序；花小，白色；花冠 5 裂。浆果橙红色。果期 8—10 月。果实鲜红，有毒，可供欣赏。

茄属的主要特征有：花 5 基数，花冠合瓣，辐射对称，5 裂；雄蕊 5，花药顶孔开裂；子房 2，心皮合生，中轴胎座，2 室，胚珠多数；浆果。

（2）番茄

番茄(*Lycopersicon esculentum* Mill.)又称西红柿，属于番茄属。本属与茄属不同，表现在花药不是顶孔开裂，而是纵裂，并且花药顶端延长成尖状。如果只区分番茄和茄，可以观察叶，茄为单叶，番茄为羽状复叶。

番茄(图 3-230)为一年生草本，植株有黏腺毛，气味强烈。羽状复叶或羽状深裂，边缘有不规则锯齿或裂，小叶卵

图 3-230　番茄

圆形或长圆形。花黄色,聚伞花序腋生;萼5～6裂;花冠辐状,5～7深裂;雄蕊5～7。浆果近球形或稍扁,红色或黄色。花期4—7月,果期7—9月。

栽培很广,冬季常栽于温室内。番茄富含多种维生素,蛋白质、脂肪、糖类及矿物质的含量也很丰富。番茄中的维生素C在加热后虽有损失,但其他抗氧化剂的含量却显著提高。其所含的苹果酸、柠檬酸有助于消化。

趣闻轶事

番茄原产于南美洲的秘鲁和墨西哥一带,生于森林中。16世纪从美洲传到欧洲。欧洲人将其作为观赏植物,它结的果实虽很好看,却被视为毒物,取名为"狼桃"。18世纪末,法国一画家自告奋勇,要尝一尝这果实的味道,结果并没有被毒死,自此以后人们才开始食用番茄。

(3)枸杞是个宝

枸杞(*Lycium chinense* Mill.,图3-231)为落叶灌木。枝条细长,有刺。叶互生或于短枝上簇生,叶片卵形或卵状披针形,全缘。花1～4簇生叶腋;萼钟状;花冠小漏斗状,淡紫色,5深裂,裂片带绿色;雄蕊5,花药纵裂。浆果卵状长圆形,鲜红色,称"枸杞子"。种子扁肾形,黄色。花期6—9月,果期8—11月。

图3-231 枸杞

分布于东北、华北、华中、华南、西南、华东及西北多区域。生于山坡、荒地。也有栽培。北京山区及平原均有。枸杞果实入药为补品,有滋肝补肾、明目益精的功效。许多延年益寿的名方中均有枸杞子。嫩叶可食。陆游曾作诗说枸杞:"雪霁茅堂钟磬清,晨斋枸杞一杯羹。"

近缘种为中宁枸杞(*L. barbarum* L.),又称宁夏枸杞。比上种粗壮,高

225

可达 2.5 米。叶较短较窄。花冠筒部稍长于裂片,粉红色或紫红色,5裂,裂片无缘毛。浆果宽椭圆形,红色。花期5—9月,果期6—10月。分布于华北和西北。北京有栽培。果实入药与上种相同。根皮称地骨皮,入药有清热凉血作用。

(4)辣椒功不可没

辣椒(*Capsicum frutescens* L.,图3-232)为一年生草本或亚灌木。叶片长圆形或卵形,全缘。花单生叶腋;萼杯状;花冠白色;雄蕊5,花药纵裂,紫色。浆果下垂,形状多种,成熟后红色、橙红色或紫色。种子扁,淡黄色。花果期5—11月。原产于南美洲,世界广泛栽培。我国南方栽培广。

常见的变种有大辣椒和朝天椒。大辣椒又称灯笼椒、柿子椒,果球状、圆柱形至扁球形,味道甜中带辣。朝天椒果

图3-232 辣椒

直立,较小,圆锥状,成熟后红色或紫色。也可作盆景观赏。

南美一带很早就栽种辣椒,15世纪时哥伦布将其带到欧洲。明末清初传入我国。明末高濂曾说:番椒丛生,白花,子俨然秃笔头,味辣,色红,甚可观。辣椒深受国人喜爱,尤其在四川、湖南、江西和陕西等省,这与当地的气候有关。吃辣椒可避寒气,并增进食欲。有研究显示,辣椒提高了古人对艰苦环境的适应能力,对人类进化有积极作用。

(5)长红灯笼的锦灯笼

酸浆属有120种,我国5种,最常见的是锦灯笼(图3-233)。锦灯笼[*Physalis alkekengi* L. var. *franchetii*(Mast.)Makino]为多年生草本,高可达

60厘米。根状茎横走,地上茎直立。下部叶互生,上部叶假对生;叶片长卵形、宽卵形至菱状卵形,基部偏斜。花单生叶腋;萼钟状,5裂;花冠辐状,白色;雄蕊5,生花冠基部。浆果球形,橙红色,萼膨大包围果实。花期6—9月,果期7—10月。

图 3-233 锦灯笼

分布在南北各省,北京多见。生于田边、路边或荒地。果实可食,又称红姑娘。由于萼膨大,红色,似灯笼,故名锦灯笼、挂金灯,为酸浆的一个变种。萼及果入药,有清热解毒的功效。

茄属、番茄属、枸杞属、酸浆属和辣椒属的共同点是具有浆果,可食。茄属和番茄属的雄蕊靠合且贴着花柱,但茄属花药顶孔裂,番茄属花药纵裂。其余3个属的花药分离。不同点为酸浆属的花萼在结果时膨大,包围果实;枸杞属和辣椒属的花萼不膨大;枸杞属为木本,花紫色,而辣椒属为草本,花白色。这不仅是这几个属的区别,也是许多植物的重要区别。

茄科有些属的果实为蒴果,如烟草属、曼陀罗属。

(6)神奇的烟草

烟草(*Nicotiana tabacum* L.,图 3-234)为一年生草本,高达 2 米,全株有腺毛。叶长圆形或长圆状披针形,叶柄不明显。圆锥花序顶生;萼筒状或筒状钟形,5 裂;花冠漏斗状,5 裂,稍弯,粉红色;雄蕊 5,有 1 个小于其他 4 个。蒴果卵形或长圆形。种子圆形。花期 7—9 月,果期 8—

图 3-234 烟草

10月。

趣闻轶事

哥伦布到达美洲后,发现当地的印第安人经常吞云吐雾,后来才知道是吸烟。欧洲人也学着抽,感到很提神,就带回欧洲,然后逐渐传到世界各地。烟草传入我国大概在明代中后期。《本草纲目拾遗》引张景岳曰:此物自古未闻,近明万历时出于闽广之间。崇祯时曾严禁不止。

原产于南美洲。我国栽培广,北京各区均有。烟草叶为制香烟的原料,也可入药,是一种麻醉剂。全草含烟碱、毒藜碱等多种生物碱,以及芦丁、苹果酸、枸杞酸和咖啡酸等多种酸。全草入药,有消肿解毒、杀虫的功效。

烟草燃烧时会产生尼古丁、一氧化碳和焦油等多种有害物质,对吸烟者和被动吸烟者的呼吸系统和全身都有危害。有研究表明,0.25~0.4毫克尼古丁会毒死1千克重的动物,40~60毫克能导致人死亡。医学研究表明,吸烟会诱发癌症,损害神经系统和心脑血管。因此,为了自身和他人健康,请不要吸烟。尽管经过特殊处理后烟草中的尼古丁含量已有所降低,但危害仍不能小觑。

我国有名的烟草产地为河南、山东和安徽,云南开远、广东南雄、辽宁凤城、贵州贵定和安徽凤阳也不少。这些地方产的烟叶是烘烤而成的,叫烤烟。兰州和福建产的为水烟。水烟以兰州产的较著名,传说是诸葛亮南征时由云南带来的烟种。如果这种说法属实,则烟草传入我国的时间应该更早。

(7) 有麻醉功能的曼陀罗

曼陀罗(*Datura stramonium* L.,图3-235)为一年生直立草本,高可达1.5米。叶宽卵形,基部楔形,叶缘有不规则的波状浅裂;叶柄长达5厘米。花单生叶腋或分枝处,直立;两性;萼筒状,有5棱角和5浅裂,裂片三角形,花后自基部断裂,宿存部分果时增大,向外反折;花冠漏斗状,下部绿色,上部白色带紫,有5浅裂;雄蕊5,花丝下部贴在花冠筒上,上部分离;子房卵形,2室,每室自背缝线伸出的假隔膜再隔为2室,成不完全的4室。蒴果直立,卵形,外面有坚硬的刺,少有无刺者,成熟时4瓣裂。种子卵圆形,稍扁,黑色。花期6—10月,果期7—11月。

图3-235 曼陀罗

曼陀罗分布于南北各省。北京郊区常见。生于荒地、路边和房舍附近。叶、花和种子入药,有镇静和麻醉的功能。古代小说中常提到蒙汗药,如《水浒传》中的吴用智取生辰纲,据说其成分就有曼陀罗。

本种有时开紫花,果有硬刺;有时开白花,果无硬刺。可视为同一个种,即曼陀罗。

近缘种有毛曼陀罗和洋金花。毛曼陀罗(*D. innoxia* Mill.)的果俯垂,表面密生细针刺及灰白色柔毛;花冠长达20厘米,上半部白色,下半部淡绿色。南北多省均有分布。洋金花(*D. metel* L.,图3-236)的突出特点是蒴果横生或斜生;有疏粗短刺;花冠白色或黄色、淡紫色。花果期6—9月。原产自印度,我国栽培。

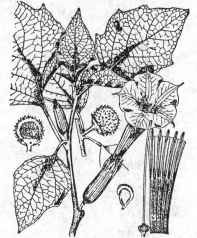

图3-236 洋金花

(8)茄科要点

草本或灌木,稀乔木。单叶或复叶,无托叶。花冠合瓣,5裂;雄蕊5,花药孔裂或纵裂,紧贴花柱;心皮2,合生,子房上位,中轴胎座,胚珠多。浆果或蒴果。种子多。

229

近些年来,矮牵牛已成为北京路旁和花坛中的常见花卉(图3-251)。矮牵牛(*Petunia hybrida* Vilm.)也属于茄科,为一年生草本,全株有腺毛。单叶互生或上部叶对生,叶片卵形,全缘。花单生叶腋,有柄;萼5深裂;花冠漏斗状,5钝裂,单瓣或重瓣,边缘多皱纹,紫红色或白色,变化多;雄蕊5,1个短;花柱长于雄蕊。蒴果2瓣裂,每裂顶又2裂。种子小。花果期7—10月。原产于南美洲阿根廷,栽培很广。

图3-237　矮牵牛

61　玄参科花冠二唇形

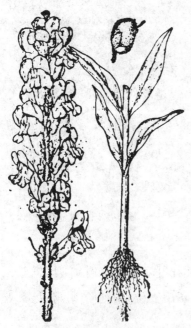

图3-238　金鱼草

玄参科中的不少草本种类,形态接近唇形科,如花冠合瓣、二唇形、二强雄蕊、茎四棱形和叶对生。不同的是,本科为蒴果。掌握这一点,就可以将这两个科区分开。

(1)代表植物金鱼草

金鱼草(*Antirrhinum majus* L.,图3-238)是花坛习见的草本植物,高达80厘米。下部叶对生,上部叶互生,叶片披针形或长圆状披针形,全缘;几无叶柄。总状花序,苞片卵形;萼5裂;花冠多色,基部下延成兜状,上唇直立,宽大,2裂,下唇3浅裂,中部向上唇隆起,封闭喉部,使花冠呈假面状;雄蕊4,药室分离;花柱线形,柱头2裂。蒴果长圆形,端钝,常有宿存的花柱。花期4—8月,果期6—10月。

金鱼草原产于地中海地区。因花色多且鲜艳,花形奇特,所以栽培较多。其假面状部分似龙头,又称"龙头花"。

(2)中药地黄

地黄(*Rehmannia glutinosa* Libosch.,图3-239)为多年生草本,全株密被长腺毛。根状茎肉质,黄色。茎单一或从基部伸出几枝,高10～30厘米。叶多基生,倒卵形或长椭圆形,边缘有不整齐钝齿,上面有皱纹,下面淡紫色。总状花序顶生,密生腺毛,有花几朵,花梗长1～3厘米,苞片叶状;萼钟状,5裂;花冠筒状,略弯,外面紫红色,内面黄色有紫斑,二唇形,上唇2裂,下唇3裂;雄蕊生

图3-239 地黄

于花冠筒近基部,二强雄蕊;子房卵形,2室或1室(花后变为1室),花柱长,柱头2裂。蒴果卵球形,端部有喙,室背裂。种子多,黑褐色。花期4—6月,果期6—7月。

地黄分布于东北、华北、华东和西北,河南、湖北也有。北京山区和平原多见,为杂草,生于田边和荒地。也有栽培。根状茎入药,鲜地黄能清热凉血,生地黄可清热生津、润燥,熟地黄能滋阴补肾、补血调经。《神农本草经》说地黄:久服轻身,不老。苏东坡在《地黄》诗序中说:药之膏油者,莫如地黄,以啖老马,皆复为驹。吾欲多食生地黄,而不可常致。他对地黄的推崇可见一斑。区分地黄的优劣可用水试法,将采的地黄放入水中,凡沉入者为上品。

231

（3）泡桐

玄参科的木本植物以泡桐属最有名。本属共7种，我国均有，如毛泡桐［*Paulownia tomentosa*（Thunb.）Steud.，图3-240］。

毛泡桐为落叶乔木，高达20米。小枝幼时有黏毛。叶卵状心形，较大，基部心形，全缘或波状浅裂；上下两面均有毛，有时有黏腺毛；叶柄长达15厘米。圆锥花序，长达40厘米；花萼浅钟形，外有绒毛，5深裂，裂片卵状长圆形；花冠紫色，漏斗状钟形，距管基部5

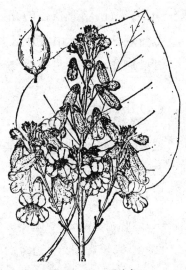

图3-240　毛泡桐

毫米处弯曲，向上突且膨大，外有腺毛；雄蕊长达2.5厘米；子房卵圆形，有腺毛。蒴果卵圆形，幼时密生腺毛，果皮厚。种子连翅长达4毫米。花期4—5月，果期8—9月。

毛泡桐为速生树种。民间这样形容它：头年一根杆，三年一把伞，五年可锯板。10年毛泡桐胸径在30~40厘米，材积可达1立方米。材质轻韧，能防潮隔水隔热，耐酸耐腐，纹理美观，可制胶合板、模型和家具等。

法国曾发现毛泡桐叶的化石。1941年，日本第三纪地层内发现了硅化树干，研究表明与今天的泡桐类似。这证明，300万年前泡桐分布很广，后因冰川影响，仅我国境内的泡桐延续下来。我国学者曾在山东省山旺村的新生代地层中发现了泡桐叶化石，同时发现的还有榕属、栲属、木兰属、枇杷属、枫香属和榉树的化石。这表明泡桐起源于亚热带和热带地区。

近缘种有兰考泡桐、楸叶泡桐等。其萼裂较浅，不超过一半，前者果卵形，后者果椭圆形。白花泡桐的果长圆形或长圆状卵形；花冠白色；叶片稍小，长卵状心形，全缘，产于我国中部及南部各省。北方有引种，但不常见。

（4）北京山区的马先蒿

马先蒿属是玄参科中的大属,有500多种,全为草本,一年或多年生,分布于北半球。我国约300种,分布广。

北京的低山和中山常见的是红纹马先蒿(*Pedicularis striata* Pall.)。叶互生。花黄色,花冠筒长达2.5厘米,有红色脉纹,无喙。

百花山和小龙门海拔1 300米处可以看到返顾马先蒿(*P. resupinata* L.,图

图 3-241　返顾马先蒿

3-241)。叶互生,长圆状披针形,边缘有钝圆的重锯齿,齿上有胼胝和刺尖,反卷。总状花序;花冠淡紫红色,管长达15毫米,伸直,自基部向右扭旋,使下唇及盔部(筒)成回旋状,故名返顾马先蒿,喙长3毫米,下唇3裂。蒴果斜长圆状披针形。花期6—8月,果期7—9月。分布于东北、华北和西北,山东、安徽、四川和贵州也有。

海拔1 400米以上的山地草坡中有穗花马先蒿(*P. spicata* Pall.),高达45厘米。茎生叶4个轮生,有3~6轮;叶片长圆状披针形至条状披针形,羽状浅裂至中裂,叶缘有刺及锯齿。穗状花序顶生;萼钟状,短,萼齿3;花冠紫红色,筒端稍向前弯曲,盔多少前俯;花丝2对,1对有毛。果狭卵形,黑褐色。花期7—8月,果期8—9月。分布于东北、华北、西北及四川、湖北。

在海拔1 800米以上的草甸,有华北马先蒿(*P. tatarinowii* Maxim.)分布。为一年生,高达40厘米。上部多分枝,枝2~4枚轮生。叶3~4个轮生,长圆形或披针形,羽状全裂(据此可与上种区分),裂片披针形,再羽状浅裂或深裂,小裂片边缘有白色胼胝质齿。花序总状,生茎顶;萼齿5,披针形,有锯齿,脉10条;花冠堇紫色,盔顶半圆形弓曲,有喙,指向下前方,下唇长于盔,3裂,中裂小;花丝2对,均有毛。蒴果歪卵形。种子卵形。花期7—8月,果

233

图 3-242　中国马先蒿

期 8—9 月。分布于山西、河北和内蒙古。以上两种均为叶轮生、花红色。

在海拔 1 700～2 900 米的草坡上,有一种花形更特殊的中国马先蒿(*P. chinensis* Maxim.,图 3-242)。一年生,高约 30 厘米。基生叶有长柄,茎生叶叶柄短,叶片披针状矩圆形,羽状浅裂至半裂,裂片 7～13 对,有重锯齿。花序总状;花萼有白长毛,仅 2 齿,上端有重锯齿;花冠黄色,筒部长达 5 厘米,外有毛,喙长达 1 厘米,半环状,指向喉部,下唇很宽,宽几乎为长的两倍,侧裂基部耳形,中裂不伸出侧裂之前;花丝均生密毛。蒴果矩圆状披针形。分布于青海、甘肃、山西和河北。北京东灵山、百花山均有。花黄色或淡黄色,花冠筒细长,盔部前端渐细,具半环状的长喙为主要特征。

像唇形科一样,玄参科的部分属雄蕊 4,二强,部分雄蕊 2,但不呈杠杆形,有的属还有 5 个雄蕊的,如毛蕊花属。

(5)婆婆纳有 2 个雄蕊

婆婆纳属为草本;叶多对生;总状花序顶生或腋生,有时穗状或头状。本属有 250 种,我国有 60 多种。西南部分布多。习见种有两种。

北方山区常见的是细叶婆婆纳(*Veronica linariifolia* Pall. ex Link,图 3-243),为多年生草本,高 30～80 厘米。多不分枝。下部叶对生,上部叶互生;叶片条形至长圆形,中上部有锯齿,无毛。总状花序细长穗状;花冠淡蓝色,少白色,4 裂;

图 3-243　细叶婆婆纳

雄蕊2,伸出花冠。蒴果卵球形。种子卵形。花期6—8月,果期7—9月。

分布在东北、华北及陕西。多生于山坡或林下。嫩叶可作野菜,以熟食为主。

水边或浅水常见的是水苦荬(*V. ulata* Wall.),为多年生草本。叶无柄,上部叶半抱茎,条状披针形或狭长卵形,边有尖齿。总状花序腋生;花梗平展,与花序轴成直角;萼4裂;花冠淡蓝紫色或白色,4裂,裂片宽卵形;雄蕊2,短于花冠。蒴果近球形,顶端钝圆。花期6—9月,果期7—9月。分布全国大部分地区,多生于水边湿地。

近缘种为北水苦荬(*V. anagallis-aquatica* L.)。与上种的不同之处为:花梗弯曲上升,与花序轴成锐角;花梗、花萼无腺毛;而上种有腺毛。分布于长江以北及西北和西南。北京山区水边有分布。全草入药有活血消肿、止血和止痛的功效。

(6)刘寄奴的传说

刘寄奴(*Siphonostegia chinensis* Benth.)又称阴行草,为阴行草属。此属仅4种,我国有2种。

刘寄奴(图3-244)为一年生草本,高不过80厘米,干时黑色。叶对生,二回羽状全裂,裂片狭条形,宽仅1毫米,全缘或有小裂片。花对生于茎枝上部,似疏花总状花序;苞片叶状,羽状裂;萼细筒状,有10条脉,裂片5;花冠二唇形,上唇盔状,紫色,下唇3裂,黄色,长达2.5厘米;雄蕊4,二强。蒴果长圆形。种子小。花期7—8月,果期9—10月。

分布于南北多省。北京山区多见,生于低山至海拔近千米地带。《全国中草药汇编》指出,刘寄奴有清热利湿、凉血止血及祛瘀止痛的功效,外用治创伤

图3-244　刘寄奴

235

出血、烧烫伤等,内服可治泌尿系结石。

民间传说

　　南北朝有一位皇帝叫刘裕,字寄奴。传说这位皇帝有一次带兵追杀逃敌到一山高林密处,猛然看见一条巨蛇,他一箭将蛇射中,蛇带伤而逃。次日,刘裕遣兵丁前去察看,听见林中有响声,原来是几个童子在捣药,于是上前询问缘由。童子答曰:我们大王昨日被刘裕射伤,现正捣药为他敷治。兵丁就拿了一些那种药,也用以治伤,果然疗效神奇,兵丁便称此药为"刘寄奴"。

(7)玄参科要点

　　识别玄参科特点时,要与唇形科进行比较。相似点为叶有对生的,花冠二唇形,二强雄蕊或雄蕊2等。不同点是本科为蒴果,没有唇形科那样的薄荷味。玄参科的少数种类为大乔木,如泡桐属。

62　忍冬科有两大王牌属

　　忍冬科有15属450种左右,其中的忍冬属和荚蒾属约400种,约占全科种数的90%。

　　忍冬属约200种,我国有100多种。其花冠管状,花柱长,果为浆果。常见种类有金银花(*Lonicera japonica* Thunb.)等。荚蒾属约200种,我国约70种。与忍冬属不同的是,荚蒾属的花冠不是管状的,而是辐状的,花柱短,果实为核果,有1个种子,著名种有琼花等。

(1)金银花有故事

　　金银花(图3-245)为落叶攀缘灌木。幼枝密生柔毛和腺毛。叶对生;

宽披针形或卵状椭圆形,长3～8厘米,
基部圆形至近心形。花成对生于叶腋,
苞片叶状;萼筒5裂;花冠二唇形,长
3～4厘米,初开时白色略带紫色,后变
黄色,有香气,上唇具4裂片且直立,下
唇反转,筒部细;雄蕊5,与花柱等长,两
者又长于花冠;子房下位,2室。浆果球
形,黑色。花期6—8月,果期8—10月。

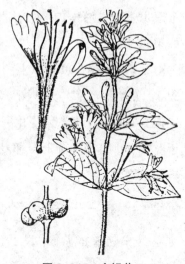

图3-245　金银花

　　分布于东北、华北、华中、中南至西南。

　　金银花的花冠极为特殊:上唇4裂
不深,直立如手掌状;下唇1片,反转;花
冠筒细长;子房下位;两花总生于一起,花梗短。这也是忍冬属的一般特
征,但有些种类的花冠为5裂,筒部较短。

　　金银花又称忍冬,《名医别录》这样解释这一名字的来源:藤生,凌冬不
凋,故名忍冬。花及藤入药,有清热解毒的作用,主治上呼吸道感染、流行
性感冒和扁桃体炎,可抑制金黄色葡萄球菌、溶血性链球菌、痢疾杆菌、大
肠杆菌和肺炎双球菌等,还能降血脂、
改善冠状动脉的血液循环。

　　我国的金银花产地主要是山东、河
南,其中以河南密县的金银花质量最佳。
其花朵长,微带绿色,花蕾竟能立于茶
水中不倒。慈禧曾十分喜爱,每天必喝
一杯,还认为密县金银花能延年益寿。

　　近些年来,在北京的公园、花坛里
经常能看到一种灌木,叫金银木[*L. ma-
ackii*(Rupr.)Maxim.,图3-246]或金银
忍冬。其形态与金银花相似,不同的是,

237

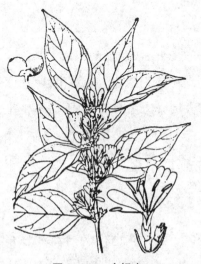

图3-246　金银木

金银木是直立灌木,花冠较短,浆果红色。冬季,金银木的枝头仍挂满红色的果实,成为一景。

北京海拔 1 100 米以上的山地中,有一种金花忍冬($L.\ chrysantha$ Turcz.),也为落叶灌木。其株形、枝叶和花极像金银木,区别在于忍冬的总花梗长于叶柄,叶略呈菱状卵形,2 果实下部连合。而金银木的总花梗短于叶柄,叶卵状椭圆形至卵状披针形,2 果实基部不连合。分布于东北、华北至西北。

趣闻轶事

宋朝张邦基的《墨庄漫录》中讲述了一个故事。宋徽宗年间,天灾不断,民不聊生。苏州天平山白云寺的僧人食不果腹,只能采野菜充饥。一天他们误食了毒蘑菇,到夜间还呕吐不止。怎么办? 一位僧人突然想起有人曾背上生疮,十分严重,幸遇一大师用金银花和甘草将疮治愈。是不是金银花能解毒? 于是他便上山采金银花,回到寺里,几位僧人等不及就生吃,竟然痊愈了。《夷坚志》中也说:中野菌毒,急采鸳鸯草啖之,即今忍冬草也。鸳鸯草就是金银花。

(2)花序奇特的琼花

琼花[$Viburnum\ macrocephalum$ Fortune f. $keteleeri$(Carr.)Rehd.]又称八仙花。为灌木,高达 4 米。幼枝有星状毛。冬芽无鳞片。叶对生,叶片卵形至卵状矩圆形,长 5 ~ 8 厘米,顶端钝或稍尖,边缘有细齿,下面疏生星状毛。花序直径 10 ~ 12 厘米,第一级辐枝 4 ~ 5,边花大,白色,不孕;萼筒无毛,具 5 浅齿;花冠辐状,筒部长约 1 毫米;雄蕊 5,生花冠筒基部,稍长于花冠。核果椭圆形,初红色,后变黑色,核扁,背面有 2 浅槽,腹面有 3 浅槽。

分布于江苏、浙江、江西、湖南、贵州和广西,山东也有。生于灌木较多的山坡或林下。也有栽培。琼花以花序奇特而闻名。北宋时扬州后土庙有一株琼花,其树大花繁,花洁白可爱。欧阳修任扬州太守时,曾在那株琼花旁修筑了"无双亭",以赞美它的举世无双。据说那株琼花死于元代,后人补种了聚八仙。聚八仙的花很像琼花。

天目琼花(*V. sargentii* Koehne)为琼花的近缘种,即鸡树条荚蒾。其花序边缘的不孕花很多;果熟时红色,球形;叶通常 3 裂。这些特征不同于琼花。天目琼花分布于东北、华北和西北,浙江南部、安徽、湖北和四川也有。北京海拔 1 200 米以上的山沟林下也有。欧洲荚蒾(*Viburnum.opulus* L.),近似天目琼花。但欧洲荚蒾的花药带黄色,天目琼花的花药紫色,可区别。

(3)一条茎六道沟

忍冬科中有个六道木属,只有约 30 种,我国有 9 种,大多分布在我国中部和西南部。有一种叫六道木(*Abelia biflora* Turcz.,图 3-247),其茎上有 6 条纵沟,为识别特征。

六道木为落叶灌木,高 2~3 米。叶对生,叶片长圆形或披针形,上面有短柔毛,背面脉上密生毛,边缘有疏缺刻状锯齿。花常 2 朵并生于枝端,两性;萼有 4 裂片,绿色,呈叶状;花冠筒状,淡黄色、白色或带红色,裂片 4;卵圆形;雄蕊 4,2 强,不伸出;柱头头状,子房下位,3 室,只有 1 室发育。瘦果状核果,稍弯曲,有宿存萼片 4。这也是识别特征。

图 3-247　六道木

239

分布于东北、华北。北京山区很多。六道木的茎十分坚韧,不易折断,民间常当拐杖使用。也可以作为观赏花木。

(4)锦带花已进公园

锦带花[*Weigela florida*(Bge.)A. DC.,图 3-248]为落叶灌木。叶对生,

叶片椭圆形至卵状长圆形,边缘有浅齿。伞形花序有花1～4朵,侧生于短枝之顶;萼5裂,裂深;花冠漏斗状钟形,外面粉红色,内面灰白色,裂片5,宽卵形;雄蕊5,生花冠中部,稍伸出花冠;子房下位,2室,柱头2裂。蒴果长达2厘米,顶端有喙,室间开裂。种子多数。花期6—8月,果期9—10月。

图3-248 锦带花

锦带花分布于东北、华北等地区。因开花时满枝红紫色的花,犹如一条彩色带子而得名。北京各公园有引种,北京东部山区有野生。

(5)忍冬科要点

木本。叶对生,单叶或羽状复叶,常无托叶。花两性,辐射对称或两侧对称;合瓣花,4～5裂;雄蕊4～5;雌蕊由2～5心皮合生成,子房下位,1～5室,每室1至多胚珠,中轴胎座。浆果或核果、蒴果。

识别忍冬科时,可与木犀科进行对比。木犀科也是木本,叶对生,单叶或复叶(白蜡树属),浆果或核果、蒴果。两科的不同点为:木犀科子房上位,忍冬科子房下位;木犀科的雄蕊2,心皮2,而忍冬科雄蕊4～5,心皮2～5。通过对比,可以抓住不同处,从而牢固掌握本科特征。

63　桔梗科有乳汁

桔梗科与萝藦科、夹竹桃科一样,有乳汁,这是一个重要识别点。全科约50属1 000多种。我国有15属100多种,分布于南北各省。其中大的属有半边莲属（250 种）和风铃草属（300 种），药用植物属有桔梗属（仅 1 种）、党参属（50 种）和沙参属（50 种）。

（1）花和药兼美的桔梗

桔梗[*Platycodon grandiflorus*（Jacq.）A. DC., 图 3-249]为多年生草本。根粗壮肉质，长圆形，外皮黄褐色。茎直立，单一或有分枝。叶 3 个轮生、互生或对生，叶片卵形或卵状披针形，边缘有尖齿。花 1 至数朵，生茎和枝顶；两性；萼裂片 5，三角形；花冠合瓣，浅钟状，蓝紫色，5 浅裂，裂片宽三角形，开展；雄蕊 5，花丝基部加宽；柱头 5 裂，裂片条形，子房下位，5 室，胚珠多数。蒴果倒卵形，成熟时于顶端 5 瓣裂。种子多，卵形，三棱，黑褐色，有光泽。桔梗花期 7—9 月，果期 8—10 月。

图 3-249　桔梗

桔梗分布广，从东北至华南和西南均有。生于山地林下或草坡中。北京山区多见。花大，钟状，可供观赏。根入药，称桔梗，有宣肺利咽、祛痰排脓的作用，用于咳嗽痰多、咽痛音哑等症，还可用于肺痈胸痛、咯吐脓血等。《本草纲目》曰：此草之根结实而梗直，故名。

（2）党参是补药

党参[*Codonopsis pilosula*（Franch.）Nannf., 图 3-250]为常用补药。草质缠绕藤本，有白色乳汁。根胡萝卜状圆锥

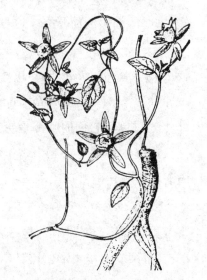

图 3-250　党参

形,上粗下渐细,长约30厘米,中部有分枝。茎长约1.5米,分枝多,无毛或有稀毛。叶互生,叶片卵形或狭卵形,边缘有波状齿,两面有短伏毛;叶柄长达2.5厘米。花生分枝顶端,常有1~3朵花;萼裂片5;花冠淡黄绿色,宽钟状,5浅裂,无毛;雄蕊5;子房半下位,3室,中轴胎座。蒴果成熟时3瓣裂,萼宿存。花期7—8月,果期8—9月。

党参分布于东北、华北、西北及河南、四川等地。北京山区也有分布。生于海拔千米以上山沟中的阴湿、土层厚处,也见于阔叶林下。因根似人参,最早发现于山西上党地区,故名党参。根入药,有补气血和强壮的作用,适于肺气亏虚所致的气短、咳喘等症。党参药性类似人参,但性弱,可代人参使用。《本草正义》曰:党参力能补脾养胃,润肺生津适中气,本与人参不甚相远⋯⋯

党参的识别要点为:缠绕藤本,有乳汁;气味浓重;合瓣花冠,钟形,淡黄绿色;子房半下位等。野外观察时应注意这些特征。

(3)展枝沙参和轮叶沙参

沙参属的花柱基部有圆筒状花盘,围绕花柱而生,颜色淡黄,或长或短。此外,果实侧面开裂。这是沙参属不同于以上两属之处。

野外采集时,许多人常将展枝沙参(*Adenophora divaricata* Franch. et Sav.)当成轮叶沙参[*A. tetraphylla*(Thunb.)Fisch.],这是因为它们的叶都是轮生的。

展枝沙参(图3-251)为多年生草本,有乳汁。根狭圆锥形。茎单一。叶3~4个轮生,也有6~7个轮生的,菱状卵形或菱状圆形、狭矩圆形,边缘有锐齿。圆锥花序顶生,呈塔形,分枝(从轮生叶上发出的)与花轴成钝角展开,有时近

图3-251 展枝沙参

平展(展枝之名源于此),花序中部以上的分枝互生;花下垂;萼裂片5,披针形,全缘;花冠蓝紫色,钟状,5浅裂;雄蕊5;花盘圆筒状,长约2毫米;子房下位,3心皮合生,中轴胎座,花柱与花冠约等长。花期7—9月,果期9—10月。

展枝沙参主要分布于东北和华北地区,数量多,常见于山地林下或山沟中。北京山区多见,如怀柔北部的山区。其叶片常变多(6~7叶轮生)变窄(宽不及1厘米),北京东灵山、百花山的展枝沙参叶多较宽,常3~4个轮生。根入药,可清肺化痰。

轮叶沙参(图3-252)又称四叶沙参。与上种的近似处为:茎生叶4~6个轮生,叶片卵形、椭圆状卵形、狭倒卵形或披针形;花序圆锥状。不同点为:花序的分枝多轮生;萼裂片钻形,比展枝沙参的萼裂片狭细;花冠口部微缩成坛状,5浅裂;花柱伸出花冠外,与前种明显不同。

图3-252 轮叶沙参

轮叶沙参分布于华南、长江中下游多省,以及陕西、山西、河南、山东、河北至东北。河北承德到内蒙古一带很多。生于山地湿润处,如林下及林缘。根入药,能清热养阴、润肺止咳祛痰,适用于肺热咳嗽、咳黄痰等症。

中药沙参有南沙参和北沙参之分。南沙参首选轮叶沙参及其近缘种。北沙参为伞形科的珊瑚菜(*Glehnia littoralis* Fr. Schmidt. ex Miq.,见图4-27),分布于辽宁、山东、河北、江苏、浙江和福建等省。生于海滩沙地,多栽培。两者功效相近,但北沙参滋阴作用强,南沙参祛痰效果好。习惯上认为北沙参效果较佳。

北方山区常见的沙参属植物有石沙参、多歧沙参、荠苨和紫沙参。

石沙参(*A. polyantha* Nakai)叶无柄,卵状披针形或更狭窄。花序多不

243

分枝,花深蓝色;萼裂片狭披针形,全缘;花冠钟状,喉部稍缢缩。花期7—9月,果期8—10月。分布于东北、河北、山西、陕西和山东等地。北京山区常见。

多歧沙参(*A. wawreana* Zahlbr.)与上种的不同处为:多有叶柄;圆锥花序与分枝成散开状;花萼裂片5,呈钻形,边缘有1~2对极小的齿,裂片多外卷或平展;花柱稍伸出花冠。花期7—9月,果期9—10月。分布地区与上种相似。北京小龙门附近的山路边随处可见。

荠苨(*A. trachelioides* Maxim.,图3-253)的叶片较宽大,宽心状卵形或三角状卵形;下部叶基部心形,上部叶基部浅心形或近截形,边缘有牙齿;叶柄长4.5厘米。圆锥花序;花冠蓝色;子房下位。花期7—9月,果期9—10月。分布于辽宁、河北、内蒙古、山东、江苏和安徽。北京也有。宽心状卵形叶片为识别要点之一。

图3-253 荠苨

紫沙参(*A. paniculata* Nannf.)茎粗壮,高达1.2米。基生叶心形;茎生叶互生,条形或条状披针形。圆锥花序;花萼裂片条状钻形,宽不及1毫米,边有1~2对小齿;花冠筒状,较细,淡蓝紫色;花柱伸出花冠筒外很长,为重要识别特征。花期6—9月,果期8—10月。分布于东北、华北至河南、山东、陕西等省。北京山区也有,但不如其他种多。

综上所述,沙参中最好认的是展枝沙参,其叶轮生,花冠钟形,萼裂片全缘。其次是荠苨,其叶宽心状卵形,较大,有长叶柄。再次是紫沙参,其花冠小,筒状,花柱伸出花冠很长,容易辨别。轮叶沙参北方较少,其萼裂片有小齿,花冠口部缩成坛状。多歧沙参的花序多分枝,萼裂片反卷,边缘有小齿。以上是这几种植物的鉴别要点。掌握好这些,就不会张冠李戴了。

（4）桔梗科要点

草本,有乳汁。叶互生、轮生或对生。聚伞花序或总状、圆锥状;花冠合瓣,多辐射对称,钟形,有时唇形;雄蕊4~5,离生或合生;子房常下位或半下位,多4~5室,中轴胎座,胚珠多。蒴果,常顶端瓣裂或纵裂。种子多。

64 被子植物第一大科——菊科

菊科约1 000属25 000~30 000种,我国有240余属约3 000种,是被子植物的第一大科。第二大科为兰科,约700属20 000种左右。第三大科是豆科(广义的),约600属13 000种(狭义豆科有480多属12 000种)。第四大科是禾本科,有660属近10 000种。第五大科是大戟科,约有300属8 000种以上。

菊科分管状花亚科和舌状花亚科。主要区别为:管状花亚科一般没有乳汁,其头状花序有些既有舌状花也有管状花,有些只有管状花;舌状花亚科有乳汁,头状花序全为舌状花。

（1）花序中有管状花和舌状花的向日葵和旋覆花

向日葵（*Helianthus annuus* L.,图3-254）为一年生粗壮、高大草本植物。头状花序很大,直径在30厘米及以上;有总苞,苞片绿色,卵形或卵状披针形,有长硬毛;花托盘状,平整,有半膜质的托片;花托周边有多个黄色的舌状花,舌片开展,长圆状卵形或长圆形,一般

图3-254 向日葵

不结实；中央部分是密集的管状花，棕色或紫色，裂片披针形。管状花两性；雄蕊5，生花冠内壁上，花药合生成筒并围绕在花柱外，花丝离生，称聚药雄蕊；心皮2合生，子房下位。连萼瘦果。

向日葵的叶互生，叶片大，心状卵形或卵圆形，基出3脉，边缘有粗锯齿，两面有短糙毛；叶柄粗长。连萼瘦果1室，顶部有冠毛2个（由萼变态而成），膜片状。种子1。原产地在北美洲，世界栽培广泛。瘦果习称葵花子，可炒食。种子含油多，可榨油供食用。

向日葵是16世纪从墨西哥引入欧洲的，被称为太阳草或秘鲁太阳花，供观赏。18世纪向日葵传入俄国，多种植在农舍附近，供观赏。后来有人发现其种子可食用，但多用于喂鹦鹉。19世纪中期才开始大规模使用向日葵种子榨油，并修建了许多榨油厂。葵花子油可烹调食品，制人造牛油和肥皂等。我国的向日葵产地主要在东北和内蒙古，其品种来自俄罗斯，含油量高达33.7%。

旋覆花（*Inula japonica Thun* b.，图3-255）为多年生草本，高达70厘米。有根状茎；茎直立，上部分枝。叶披针形或长椭圆形，基部渐狭或有半抱茎的小耳。头状花序直径可达4厘米，有舌状花和管状花；总苞片多层，绿色；舌状花黄色，很多，舌片条形，长1～2厘米；管状花黄色，极多，有冠毛。瘦果白色。花果期6—10月。分布于东北、华北、西北、华中、华东至西南地区。北京多见，山区和平原均有。花入药，有消痰行水、降气止呕的作用，适于痰多、咳喘及呕

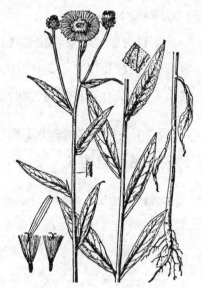

图3-255 旋覆花

吐等症。宋代《本草衍义》中说："旋覆花……花淡黄绿，繁茂，圆而覆下。""圆而覆下"就是说它的头状花序。

管状花亚科植物除向日葵和旋覆花外，种类很多，多分布在平原地区如荒地、水边及田边等。其中，头状花序中既有管状花也有舌状花的常见种类还有甘菊、小飞蓬、全叶马兰（野粉团花）和鬼针草等。

（2）花序中只有管状花的刺儿菜

刺儿菜 [*Cirsium setosum* （Will）Bieb.，图3-256]为多年生草本，高度变化大。根状茎匍匐状，地上茎直立。叶互生，下部和中部叶椭圆形或长椭圆状披针形，长5～9厘米，宽1～2厘米，全缘或有齿裂、羽裂，齿端有刺，两面被疏或密的蛛丝状毛；无柄。头状花序单个或多个生枝端，呈伞房状；雌株的头状花序较大，总苞长16～25厘米，雄株的总苞长18厘米，总苞片多层，内层苞片顶端有刺；花冠长

图3-256 刺儿菜

达2厘米，花冠裂片长达1厘米；雌花花冠长达2.6厘米，花冠裂片短，紫红色，花药紫红色，有退化雄蕊；花序托隆起，有托毛。瘦果椭圆形，略扁，有羽毛状白色冠毛（冠毛羽状分枝）。花果期7～8月。本种有株高达2米的。

分布在除西藏以外的各省区。北京的田边、荒地及村舍附近均有。全草入药，有凉血、止血的功效。

管状花亚科中只有管状花的常见种类还有风毛菊、泥胡菜、小蓟和艾蒿类等。

247

（3）花序中只有舌状花的蒲公英

蒲公英（*Taraxacum mongolicum* Hand. -Mazz.，图3-257）属于舌状花亚科。多年生草本，有乳汁。叶基生，长圆状倒披针形，逆向羽状分裂，顶裂片较大。花莛数，稍长于叶；总苞淡绿色，外层苞片边缘膜质，内层总苞片

条状披针形,是外层的两倍,顶端有小角状突起;花均为舌状花,黄色,顶端有5小齿;雄蕊5,花药合生,黄色,花丝离生;子房下位。连萼瘦果褐色,外有刺状突起,顶端有喙,喙长6~8毫米,有冠毛。花果期3—6月。

图3-257 蒲公英

分布于东北、华北、华东、华中、西北和西南地区,极普遍。北京十分常见。春天草地变绿时,蒲公英已经开花,成熟果实带一撮白色冠毛,稍有风吹,便飘到远处,所以冠毛是适应风力传布果实的结构。孙思邈的《千金要方》中收录了蒲公英,称之为"凫公英"。凫公就是说蒲公英果实上的白色冠毛似凫颈上的毛。全草入药,有清热解毒、消痈散结的作用,能治上呼吸道感染、肠炎和痢疾等。也治痈疽乳疮。除内服外,也可捣烂敷患处。嫩叶为野菜。

莴苣(*Lactuca sativa* L.)也属于舌状花亚科,嫩叶为常见蔬菜。变种叫莴笋,茎粗壮肉质,也是常见蔬菜。莴苣的茎直立,粗壮。叶长圆状倒卵形,长达30厘米,无毛。头状花序多,于茎顶排成圆锥状;总苞片3~4层;舌状花黄色。瘦果灰黑色,稍扁平,有纵棱7~8条,喙细长,冠毛白色。花果期7—8月。原产于地中海沿岸,我国广为栽培。

(4)几种野菜

苣荬菜(*Sonchus brachyotus* DC.,图3-258)为多年生草本。有横走的地下匍匐茎;茎直立,无毛。基生叶长圆状披针形,灰绿色,边缘有牙齿或缺刻;茎生

图3-258 苣荬菜

叶无柄,基部耳状抱茎。头状花序在茎顶呈伞房状,直径约2.5厘米;总苞钟状,苞片3～4层,外层短,内层长,披针形;舌状花黄色,80朵以上。瘦果长圆形,稍扁,两面各有3～5条纵棱,冠毛白色。花果期6—9月。

分布于东北、华北和西北地区。北京山区和平原均有。生于农田边及荒地,为杂草之一,北京山区称之为取麻菜。嫩苗和叶为野菜,因略有苦味,俗称苦菜。战争期间,农村经常食用。全草入药称败酱草,有清热解毒、消肿排脓的作用。

刚刚进入春天,北京荒地上就出现了开黄花的野草。它们有两种,都属于苦荬菜属。一种叫抱茎苦荬菜(*Ixeris sonchifolia* Hance,图3-259)。突出特征是,茎生叶基部抱茎,基部扩大成耳形或戟形,全缘或羽裂。头状花序密集成伞房状;总苞2层,外层很短,内层很长,披针形;舌状花黄色,先端截形,有5小齿;雄蕊5,花药黄色。瘦果黑色,纺锤形,有极细的纵棱及小刺,喙短,冠毛白色。花果期4—7月。

图3-259 抱茎苦荬菜

分布于东北、华北地区。北京山区、平原极多,有时成片生长。全草入药能清热解毒。

另一种叫山苦荬[*I. chinensis*(Thunb.)Nakai],又称苦菜。株形较矮。基生叶莲座状,条状披针形或倒披针形,基部下延成叶柄,不抱茎;茎生叶仅1～2片,基部微抱茎。头状花序,多个呈伞房状;总苞圆筒状,外层苞片短小,内层苞片长8～9毫米;舌状花约18～20朵,长达1.2厘米,先端5齿裂,淡黄或白色;雄蕊5,花药绿褐色(与上种明显区别)。瘦果红棕色,稍扁,狭披针形,有细条棱和小刺,喙长3毫米,冠毛白色。花果期4—7月。

分布于东北、华北、西北地区,南部也有。北京平原和山区极多,春季

249

开花,有时与上种混生。全草入药能清热解毒、凉血活血。嫩茎叶为饲料或野菜。

(5)菊科要点

作为"科"来判别,菊科极好掌握。首先为头状花序,有总苞。但花序有大有小,大的如向日葵,小的如某些艾蒿,花序像米粒那么大,常被误认为是一朵花;一类花序有舌状花和管状花或只有管状花,另一类只有舌状花。其次是花冠合瓣;花两性、单性或不孕;聚药雄蕊(即花药合生、花丝离生);心皮2,合生,胚珠1;瘦果或称连萼瘦果,常有冠毛,冠毛毛状、鳞片状或刺状。再次常为草本植物,稀灌木或小乔木。

在有花植物当中,菊科是最进化的一科。适应能力很强,有适应高海拔环境的种类,可在海拔5 000多米处生存,如坚杆火绒草;也有适应沙漠环境的种类,如短命菊。

菊科中的经济植物多。有多种花卉,如菊花、大丽花(北京称西番莲)、万寿菊、矢车菊、金盏花、瓜叶菊、百日草、天人菊和波斯菊等。有药用植物,如苍术、木香、艾叶、旋覆花、紫菀、蒲公英、小蓟、泽兰、佩兰、苍耳和牛蒡。有油料植物向日葵。有多种蔬菜,如莴笋、蒿子秆、菊芋(洋芋)等。也有有害植物,如紫茎泽兰和薇甘菊,均为外来种,繁殖快,生命力强,对本地植物的生存造成威胁。也有对人类不利的种类,如豚草能产生大量花粉,会导致某些人群过敏。

65   沼泽地的主人——泽泻科

从本科起开始介绍单子叶植物的几个科。

泽泻科很小,只有13属约100种。我国有5属10多种。常见的是泽泻属和慈姑属。这两个属的区别是:泽泻属的叶片椭圆形,花两性,花托小,雄蕊6个;慈姑属的挺水叶多箭形或卵形,花单性或杂性,花托球形或长椭圆形,雄蕊6至多数。

(1)泽泻和慈姑

泽泻[*Alisma orientale*(Sam.) Juzepcz.,图3-260]为多年生沼泽草本。有球茎。叶基生,有长叶柄,叶片长椭圆形或宽卵形,长达15厘米,宽达8厘米,基部圆形或心形,有7~11条叶脉。花葶高约80厘米;圆锥花序顶生,分枝轮生,有苞片;花两性;外轮花被片大,宽卵形,有7脉,绿色带紫色,宿存,内轮花被片倒卵形,膜质,白色,较外轮小;雄蕊6;心皮多数,离生,胚珠1个,花柱弯曲;花托扁平。瘦果扁平。种子无胚乳。花期6—7月,果期7—9月。

图3-260 泽泻

分布全国。习见于沼泽地带的浅水处。北京郊区的沟边和池塘边均有,也有栽培。球茎入药,有利小便、清湿热之功,用于小便不利、水肿胀满和高血脂。《本草纲目》释泽泻之名:去水曰泻,如泽水之泻也。嫩芽香甜可食,味美。

慈姑[*Sagittaria trifolia* var. *sinensis*(Sims)Makino,图3-261]为多年生草本。地下有匍匐枝,枝端生球茎。叶基生,挺水叶箭形,裂片卵形至条形,顶裂

图3-261 慈姑

片长5~15厘米,有3~7脉,先端锐尖,侧裂片狭斜伸;叶柄长达60厘米。花葶高达80厘米;总状花序,下部有分枝;花多数,单性,常3朵轮生于节处,雌花在下,有花梗;花被片萼片状,卵形,反卷,白色;心皮多数,集成球状,生于凸起的花托上;雄花的雄蕊多数,离生。瘦果斜倒卵形,扁平。种子无胚乳,背腹均有翅。花期6—8月,果期9—10月。

分布于全国各省区,习见于池塘和水沟边,或水稻田内。北京郊区水塘边或水田内常见。球茎含淀粉,可食用。李时珍释慈姑之名曰:慈姑,一根岁生十二子,如慈姑之乳诸子,故以名之。慈姑的沉水叶条形,浮水叶箭形,是对水环境的适应。

(2)泽泻科要点

泽泻科生于沼泽地,生存环境较特殊。主要特征有:花两性或单性,均3基数;雄蕊6至多个;雌蕊多或6个,离生,子房上位;花托凸起或平整;聚合瘦果;种子1,无胚乳。

66 百合科名花良药多

百合科有230属3 000多种。我国有60属500多种,分布全国。本科有多种名花和药用植物,如百合。

(1)百合属的花3基数

单子叶植物的花多为3基数,以本科的百合属最具代表性。百合属的花被2轮,每轮3个,颜色、大小和形态差不多,故称花被2轮。百合属还有如下特征:雄蕊6,排成2轮;心皮3,合生,中轴胎座,胚珠2至多个(每室);蒴果或浆果。

著名种为百合(*Lilium brownii* F. E. Brown var. *viridulum* Baker,图3-262)。

多年生草本。地下有鳞茎,球形,白色,鳞片披针形。茎直立,高达1米。叶互生,倒披针形或倒卵形,全缘。花1~3朵顶生,近平展;乳白色,有香气;花被片6;雄蕊6;子房圆柱形,柱头3裂。蒴果长圆形,有棱,室背开裂,种子多。花期5—6月,果期8—10月。

栽培较多。鳞茎既可食用,也是药,能润肺止咳。百合、绿豆煮粥,即为夏季清凉食品。

近缘种为山丹(*L. pumilum* DC.,图3-263)。多年生草本。鳞茎比百合的小,卵形或圆锥形,白色。茎直立。叶条形,稍弯。花1~3朵顶生,有时多花排成总状花序,鲜红色;花被片6,反卷,有蜜腺,两侧有突起;雄蕊6,花药红色;子房圆柱形,柱头3裂。蒴果长圆形,室背开裂,种子多数。花期7—8月,果期9—10月。

分布于东北、华北、西北及山东、河南等省区。北京山区很多,海拔300~1000米以上均有。生于山坡草地及山崖上。鳞茎可以食用,入药功效与百合相似。

除百合、山丹外,百合科还有黄花、萱草、玉簪、吊兰、文竹、凤尾兰、百子莲和郁金香等著名花卉。

图3-262 百合

图3-263 山丹

253

　　山丹在华北山区非常普遍，几乎家喻户晓。传说有一人曾在朝为官，因得罪了朝廷，惨遭灭门之灾。那天，女儿山丹在姑母家，得以幸免。官兵得知她还活着以后，便前来抓捕，她只好逃入深山。不知走了多久，饥困交迫，山丹晕倒在地。一老者将山丹救起，山丹就拜他为父。一日山丹进山打柴，路过一山泉时，忽听有声音说："开路不开？"山丹倍感奇怪，就说："开！"于是山裂开一个口，山丹沿开口很快就到达山顶。她回头对山泉喊一声："合！"山立马合拢。从此山丹经常这样进山出山，十分方便。一天在回家的路上，山丹看见父亲远远跑来喊她快走，说官兵来了。她赶快沿山口往山里跑，眼看官兵也沿山口追来，山丹急忙喊："合！"官兵都被压在山中。不幸的是，山丹的身体也被夹住了。老人上山寻找，只看到山丹的头，但已去世。几日后，老人上山祭奠山丹，看到坟旁长出一株开红花的草，就移回去栽在家里，并叫它为"山丹"。从此山丹之名就传开了。

（2）黄精和玉竹

　　黄精（*Polygonatum sibiricum* Delar.ex Red.，图3-264）为多年生草本。地下有根状茎，圆柱形，黄白色或黄色，节部膨大，横生。茎圆柱形，直立，无毛，多不分枝。叶无叶柄，常4～6片轮生，也有5或7片轮生的；叶片条状披针形，先端常拳状或弯成钩状。花序腋生，有2～4花；总花柄长1～2厘米，花柄长达1厘米，俯垂生；苞片位于花柄基部，膜质，狭窄，有1脉；花两性，乳白色或淡

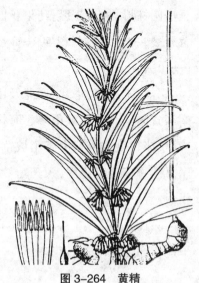

图3-264　黄精

黄色;6个下垂的花被片合生成圆筒状,有6个短裂片;雄蕊6;柱头3,带白色。浆果球形,熟时黑色。花期5—6月,果期7—8月。

分布于东北、华北以及河南、山东、安徽和浙江等地。北京山区习见。生于林下、山沟或山坡上,多在海拔400~1 200米一带。根状茎入药,为著名的滋补强壮药,能滋阴润肺、补肾益精、养胃补脾。《本草纲目》曰:黄精为服食要药,故别录列于草部之首。

玉竹[P. odoratum(Mill.)Druce,见图1-8]为多年生草本。根状茎圆柱形,有节,白色,比黄精的根状茎细些。茎直立。叶互生,几无柄;椭圆形或卵状长圆形,先端钝,全缘,无毛。花腋生,有1~4花,多为2花;花白色或黄绿色;花被片6,圆筒形,裂片6;雄蕊6,常生于花被筒中部;子房3室,每室多胚珠,柱头3裂。浆果球形,熟时蓝黑色。花期6—7月,果期7—9月。

分布于东北、华北、西北和华东,河南、湖北、湖南和四川也有。北京山区多见。生于阔叶林下或草坡灌丛中。根状茎入药,性同黄精,有养阴润燥、生津止渴的作用,用于燥热咳嗽、舌干口渴等症。

黄精和玉竹都属于黄精属。本属有约40种,分布在北温带。我国有30多种,分布于南北各省。

(3)止咳良药贝母

贝母属有85种,我国有16种。此属形态接近百合属,主要的不同点是,贝母属的花药基部着生,百合属的花药丁字形着生。此外,贝母属的花俯垂,花被片不反卷。著名种为浙贝母(Fritillaria thunbergii Miq.)和川贝母(F. cirrhosa Don)。

浙贝母(图3-265)是一种"秀气"的草本植物。鳞茎不大,直径1.5~4厘米,

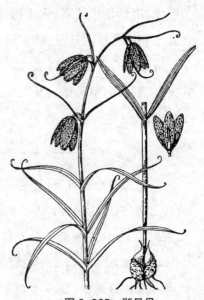

图3-265 浙贝母

255

由少数肥厚的鳞瓣组成。茎高 40~60 厘米,基部以上具叶。叶狭窄,条状披针形至条形,顶端常呈卷须状;上部叶轮生或对生,下部叶对生。总状花序有花数朵,少有单花的;顶生花有 3~4 个轮生苞片,侧生花有 2 个苞片,苞片叶状,条形,顶端也为卷须状;花俯垂,钟状;花被片 6,矩圆状椭圆形,淡黄或淡黄绿色,内面有紫色方格纹,基部上方有蜜腺;雄蕊 6;花柱稍长于子房,柱头 3 裂。蒴果有翅。

分布于浙江、江苏。生于山坡上。也有栽培。鳞茎入药,有止咳化痰、清热润肺的作用。含浙贝母碱,为止咳有效成分。

川贝母为草本。鳞茎小,直径仅 1~1.5 厘米,鳞瓣 3~4 个。茎高 20~45 厘米,中部以上有叶;最下部 2 叶对生,宽条形,钝头;其余叶 3~5 个轮生或对生,狭窄,顶端多少卷曲。花单朵顶生,有 3 个轮生的叶状苞片,顶端卷曲;花钟状,俯垂;花被片 6,绿黄色至黄色,有紫色方格纹,基部上方有蜜腺;柱头 3 裂。蒴果。

分布于四川、云南和西藏。生于海拔约 4 000 米的山地。也有栽培。鳞茎入药,功效与上种略有不同。川贝母味苦甘微寒,滋润性强,重点治虚劳咳嗽;浙贝母味苦寒,用于治外感咳嗽。贝母之所以能治咳嗽,是因为所含的生物碱类似阿托品,能扩张支气管、抑制腺体分泌。

贝母属的一些种,鳞茎入药也能治咳嗽,如陕西的太白贝母、甘肃的西北贝母、新疆的伊贝母以及四川西部的冲松贝母。这说明我国的贝母资源十分丰富。

趣闻轶事

贝母的疗效虽好,但它多生长在人迹罕至的悬崖石缝中,难以采到。药王孙思邈 12 岁时,就跟随药师张七伯认药采药。一日,思邈随师傅来到磬玉山(在今天的陕西耀县境内)采药。两人爬到一座山的山顶时,张七伯忽然看见山崖下数丈深处有一株贝母,并指给思邈看。贝母在那一带十分稀少,这一发现令张七伯十分高兴,于是将绳子一头拴在大树上,另一头拴在自己腰间,沿山崖下去把贝母采了上来。药师惊险的采药过程,令孙思邈十分震撼,并认识到稀有药材的来之不易。

(4)葱、蒜、韭菜和洋葱

葱、蒜、韭菜和洋葱均出自葱属。葱属是个大属,有400多种,我国有120种。这个属突出的特征有:鳞茎;叶多基生,有葱的气味;花序伞形,下有总苞;花3基数;花被片6,2层;雄蕊6;心皮3,合生,中轴胎座,子房上位,每室1至多个胚珠;蒴果。

葱(*Allium fistulosum* L.,图3-266)为多年生草本。鳞茎圆柱状,外皮白色或淡红褐色,薄革质,全缘。叶圆筒形,中空。花葶圆柱状,中空,下部有叶鞘;花序伞形,总苞膜质,2裂;花极多,无小苞片,白色;花被片6;雄蕊6,基部合生并与花被贴生;子房倒卵形,花柱细长,伸出花被外。蒴果倒卵形。花果期4—7月。

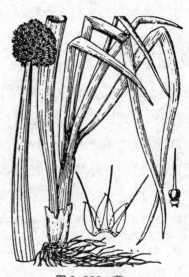

图3-266 葱

葱原产于西伯利亚。我国栽培广泛且历史悠久。2 000多年前的《礼记·曲礼》中就有葱的记载。鳞茎为重要蔬菜和调味料,它不仅能为菜肴添味,还能促进食欲。我国葱的品种多,最有名的是山东章丘市产的大葱,其葱白(鳞茎)长可达67厘米,重0.5~1千克。用葱白淡豆豉煎汤内服,可治伤风感冒。葱还有抗菌作用,冬季吃葱能预防呼吸道感染,夏季则能预防肠道感染。

蒜(*A. sativum* L.)为草本。鳞茎球形至扁球形,由多个肉质瓣状的小鳞茎紧密排列而成,所以一头蒜是一个复鳞茎,其外皮白色或紫色,膜质。叶片扁平,宽条形至条状披针形,短于花葶。花葶圆柱形,实心,即通常说的蒜苗,中部以下具叶鞘;总苞有长喙;伞形花序密集,多珠芽,间有花朵;小苞片膜质,卵形;花淡红色;花被片6,披针形;雄蕊6,花丝合生并与花被贴生,内轮花丝基部扩大,每侧有1齿,齿端长丝状,超过花被片;子房球形,花柱短。蒴果。花期7月。

原产于欧洲或亚洲西部。我国广为栽培。鳞茎是调味料,幼苗、叶和花莛为蔬菜。蒜作为调味料很受欢迎,生吃有杀菌作用。其有效成分是大蒜素,对痢疾杆菌、大肠杆菌、伤寒杆菌、霍乱弧菌和葡萄球菌等有杀灭或抑制作用。医药研究表明,大蒜还有降血脂、降血压和降血糖的作用。但吃蒜过多会影响视力,导致口干便秘等。另外,有胃炎或胃酸过多的人最好不要吃大蒜。

韭菜(*A. tuberosum* Rottler ex Sprenge)为多年生草本,具根状茎。鳞茎簇生,狭圆柱形,外皮黄褐色,网状纤维质。叶条形,基生,扁平,实心,比花莛短。花莛圆柱状,有纵棱2条,下部有叶鞘;总苞2裂,短于花序;伞形花序近球形,花柄下部有小苞片;花白色或带淡红色;花被片6,长圆状披针形;雄蕊6,花丝基部合生且与花被贴生;子房倒圆锥状球形,有3条圆棱。蒴果,具倒心形的果瓣。花果期7—9月。

原产于亚洲东部。世界广泛栽培。我国栽培历史已有3 000多年,很早就有"正月囿有韭"之说。韭菜质地柔嫩,气味辛香,可调味、炒食。也为药,有补中、益肝、散滞和活血的作用。和蒜一样,韭菜也不宜多食,胃虚有热和消化不良者应少食,因为韭菜性温热,含粗纤维多,不易消化吸收。

野韭菜(*A. ramosum* L.)形态像韭菜。与韭菜不同的是,野韭菜的叶呈三棱状条形,背面有龙骨状突起,中空;花被片上有红色的中脉,而韭菜花被片的中脉为绿色。野韭菜在我国北部各省分布较广。北京山区多见。嫩叶和花可以食用。

洋葱(*A. cepa* L.)为多年生草本。鳞茎球形或扁球形,外皮紫红色、红褐色或淡黄色。鳞片叶肥厚肉质。叶中空,圆筒状。花莛粗壮,中空,圆柱状,下部有叶鞘。花序伞形,花密集;总苞2～3裂;花粉白色;花被片6,中脉绿色;雄蕊6,内轮花丝基部极度扩大,每侧各具1齿;子房球形,心皮3,3室,每室有胚珠数个。蒴果近球形。花果期5—7月。

洋葱原产于亚洲西部。世界广为栽培。在古罗马,洋葱是军队必备的食物,他们认为洋葱能使士兵身体强壮并骁勇善战。十字军远征时将洋葱带到了法国,后来法国的洋葱汤和炸葱头名扬四海。洋葱富含维生素和矿物质,可降胆固醇和血压,多吃有益健康。

(5)独特的假叶树

假叶树(*Ruscus aculeatus* Linn.,图3-267)为常绿小灌木,高20～40厘米。从外形上看,它具分枝、叶片卵形,然而植物学家研究后发现,"卵形叶"不是叶,而是变态的枝条,称为叶状枝。叶状枝革质,扁平,具基出弧形脉,全缘,顶部有刺。花白色,1～2朵生于叶状枝中脉的中下部。真正的叶很小,鳞片状,其叶腋处生叶状枝。果实为浆果,熟时红色,直径1～1.2厘米。花期1—5月,果期8—11月。

图3-267　假叶树

假叶树原产于欧洲,生于干旱地区。其叶退化,由变态枝进行光合作用,这是对干旱环境的一种适应。世界各地多栽培。北京各公园有栽培,为盆景。

259

(6)七叶一枝花

七叶一枝花(*Paris polyphylla* Sm.,图3-268)高35～100厘米,根状茎径达2.5厘米,棕褐色。叶常7～10个轮生于茎顶,叶片椭圆形或矩圆形,长7～15厘米或更长,宽达5厘米;叶柄长5～6厘米,带紫红色。单花顶生,花梗长；外轮花被片4～6个，绿色，卵状披针形，内轮花被片条形，远长于外轮花被片；雄蕊8～12个，花药与花丝等长，药隔延长1～2毫米；子房上位，圆锥形，有5～6棱，顶端有1个盘状花柱基，花柱粗短，有4～5分枝。蒴果成熟时3～6瓣裂，种子多。分布于云南、四川、贵州和西藏。根状茎入药，有清热解毒、消肿止痛的功效，可治流行性乙型脑炎、疖肿和毒蛇咬伤。

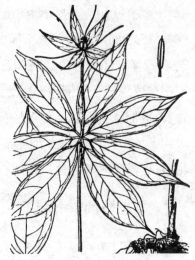

图3-268　七叶一枝花

同属（重楼属）的北重楼（*P. verticillata* M. Bieb.，图3-269），其根状茎的疗效相同。北重楼为多年生直立草本。叶片6～8个轮生，披针形或狭长圆状倒披针形。雄蕊常8个，药隔延长；子房近球形，紫褐色，无棱，花柱分枝，细长外卷。蒴果浆果状，不裂，这与七叶一枝花明显不同。

分布于东北、华北、西北至浙江和安徽。北京山区海拔1 200米以上也有分布。生于林下或山沟处。

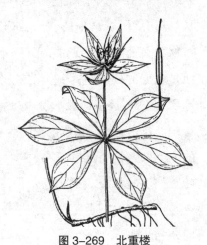

图3-269　北重楼

（7）百合科要点

本科常有鳞茎、根状茎或块茎。叶脉多为平行脉或弧形脉，少网状脉。花序总状、穗状或伞形；花被片6，少4，常离生或有合生，花冠状；雄蕊6，离生，花药丁字形生或基生；子房上位或半下位，常3室，中轴胎座，每室1至多枚胚珠。蒴果或浆果，种子多。

67　石蒜科像百合科

石蒜科共有85属1 000多种，分布于温带地区。我国有10多个属100多种，分布全国。本科以花卉居多，如水仙、文殊兰、石蒜、朱顶红、葱莲、韭菜莲、君子兰(*Clivia miniata* Regel)、晚香玉和龙舌兰等。

(1) 代表植物君子兰

君子兰(图3-270)为多年生草本。假鳞茎由叶基组成。叶片厚革质，宽带状，深绿色。伞形花序有多花；花直立，外面红黄色，内面下部黄色；花被片6，下部合成管状，裂片2轮；雄蕊6；心皮3，子房下位，3室，中轴胎座，每室多胚珠，花柱细长，柱头3裂。浆果红色，种子球形。

图3-270　君子兰

原产于南非。我国广为栽培，北京各公园的温室都有。1815年发现于南非，1930年前后传入欧洲。19世纪传入我国，最初栽植于青岛德租界内，如今已培育出不少品种。

君子兰的花很像百合科的花，也是3基数，但它的子房是下位的，花序是伞形的，而百合科是总状花序(除葱属以外)。因此只要抓住下位子房，就抓住了石蒜科的要害。

近缘种为垂笑君子兰(*C. nobilis* Lindl.)。其叶较窄。花开放后下垂，花朵比君子兰的稍小。也产于南非森林中。

（2）水仙为奇花

水仙（*Narcissus tazetta* L. var. *chinensis* Roem.，图 3-271）为我国的十大名花之一，属于水仙属。多年生草本。鳞茎卵圆形。叶狭长条形，扁平，端钝，全缘，绿色。伞形花序，有花数朵或更多；花葶长于叶或约相等；花柄长短不一，从总苞中伸出；花白色，有香气，平展或稍下倾；花被管细，绿色，裂片 6，倒卵形；副花冠呈浅杯状，黄色，短于花被；雄蕊 6，生于花被管内；子房下位，3 室，每室多胚珠。蒴果。栽培的很少结果实。

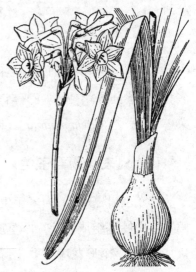

图 3-271　水仙

产于我国福建和浙江。有人认为是从欧洲传入的。现各地栽培，春节期间开花。因花葶中空，像葱，故有天葱的别名。又因鳞茎像大蒜，又称雅蒜。

水仙花的奇特之处在于，有 6 个洁白如玉的花被片和杯状的黄色副花冠，也称金盏银台或金盏玉台。其重瓣品种，花被片呈卷皱形，上端白，下端黄，叫玉玲珑，十分名贵。

（3）石蒜科要点

多年生草本。常具鳞茎或根状茎。叶细长，基出。花两性，常组成伞形花序，生花葶顶端；花被花瓣状，裂片 6，分为 2 轮，有时具副花冠；花丝分离或结合成筒；子房下位，常 3 室，中轴胎座。蒴果或浆果状。

认识石蒜科时可与百合科比较，因为两科有不少相似处。

68 鸢尾科雄蕊 3

鸢尾科约 60 属 800 种，我国有 9 属约 300 种。本科与石蒜科一样，也是子房下位，但本科雄蕊 3，部分种类花柱分枝呈花瓣状，而石蒜科雄蕊为 6。

（1）常见种类

代表植物为鸢尾（*Iris tectorum* Maxim.，图 3-272）。叶剑形，宽 2 厘米。花莛高达 45 厘米；苞片倒卵状椭圆形；花蓝紫色；花被片 6，外轮倒卵形，中央有

图 3-272 鸢尾

鸡冠状突起，深色网纹，白色须毛，内轮有短爪；花柱狭，柱头蓝色，2 裂，子房圆形，有三棱。蒴果长圆形，6 棱。种子多数，球形，有假种皮。花期 4—6 月，果期 5—7 月。

原产于我国，多栽培，供观赏。

北方山区有一种野鸢尾（*I. dichotoma* Pall.，图 3-273），也叫白花射干。高 30～80 厘米，有根状茎。叶蓝绿色，稍弯。苞片披针形，叶状，膜质，基部抱茎；花小，绿白色，有紫褐色斑点；花被片 6，外轮方形外弯；雄蕊 3，生外轮花被片基部；花柱 3 分枝，分枝扩大呈花瓣状，子

图 3-273 野鸢尾

房下位,3室。蒴果狭长,有3棱。多生于向阳的山坡上。

马蔺[*I. ensata* Thunb.,图3-274]为多年生草本。叶条形,无毛。花蓝紫色,外轮花被片较大,匙形,中部有黄色条纹,内轮花被片倒披针形。北方山野极多。其叶纤维韧性强,可代麻使用。

射干[*Belamcanda chinensis*(L.)DC.]为多年生草本,高40~120厘米。马蔺叶2列,剑形,扁平,基部抱茎。聚伞花序顶生;花两性;花被片6,2轮,橘黄色,

图3-274 马蔺

有紫红色斑点;雄蕊3;子房下位,3室,花柱单一,上部稍扁,先端3裂。蒴果长椭圆形或倒卵形,室背开裂。种子黑色。花期7—8月,果期9—10月。

原产于我国和日本。各地多栽培。花供观赏。根状茎入药,有清热解毒、消肿止痛的功效。

鸢尾、野鸢尾和马蔺属于鸢尾属,而射干属于射干属。射干属的特点是,花被管部极短,花柱不呈花瓣状。

本科还有一种著名花卉叫唐菖蒲(*Gladiolus gandavensis* Van Houtte,图3-275),原产于南非,北京栽培很广。其花大美丽,橙黄色、白色或黄色等,是理想的切花种类。

图3-275 唐菖蒲

(2)鸢尾科要点

多年生草本。有根状茎、球茎和鳞茎。叶多基生,条形或剑形,常2列,

基部有套折的叶鞘。花两性,辐射对称或两侧对称,由苞片内侧抽出;花被片6,呈花瓣状,2轮,基部常合成管状;雄蕊3,生于外轮花被片上;子房下位,中轴胎座,3室,花柱单一,上部3裂,常似花瓣状或其他形状,胚珠多数。蒴果,室背开裂。种子多数。

69　人类的粮仓——禾本科

本科约有700属近10 000种。我国有200余属1 500种以上,为形态特殊的单子叶植物。禾本科有多种粮食作物,如水稻、小麦、大麦、燕麦、高粱、玉米和谷子等。还有重要的糖料植物之一甘蔗,以及竹类植物和多种牧草。

(1)小麦和水稻

小麦(*Triticum aestivum* L.)小穗的形态结构,可代表禾本科的小穗。

小麦(图3-276)为一年生或越年生,秆高约1米,有6～7节。叶鞘短于节间,膜质;叶片长披针形。穗状花序直立,顶生,长5～10厘米(不计芒);小穗两侧压扁,有1个小穗轴,生3～9花,基部有1对颖片,颖片革质,有5～9脉;每小花外有2苞片,即外稃和内稃,外稃厚纸质,有5～9脉,顶端有芒,内稃与外稃等长,有2脊;内外稃之间有2枚小鳞片,称浆片;雄蕊3;花柱2,胚珠1。颖果长圆形或卵形,腹面有深纵沟。开花期5月,成熟期6月。为重要的粮食作物,品种多。

图3-276　小麦

图 3-277　稻

稻（*Oryza sativa* L.，图 3-277）一年生。秆直立，丛生，高 30～100 厘米。叶舌膜质，披针形，2 深裂，长达 60 厘米。圆锥花序松散；小穗长圆形，两侧压扁，含 3 个小花，下面 2 个小花退化而仅存外稃，小锥形；颖片极退化，仅有 2 个半月形突起；小花两性，外稃硬质，有 5 脉，有芒或无芒，内稃 3 脉；雄蕊 6；花柱 2，柱头刷状。颖果长椭圆形。花期 8 月，果期 10 月。

水稻也是重要粮食作物，品种多。大米除供食用，还可以酿酒、制醋及入药。我国杂交水稻之父袁隆平培育出的杂交水稻，大幅度提高了水稻的产量，为解决世界粮食问题做出了巨大贡献。

（2）从美洲来的玉米

玉米（*Zea mays* L.，图 3-278）原产于墨西哥，是当地重要的粮食作物，墨西哥人的祖先主要以玉米为生，并将玉米奉为神物。考古学家曾在墨西哥发掘出大量用黄金等做成的玉米神像。哥伦布发现美洲大陆后，玉米被带到了欧洲，开始也只是种在花园里以供观赏，后来逐渐成为粮食作物，并传到世界各地。

玉米又名玉蜀黍，属于玉蜀黍属，仅 1 种。为一年生高大草本。茎秆高达 4 米，不分枝，实心，基部的节上有气生支柱根，可支撑茎秆，以防倒伏。叶鞘和叶片均大，叶片带状披针形，中脉

图 3-278　玉米

粗壮。雄蕊小穗对生,一个近无柄,一个有柄,有2雄花;2颖片膜质,有9~10脉;外稃和内稃均透明膜质,与颖近等长;雄蕊3个。雌花序生叶腋,肉穗状;雌小穗成行密集排列,有8~18行或更多;第一颖较宽厚,两颖均无脉;第一小花仅有肉质外稃,熟时膜质,包在第一颖之内,比颖小,内稃小或不显;第二小花雌性,内外稃均包在子房外面;花柱细长如丝,密生短毛,顶端不等二分叉,从总苞顶端伸出。颖果序较大,呈棒状。

玉米为高产作物,抗旱能力强,除作为粮食外,还用于生产酒精、油脂和葡萄糖。秆叶为饲料。花柱入药有利尿作用。

(3)菱笋和薏苡

菱笋[*Zizania caduciflora*(Turcz. ex Trin.)Hand. Mazz.]又称菰、菱白,属于菰属。为多年生挺水草本,具肥厚的根状茎。茎秆直立,高1~2米。叶鞘肥厚,长于节间;叶舌膜质,三角形;叶片条状披针形,宽10~25毫米。花单性,雌雄同株;圆锥花序,长30~60厘米,分枝近轮生;雄小穗生花序下部,有短柄,外稃5脉,有短芒,内稃3脉,雄蕊6;雌小穗生花序上部,外稃5脉,有芒,内稃3脉。颖果圆柱形,长1厘米。花果期7—9月。

本种分布于我国大部分地区。生于水域和湿地,常与芦苇、香蒲混生。北京远郊也有。其秆基部被黑粉菌寄生后变肥大,称为菱白或菱笋,为蔬菜。果实俗称菰米,可食,古代作为粮食。宋朝张邦基的《墨庄漫录》记载:晋张翰亦以秋风动而思菰菜,莼羹,鲈鱼。

薏苡(*Coix lacryma-jobi* L.,图3-279)又称药玉米、川谷。一年生草本,茎秆直立,高达1.5米。叶鞘光滑,有硬质的叶舌;叶片条状披针形,宽1.5~3厘米。总

图3-279 薏苡

状花序腋生；花单性；雄小穗生于花序上部，自珐琅质球形或卵形的总苞中伸出；雌小穗生花序下部，外包以念珠状的总苞，小穗和总苞等长，一般有2~3个雌小穗，仅1个发育，花柱长，伸出总苞外。果实成熟时总苞坚硬，珐琅质，呈卵形或球形，内包颖果。花期7—10月。薏苡在长江以南地区有野生。

薏苡的颖果含丰富的淀粉和脂肪，可食用，也可以入药，有清热排脓、健脾利湿的作用，能治肠炎和腹泻等。东汉时，马援领兵去交趾（今越南）征叛军，由于水土不服，加上正值夏季，许多兵士患上了水肿病和脚气病，幸有人献方用薏苡熬粥服用，才得以治愈。

禾本科分禾亚科和竹亚科。比较一下竹枝和小麦植株，就能了解它们的区别。竹叶有叶片和叶鞘，小麦叶也有叶片和叶鞘，不同的是：竹叶基部有一个短叶柄，叶柄与叶鞘之间有关节，用手轻轻一拉，叶片就从关节处断开。竹林下的竹叶大多是由关节处脱离而落下的；小麦叶片的基部既无短叶柄，也无关节，所以小麦叶干枯后也不脱落。

禾本科大多为颖果，但也有例外。例如，野生且分布广的蟋蟀草属（*Eleusine*）大约10种，其果实是胞果，也叫囊果。种子黑褐色，果皮薄而疏松，包着种子。

本科有些属的属名中有"竹"字，如芦竹属、淡竹叶属和假淡竹叶属等，它们都不是竹类植物，而属禾亚科。

（4）禾本科要点

本科结构复杂，要掌握本科，应注意以下几点。第一，为草本植物或竹类植物。有人认为竹类是草本，也有人认为是木本。第二，本科的茎叫秆，秆上有明显的节和节间，并且多中空；叶2列，互生，叶脉平行，叶鞘抱秆，有叶舌，有时还有叶耳。第三，花序以小穗为单位构成，多为圆锥花序和穗状花序。小穗本身是一个变态的分枝，含1至多花，常在小穗轴上排成两列，互生；小穗基部有2个颖片；轴上有1至多个苞片，叫外稃和内稃，内稃常有2脊，每个外稃腋部有1朵花（常称小花）；花被片常退化成鳞被（或称浆片,2 或 3 个),小且透明;雄蕊常为 3 个,少有 6 个的(稀 1、2、4 或多个);子房上位,3 心皮合生成 1 室,常有 2 个花柱(少 1 或 3 个),柱头羽毛状或刷子状,胚珠 1。第四,为颖果(果皮种皮愈合),少为胞果、坚果或浆果;胚小,位于颖果一侧。

对于禾本科的特征,关键要了解小穗的形态结构,只要认真观察小麦和稻的小穗结构,就能明白八九分。野外鉴别时首先观察秆上的节和节间,秆是否中空;再看叶片和叶鞘,叶片内侧基部的叶舌,以及两侧基部与叶鞘交接处是否有叶耳,就能判断是否为禾本科植物。

70 天南星科的花、药和食

天南星科有 115 属 2 000 多种,广布世界各地。我国有 35 属 200 多种,分布较广。本科既有名花,也有良药,还有著名的食用植物等。

(1)观赏种类马蹄莲和龟背竹

马蹄莲[*Zantedeschia aethiopica*(L.)Spreng.,图 3-280]为多年生草本,有根状茎。叶基生,有长柄,下部有鞘;叶片心状箭形或箭形,先端锐尖,全缘。肉穗花序圆柱形,外有 1 佛焰苞,白色,斜口漏斗形,顶端尖而折回,形状奇特;上部生雄花,每花有雄蕊 2~3 个,离生;下部生雌花和数个退化雄蕊,心皮 3,子房 1~5 室。浆果短卵圆形,淡黄色。种子倒卵状球形。花期 2—4 月,果期 8—9 月。

马蹄莲原产于南非。我国栽培较

图 3-280 马蹄莲

多。白色佛焰苞与绿色叶形成对照,极具观赏价值。也是插花种类之一。

根据马蹄莲可以看出天南星科的主要特征:肉穗花序,外面有1个佛焰苞;浆果。佛焰苞有其他颜色,且不一定是斜口漏斗状的。

龟背竹(*Monstera deliciosa* Liebm.)为常绿攀缘藤本,赏叶植物。茎绿色粗壮,有黑褐色气生根。叶2列互生;叶片大,广卵形,革质,羽状深裂,叶脉间有长椭圆形穿孔;叶柄长,叶痕处有苞片。佛焰苞舟状,有喙;肉穗花序近圆柱形,淡黄色;花两性,无花被;雄蕊4;子房倒圆锥状角柱形,2室,每室2胚珠。浆果淡黄色。花期7—9月,果于次年花期后成熟。原产于墨西哥。我国栽培。北京多种于温室内。

近些年来,我国从南美引进了花烛(*Anthurium* sp.),又称安祖花、火鹤,为著名花卉。佛焰苞深红色。品种较多。

(2)药用种类——一把伞南星和半夏

天南星属于天南星属,本属约有150种,我国有82种,著名种为一把伞南星。半夏属于半夏属,此属约6种,我国5种,最常见的是半夏。这两属均有佛焰苞,但肉穗花序顶端有附属器。天南星属佛焰苞的管喉部张开,半夏属佛焰苞的管喉部则是闭合的。

一把伞南星 [*Arisaema erubescens* (Wall.)Schott,图3-281]的块茎扁球形。叶放射状分裂,小裂片7～23个,条形、披针形或倒披针形,顶端细丝状;叶柄长达25厘米。花单性,雌雄异株;花序柄短于叶柄;佛焰苞绿色,上部带紫色,管部圆筒形;肉穗花序包在长筒内,上

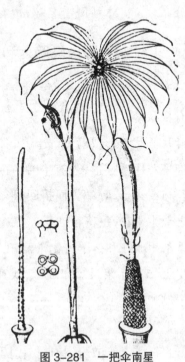

图3-281 一把伞南星

部有棒状附属器;雄花有短柄,雄蕊2~4;雌花的子房卵圆形。果序成熟后多下垂,浆果红色。种子球形。花期5—8月,果期8—9月。

分布于河北、河南、陕西、四川和湖北等省。北京山区很常见。多生于阴湿山沟或林下。块茎入药,有祛痰消肿之功效。但块茎(包括本属的其他种)有毒,必须去毒。曾经有 市民上山挖笋,挖到一白色荸荠状物,他尝了一下,很快感到唇舌麻辣、喉舌紧缩、说不出话。他立即赶往医院,到医院时已出现头晕、心悸、烦躁、手足发麻和体温升高等症状,幸亏抢救及时。后来查明,他吃的是一把伞南星的块茎。所以野外考察时,不能随意品尝所见的植物。

半夏[*Pinellia ternata*(Thunb.)Breit.,图3-282]为多年生草本。块茎圆球形。叶少数基生,一年生叶为单叶,叶片心状箭形或椭圆状箭形,两或三年生叶为3小叶,掌状,小叶片卵状椭圆形或倒卵状长圆形;总叶柄长达20厘米,基部有鞘;鞘部以上或叶片基部有珠芽,呈卵圆形。花序柄长于叶柄;佛焰苞绿色或绿白色,筒部狭圆柱状;肉穗花序下部的雌花部分长约1厘米,与佛焰苞

图3-282 半夏

贴生,雄花部分长5~7毫米,两者间隔3毫米;雄花有雄蕊2个;肉穗花序的附属器先绿后变为紫青色。浆果卵圆形,黄绿色。花期5—7月,果期8月。

271

农历五月中旬生苗,正值夏季之半,故名半夏。分布于东北、华北、华东及西南。北京山区多见。北京大学校园内也能见到。块茎有毒,加工后入药,有开胃健脾、祛痰止呕的作用。

(3)食用种类芋和魔芋

《史记》称芋为"蹲鸱",《汉书》中称"芋魁"。芋[*Colocasia esculenta*(L.)

Schott ］为多年生草本。块茎卵形或椭圆形，常有多数小鳞茎。叶基生，2～3个或更多，叶柄长于叶片，叶片绿色宽卵形，盾状生。花序柄单生；佛焰苞长短不一，管部绿色，边内卷；肉穗花序长约10厘米，短于佛焰苞；附属器短；雄花黄色，生上部，雌花部分较短。浆果绿色。花期7—8月。

原产于我国、印度和马来半岛的热带地区。北京有栽培。块茎中含有丰富的淀粉，可当粮食或蔬菜。块茎及叶也入药，可治乳腺炎。

民间传说

传说某年的农历八月十五，刘秀及其官兵被王莽围困于山上，粮食和水都用光了。不久，王莽发动了猛烈的火攻，山上的草木纷纷燃烧。形势万分危急。正值此时，突然天降大雨，将火浇灭。雨后，一些士兵闻到了泥土中散发的香气，挖开一看是烧熟的球状物，一尝香甜可口。原来是芋头。官兵们饱餐一顿之后，士气大振，杀出了重围。刘秀登基后，规定八月十五吃芋头，以示纪念。

魔芋（*Amorphophallus rivieri* Durieu，图 3-283）块茎扁球形。叶基出，叶柄有斑；叶1个，具3小叶，小叶二歧分叉，裂片再羽状深裂，小裂片椭圆形至卵状矩圆形。先叶开花，花莛长50～70厘米；佛焰苞斜漏斗状，苍绿色，有紫斑，边缘紫红色；肉穗花序长几乎是佛焰苞的两倍，上部有雄花，下部有雌花；附属器圆柱状，长达25厘米。浆果球形或扁球形，黄绿色。花期4—6月，果期8—9月。

原产于东南亚，我国西北至江南也

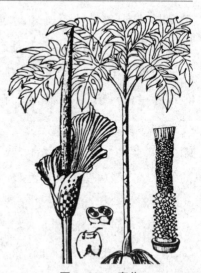

图 3-283　魔芋

有。生于林下或沟谷湿地。块茎入药，有解毒、消肿和止痛的作用。捣烂敷患处，可治痈疽肿毒。块茎去毒后，可制作魔芋豆腐。

（4）叶剑状的菖蒲属植物

菖蒲（*Acorus calamus* L.，图3-284）
又称水菖蒲、白菖蒲。根状茎粗壮。叶
剑形，宽长，基部对摺。花葶基出，短于
叶片；佛焰苞形同于叶；肉穗花序长8厘
米，圆柱形；花黄绿色；雄蕊6；子房长圆
形，2～3室，每室数胚珠。浆果长圆形，
红色。花期5—8月，果期6—9月。

图3-284　菖蒲

分布几乎遍布全国。生于河岸湿
地。植物体含挥发油，可制香料。根状
茎入药，有化痰开窍、除湿健胃的作用，
用于痰厥昏迷、风湿寒痛等症。李时珍
释菖蒲名：菖蒲，乃蒲类之昌盛者，故曰菖蒲。民间有端午节在门上插艾和
菖蒲的习俗，以求吉利。

图3-285　石菖蒲

石菖蒲（*A. gramineus* Soland.，图
3-285）近上种，但植株较矮小。叶细，
宽仅3～10毫米，无中脉，似禾本科植物
的叶，基部对摺。花葶高10～25厘米，
扁三棱形；佛焰苞狭长，叶状；肉穗花序
短小，圆柱形；花小而密，子房六角形。
浆果卵圆形。花期5—6月，果期7—8月。

分布于长江以南至云南、贵州、西
藏等地。北京有栽培。根状茎入药，为
芳香健胃剂。古人认为，石菖蒲药效优
于菖蒲，其中又以一寸九节者为良，称为九节菖蒲。石菖蒲还能造酒。据
说山西省垣曲县出产的菖蒲酒有2 000多年的历史，历代宫廷过端阳节都

273

将它列为御用酒。《本草纲目》云：菖蒲酒治三十六风一十二痹，通血脉、治骨痿，久服耳目聪明。

菖蒲属共 4 种，我国均有。特殊之处有：叶挺直如利剑，基部互抱，2列，叶脉平行；佛焰苞不呈漏斗状，而为扁平叶状，且与花莛相连；肉穗花序圆柱状；花两性，花被片 6，外轮 3 片条形。

（5）天南星科要点

多年生草本。有块茎或根状茎。肉穗花序，外有佛焰苞，漏斗状或形状同叶；花两性或单性；心皮 1 至数个，1 室或数室，胚珠 1 至多个，侧膜或中轴胎座，子房上位或下位。浆果。

71　棕榈科

棕榈科有 200 多属 2 500 种。我国约 22 属 70 多种，主要分布于南部至西南部各省。多栽培。北京地区栽培有少数种类。

（1）代表植物棕榈

棕榈 [*Trachycarpus fortunei* (Hook. f.)H. Wendl.，图 3-286] 的形态特征最能代表棕榈科。为常绿乔木，高达 15 米。直立不分枝，偶有分枝。老叶鞘纤维质，包于茎上；叶簇生茎顶，叶片圆扇形，掌状深裂至中部左右，裂片硬直，先端不下垂；叶柄硬而长。花单性，雌雄异株，黄色；圆锥形花序；佛焰苞扇形；花萼、花冠 3 裂；雄花有雄蕊 6 个，花丝离生，

图 3-286　棕榈

花药短;雌花由3心皮组成,柱头3,反曲。核果球形或椭圆形,径约1厘米。花期5—7月,果期8—9月。

原产于我国,分布于长江以南各省区。北京有栽培,为盆景。棕榈的叶鞘可制绳索。嫩叶可制作扇子。果实可提取蜡,是制作复写纸的原料,入药有收敛止血的功效。棕榈能吸收二氧化硫,净化空气。其叶鞘纤维如马颈上的鬃毛,称劲儿骏。《广群芳谱》释棕榈的名字说:皮中毛缕如马之骏,故名。

(2)几种经济植物

椰子(*Cocos nucifera* L.,图3-287)为乔木,形态与棕榈明显不同。叶为羽状全裂,长3~4米,裂片条状披针形,基部明显向外折叠。肉穗花序腋生,长1.5~2米,分枝多;雄花聚生于分枝上部,雌花散生于分枝下部;总苞厚木质,纺锤形,长60~100厘米,脱落。坚果倒卵形或近圆形,长可达25厘米,顶端微有3棱;中果皮厚,纤维质;内果皮骨质,近基

图3-287 椰子

部有3个萌发孔。种子1,种皮薄,胚乳丰富,白色,内含汁液(常称椰汁),胚基生。

椰子分布于广东、海南、云南和台湾。生于热带地区的海岸。果实是热带著名水果之一。胚乳习称椰肉,可榨油。椰汁供饮用。中果皮中的纤维可制绳索。树干可用做梁柱及伞柄。椰果的中果皮疏松,外果皮不进水,因此能漂到很远处的海岸边生根发芽。

油棕(*Elaeis guineensis* Jacq.,图3-288)

图3-288 油棕

275

为乔木,高10米以上,树干直径可达50厘米。叶羽状全裂,长达3~4.5米,裂片条状披针形,长70~80厘米,宽2~4厘米,基部裂片针刺状。花单性,雌雄同株;雄花序较小,由多数穗状花序组成,长7~12厘米;雌花序较大,头状,长20~30厘米,基部有带刺的苞片。坚果卵形或倒卵形,橙红色;外果皮海绵质,含油,中果皮纤维质,内果皮骨质,顶端有3个萌发孔。种子球形或卵形,含油。

原产于非洲热带地区。我国引种,栽培在云南、广东、广西和海南等省。用果皮榨的油可制肥皂、机油,提炼后可食用。果的硬壳可制活性炭。

槟榔(*Areca cathecu* L.,图3-289)为乔木,高达17米以上。叶羽状全裂,长1.3~2米,裂片狭长披针形,顶端渐尖,有不规则齿裂。肉穗花序生于叶鞘束下,分枝多,排成圆锥花序状,长达30厘米,上部生雄花,下部生雌花;雄花有雄蕊6个,3个退化;雌花大,长达1.5厘米,6个雄蕊退化。果实长椭圆形,花被片宿存,橙红色,中果皮纤维质。种子卵形。

原产于马来西亚。我国广东、云南、海南和台湾有栽培。种子有下气、消食和祛痰的功效。南方少数民族常用槟榔

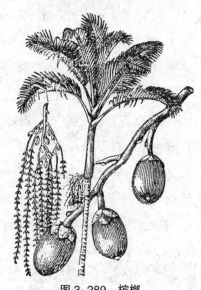

图3-289 槟榔

待客。李时珍引罗大经《鹤林玉露》对此有绝妙的解析:岭南人以槟榔代茶御瘴,其功有四:一醒能使之醉,盖食之久,则槟榔熏然颊赤,若饮酒然,苏东坡所谓"红潮登颊醉槟榔"也。二醉能使之醒。盖酒后嚼之,则宽气下痰,余醒顿解。三饥能使之饱。四饱能使之饥。盖空腹食之,则充然气盛如饱;饱后食之,则饮食易消。

蒲葵[*Livistona chinensis* (Jacq.) R. Br.]为乔木,高可达20米。叶宽肾状扇形,直径达1米以上,掌状裂至中部,裂片条状披针形,分裂部分常下

垂;叶柄粗,长可达 2 米,下部有 2 列逆刺。肉穗花序排成圆锥状,长 1 米以上,腋生;总苞硬质,管状;花小,两性,黄绿色;萼片 3;花冠 3 裂几至基部;雄蕊 6,花丝合生成一环;心皮 3,近离生,3 室。核果椭圆形,长达 2 厘米,黑色。

分布于我国南部。多栽培,以广东新会的最为有名。嫩叶可制葵扇,老叶可制蓑衣。果入药有抗癌作用。

(3)棕榈科要点

棕榈科是单子叶植物中最多姿多彩的一个科,有常绿乔木、灌木和藤本。叶多丛生茎顶,也有互生,掌状或羽状分裂,少全缘;叶柄基部常扩大成纤维状的鞘。花序为圆锥状或穗状;花两性或单性;佛焰苞 1 至多个,包围花序的分枝或花梗;花被 6 裂,2 轮,离生或合生;雄蕊常为 6 个;子房上位,常 1~3 室,少 4~7 室,每室 1 胚珠。浆果或核果。种子含丰富的胚乳。

72　独特的兰科

兰科是单子叶植物中最大的科,约 700 属 20 000 种左右,分布于全球各地。多生于热带地区的森林中。我国有 171 属 1 247 种,分布于西南地区及海南和台湾,北方仅有少数种类。其花形奇特,花色艳丽,气味芳香,多为名贵观赏花卉,常身价不菲。本科也有药用植物,如天麻、石斛、白及等。

(1)独特的兰科植物的花

兰科植物的花(图 3-290)常 180°扭转,使唇瓣位于远轴的一方,即下方。少数 90°扭转,也使唇瓣位于下方。极少数不扭转或 360°扭转,所以唇瓣位于上方。只要注意观察兰花的子房(下位),就能看到扭转形态。

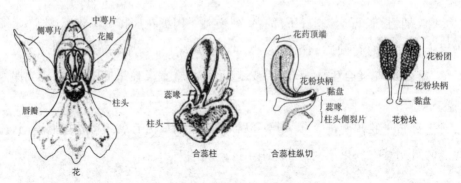

图 3-290　兰科花的构造

兰科的花被片6,排成2轮,每轮3个,都为花瓣状,白色或其他色。外轮3个称为萼片,中萼片直立,并且与花瓣靠合成兜状;侧萼片歪斜,有时2个侧萼片合生成合萼片。内轮花被片3个,侧面的2个称花瓣,中央的1个变态成多种奇特的形状,叫唇瓣。极少不形成唇瓣的。唇瓣常色彩艳丽,上面有胼胝体、褶片或腺毛等附属物,基部常有距或囊。雄蕊、花柱和柱头常合生成为柱状体,称蕊柱。蕊柱顶端有药床,还有1枝背生的雄蕊,其前上方有1柱头穴。极少数无药床。柱头顶生或有2个雄蕊;蕊柱基部有时向前方(向唇瓣的方向)延伸成足状,称为蕊柱足。在柱头与雄蕊之间常有1舌状器官,称蕊喙。蕊喙通常由柱头上裂片变态而来,它能分泌黏液。花药多黏合成团块,称花粉团。有时一部分变为柄状物,称为花粉柄。蕊喙的黏液常呈固体状,叫黏盘。黏盘有时有柄状附属物,叫蕊喙柄。花粉团、花粉块柄(来自花药,雄性来源)和黏盘、蕊喙柄(来源于柱头,雌性来源)合生在一起,称为花粉块。但并不是所有的花粉块都具有这4个部分。

兰花的这种奇特结构与传粉有关。兰科的花有虫媒、鸟媒,也有自花传粉。昆虫采粉后退出花朵时,其背部就会触动蕊喙柄,使黏盘扣在昆虫的背部或其他部位,从而将花粉块从药室中拖出。当这只昆虫进入其他花朵采粉时,身体上携带的花粉块会碰到柱头,从而实现异花传粉。这种传粉方式达到了高度适应的程度。

(2)常见的兰花

我国传统的兰花大多属于兰属(*Cymbidium*),常见的种类有春兰[*C. goeringii*(Rchb. f.)Rchb. f.]、蕙兰(*C. faberi* Rolfe)、建兰[*C. ensifolium*(L.)Sw.]和墨兰[*C. sinense*(Jackson ex Andr.)Willd.]等。

春兰(图 3-291)为多年生草本。根状茎短,丛生。叶 4～6 个丛生;叶片狭带形,长 20～40 厘米,宽多在 1 厘米以下,叶缘有细齿;基部有残留的叶鞘,纤维质。花莛直立,远短于叶;苞片长而宽;花单生,少为 2 朵,淡黄绿色,有清香;萼片狭长圆形,基部有紫褐色条纹;花瓣卵状披针形,稍短于萼片,唇瓣不明显 3 裂,短于花瓣,淡黄色有紫褐色斑点,顶端反卷,中央从基部至中部有 2 条褶片;合蕊柱长 1.5 厘米。春季开花。

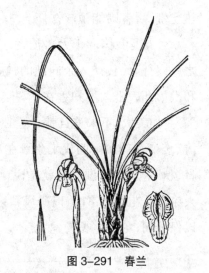

图 3-291　春兰

分布于南方各省。北京常温室栽培。花清香宜人,叶片细长常绿,为观赏闻香之种。根入药,可以清热利湿、消肿。

蕙兰形态接近春兰,但它的叶脉明显,在光下透亮,而春兰的叶脉在光下不透亮,可以区分。花序有多花,苞片狭小,唇瓣中裂片有乳突状毛,这些也与春兰不同。叶长 25～120 厘米,宽约 1 厘米。春季开花。

分布于我国南方各省。北京有盆栽。

建兰(图 3-292)叶条形或条状披针

图 3-292　建兰

形,长30~50厘米,宽1~1.7厘米,比前两种宽,叶缘齿不明显。花莛稍短于叶,有鞘状鳞片;3~7花或更多,苞片短;花芳香,黄绿色;萼淡绿色,有5条脉;花瓣较短,色淡有紫褐色斑纹,唇瓣中央有2条半月形褶片,白色,中裂片反卷,淡黄色带紫红色斑点。花果期3—6月。

分布于我国南方各省。北京常盆栽,供观赏。根和叶入药,前者能清热止带,后者则能镇咳祛痰。

兰花是我国的十大名花之一,自古深受人们的喜爱,咏兰、赏兰和养兰之风盛行。元代诗人余同麓的《咏兰》这样写道:"手培兰蕊两三栽,日暖风和次第开。坐久不知香在室,推窗时有蝶飞来。"苏轼《题杨次公春兰》曰:"春兰如美人,不采羞自献。"董必武赏兰有独到心得,说兰有四清:气清、色清、姿清和韵清。明代王象晋在《群芳谱》中谈到养兰四诀:春不出,夏不日,秋不干,冬不湿。这就是说,要掌握兰花的生活习性,才能养好它。春天应将兰花藏于室内,以避风霜;夏天要躲烈日,以棚遮之;秋天要多浇水,以保湿润;冬天生长慢,少浇水。

知识窗

你知道吗,孔子的"兰为王者香草"及屈原的"纫秋兰以为佩"的"兰"都不是兰科的兰花,而是菊科的泽兰(*Eupatorium japonicum* Thunb.)或华泽兰(*E. chinense* L.)。《本草纲目》中提到:兰草、泽兰一类二种也,俱生水旁下湿处······紫茎素枝······叶对节生······从"叶对节生"这一特征来看,诗中所说的兰草是菊科的泽兰,而不是兰科的兰花。

(3)药用种类

兰科也有著名的药用植物,如天麻(*Gastrodia elata* Bl)、白及[*Bletilla striata* (Thunb.) Rchb. f.]、手参[*Gymnadenia conopsea* (L.) R. Br.]和石斛(*Dendrobium nobile* Lindl.)等。

天麻(图3-293)又称赤箭,为腐生种类。茎直立,高30~150厘米,黄褐色，上面仅有鞘状鳞片。块茎肥厚，肉质，多呈椭圆形。总状花序有多花，花淡黄绿色。主要分布于我国的西南地区，东北也有。块茎入药，为镇痉祛风良药，治头痛、头晕和眼花等症。价格较昂贵。

白及为陆生兰。假鳞茎（由茎基部膨大而成）扁球形，上面有荸荠那样的环带。叶片较宽长。花大，紫色或淡红色。分布于长江流域以南地区。假鳞茎入药，有止血、生肌和止痛的功效，用于治疗肺结核咯血、胃溃疡出血、便血和尿血等。外用，治外伤出血。

图 3-293 天麻

手参（图 3-310）也为陆生兰。块茎椭圆形，长 1～2 厘米，下部掌状分裂，因此而得名。叶 3～5 个，生茎的下半部；叶片舌状披针形，基部鞘状抱茎。总状花序，花多而密集，粉红色。分布于我国北部。块茎入药，为强壮药，有补肾益精、理气止痛的作用，可治病后体弱、神经衰弱、咳嗽、跌打损伤和瘀血肿痛等。

石斛（图 3-295）为附生兰，有根状茎。茎丛生，直立，稍扁，长 10～60 厘米，粗约 1.3 厘米，有槽纹，节略粗，基部

图 3-294 手参

收窄。叶近革质，矩圆形，长 8～11 厘米，宽 1～3 厘米，顶端 2 圆裂。总状花序有 1～4 花；苞片膜质；花大，径达 8 厘米，稍下垂，白色带淡紫色；萼片矩圆形，萼囊短而钝；唇瓣宽卵状矩圆形，宽达 2.8 厘米，有短爪，唇盘上有

1个紫斑。

主要分布于西南和华南地区,台湾和湖北也有。常附生于树干或岩石上。茎(及近缘种的茎)入药,称"石斛",有滋阴养胃、清热生津的作用,可治热病、口干燥渴和病后虚热等症。花大漂亮,供观赏。

石斛属于石斛属,它是兰科的特大属,有1 400种,我国有60种。

图 3-295　石斛

(4)兰科要点

本科要掌握以下3个方面。第一,为腐生、附生和陆生草本,少为藤本。陆生和腐生种类有根状茎或块茎,附生种类有假鳞茎(为变态茎,肉质膨大)和气生根。种子萌发时多数必须与真菌共生,以吸取养分。

第二,叶常互生,肉质或厚革质状。附生种类的叶,基部有关节。

第三,花单生或组成花序。两性花,常两侧对称;萼片3;花瓣3,其中1片较大,为唇瓣;雄蕊多为1个,也有2或3个的,雄蕊和花柱愈合为合蕊柱,药室内有花粉块(由花粉黏合而成);子房下位,3心皮合生,1室,侧膜胎座,子房常扭转180°使唇瓣位于下方。蒴果。种子极小而多。斑叶兰的种子5万粒才重0.025克,是最小的种子。

作为一个科来识别,兰科比较容易掌握,只要观察花即可。观察时,要选择花大的种类。首先,解剖并观察花的各个部分。接下来,依次观察萼片和花瓣的特点,合瓣柱的形态,子房的扭转情况以及种子小到什么程度等。如果要鉴别兰科的属和种,还要了解茎、叶和果实,并参考相关著作。

由于随意采挖,如今野生兰花已日渐稀少,致使整个兰科都被列为国家保护植物。我们都有责任保护这一花卉资源,不要滥采滥挖。

第四章　属种鉴别趣味多

在野外考察时，经常会看到许多种植物，有时还要采集一些标本。在这种情况下，就需要鉴别到属和种，即鉴别后知道某种植物的种名。只有到了属和种，鉴别才算真正完成。因此，我们不仅要掌握常见科的鉴别特征，也要了解植物属种鉴别的方法。

植物属种的鉴别是一项艰苦工作，需要长期积累。其最佳途径是，每年都抽出时间到野外考察并采集标本，然后看标本、查阅文献，进行仔细的鉴别。经过这样一个经验的积累过程，才能有所提高，也才能抓住植物的花、果实和叶等的关键特征，很快判断出它所在的科、属，最后到种。在鉴别过程当中，相似种的区别占有很重要的地位。

1　香椿和臭椿

香椿（图 4-1）和臭椿（图 4-2）一香一臭，十分有趣。香椿的嫩芽为蔬菜，有奇香。那么，是否可以根据气味辨别它们？可有人认为臭椿并不臭。因此要区分两种植物并不容易，需要从多方面考察。

从分类学上看，香椿[*Toona sinensis*（A. Juss.）Roem.]属于楝科，本科心皮合生，蒴果、浆果或核果。臭椿[*Ailanthus altissima*（Mill.）Swingle]属于苦木科，此科心皮基部合生或分离，核果、浆果或翅果。具体到这两种树

图 4-1　香椿

图 4-2　臭椿

木,香椿为蒴果,臭椿为翅果,可以根据果实区分。

从花的形态结构来看,香椿的花两性;萼5浅裂;花瓣5,白色,卵状长圆形;雄蕊5,退化雄蕊5;子房圆锥形,5室,每室有胚珠多个。臭椿的花杂性,白色带绿色;萼片5~6个,基部合生;花瓣5~6个,长圆形;心皮5个,花柱合生。

如果不在花果期,就只能看叶了。有人说香椿的叶为偶数羽状复叶,臭椿叶是奇数羽状复叶。但都会出现例外,即香椿为奇数羽状复叶,臭椿为偶数羽状复叶。因此,这种分法有时不可靠。有人说它们的小叶数目不同,香椿为10~22个,臭椿为13~41个。因小叶数目重叠过多,这一点也不好掌握。

两者叶片比较稳定的特征是,香椿的小叶全缘或有浅齿,臭椿的小叶边缘在靠近基部处有2~4个粗齿,而且从背面看,每个粗齿上有一圆腺点。笔者曾在山东多地考察过香椿,发现小叶有锯齿,齿小且尖,但绝无腺点。因此,识别时可以抓住这一特征。

此外,根据老树的树皮也能区分。香椿的树皮条状裂;臭椿的树皮有裂,但不为条裂,并且十分结实、剥不下来,颜色为黑褐色。关于树皮上的裂纹,还有个传说呢。

趣闻轶事

传说一皇帝厌倦了宫廷生活,想到农村走走,一天就来到了一农家。

农民愁坏了,家里很穷,用什么来招待皇帝呢?当时正值春季,农民想到了香椿,就做了香椿炒鸡蛋。皇帝从没吃过这么香的菜,大喜,就问这菜是怎么做的。农民指着山坡上的树说,是用香椿的嫩叶炒的。皇帝一听,便命人写上"树王"二字,要亲自为树封王。他来山坡边,看着这些树都差不多,就随手将字贴在一棵树上面。谁知皇帝竟将字贴到了臭椿树上!一旁的香椿看到后非常生气。这一气非同小可,把树皮都气裂了。

2 树木中的"舅舅"和"外甥"

台湾有两种树形态很接近,没有植物分类基础知识的人,很难分清它们,于是人们便戏称它们为"舅舅"和"外甥"。这两种树就是台湾栾树和苦楝(图4-3)。

台湾栾树[*Koelreuteria elegans*(Seem.) A. C. Smith subsp. *formosana*(Hayata)Meyer]属无患子科,为落叶乔木,高达12米。主干通直,树皮灰黑色。二回奇数或偶数羽状复叶,纸质,小叶卵形或长卵形,顶端尖,基部歪斜,叶缘有浅重锯齿。圆锥花序顶生,花黄色。蒴果膨大成囊

图 4-3 苦楝

状,有3翅,粉红色。花期8—10月,果期10—12月。1—2月落叶。

本种初秋开花时满树金黄,结的果为粉红色,为著名花木之一,广植于台湾的公园、校园、风景区和街道两旁。它能吸收有害气体。

苦楝(*Melia azedarach* L.)属楝科,为落叶乔木,高可达20米。树皮暗褐色,浅纵裂。小枝黄褐色。二或三回奇数羽状复叶,长达45厘米;小叶

卵形、椭圆形或披针形，先端短渐尖，基部偏斜，叶缘有钝齿。聚伞圆锥花序，生叶腋；花瓣5，淡紫色；雄蕊紫色；子房球形。核果椭圆球形，暗褐色，有光泽。花期4—5月，果期9—10月。

主要分布于长江流域以及福建、台湾、广东和广西。北京极少见。树皮、果和叶入药，有杀虫作用。也为观赏树木。

从上述描述来看，二回羽状复叶是相似特征。如果不在花果期，这两种树确实相似，但开花结实时就明显不同了：台湾栾树花黄色，苦楝花紫色；台湾栾树为蒴果，囊状，苦楝为核果，较小。它们的叶实际上也有不同，台湾栾树的叶缘有浅的重锯齿，苦楝的叶缘为钝齿，且小叶变化大，从卵形到披针形都有。

3　梧桐和法国梧桐

梧桐和法国梧桐虽都有"梧桐"二字，却不是同科的树木。梧桐[*Firmiana platanifolia*（Linn. f.）Marsili，图4-4]属于梧桐科，法国梧桐[*Platanus acerifolia*（Ait.）Willd.，图4-5]又称悬铃木，属于悬铃木科。

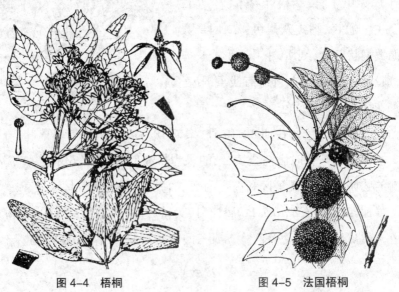

图4-4　梧桐　　　　　　图4-5　法国梧桐

可从以下几方面观察并区分这两种树木。首先,树皮都比较光滑,但梧桐的树皮绿色,法国梧桐的树皮为淡绿色至白色,片状剥落。其次,均为掌状叶,3~5裂,但梧桐的叶裂稍深、全缘,法国梧桐的叶裂稍浅,多至中部,裂片边缘有疏齿。再次,二者的花和果明显不同。梧桐的花序圆锥状,顶生,长达50厘米;花单性,黄绿色;萼片长圆形,呈花瓣状,无花瓣;心皮4~5,开裂呈叶状,长可达10厘米。蓇葖果呈叶状,5个。种子球形。

法国梧桐的花单性,密生;花序呈球形,生于不同的花枝上;雄花有萼片3~8个,卵形,花瓣3~8个,长圆形,长为萼片的两倍,雄蕊4,长于花瓣;雌花有6个心皮,离生,花柱长2~3毫米。球形果序常2个,下垂,径达3.5厘米。小坚果长近1厘米,基部有长毛。

梧桐原产于我国和日本。我国南方广泛栽培,北京也有。法国梧桐原产于欧洲,我国引种栽培很久,为南方城市的著名行道树。北京也有。

综上所述,这两种树木的树皮和叶形相近,但花、花序和果实差异很大,只要认真观察就容易识别,尤其是法国梧桐的圆球形花序(单性花)。

4　橄榄与油橄榄

橄榄(图4-6)和油橄榄(见图3-202)的名字中都有"橄榄"二字,但属于不同的科。橄榄[*Canarium album*(Lour.)Raeusch.]属于橄榄科橄榄属,油橄榄属于木犀科木犀榄属。

橄榄是一种常绿乔木,原产于我国,分布广东、广西、福建、四川、台湾和云南等地。木材可制作家具、农具等。是很好的防风树和行道树。果实生食或

图 4-6　橄榄

渍制,种子可榨油。橄榄果入口后先涩后甜,这在《农政全书》中也提到过:橄榄始涩后甜,犹如忠言逆耳,又称"谏果"。其营养丰富,含蛋白质、脂肪、糖类、维生素C及钙、磷、铁等矿物质。果实入药,有清肺化痰、解毒和消积食的作用,还能降胆固醇。据说烹调时加入橄榄,能解鱼鳖等体内的毒素。

油橄榄原产于地中海,欧洲及美国南部广为引种。我国也有引种,多栽培于长江流域以南地区。果实榨油即为橄榄油,食用或药用。橄榄油含丰富的不饱和脂肪酸、多种维生素和矿物质等,为优质的烹调油。长期食用,有益于心脑血管,被誉为"液体黄金"。有研究称,地中海居民很少发生心脑血管疾病、癌症和阿尔兹海默症等,与食用橄榄油有关。

橄榄与油橄榄容易区别。橄榄是常绿乔木。羽状复叶长达30厘米;小叶9～15,革质,卵状矩圆形,长达18厘米,宽达8厘米,全缘。圆锥花序,花白色。核果卵状矩圆形,长达3厘米,青黄色,两端锐尖。

油橄榄为常绿小乔木。单叶对生,近革质,披针形或矩圆形,下面密生银屑状鳞毛,全缘,内卷。圆锥花序,花白色,花冠四裂,有香气。核果椭圆形至近球形,长2.5厘米,黑色,有光亮。

根据以上描述,可从以下几方面区分。首先,橄榄为羽状复叶,油橄榄为单叶,区别明显。其次,橄榄的花瓣3～5,离生;油橄榄的花冠合瓣,4裂。再次,橄榄果两头锐尖,油橄榄的果两头圆钝。

知识窗

橄榄枝实际上是油橄榄的树枝。橄榄枝作为奥林匹克运动精神的象征,寓意深刻,影响久远。古希腊人认为,油橄榄树是雅典娜带到人间的,是神赐予人类和平与幸福的象征,因此用橄榄枝编织的橄榄冠是最神圣的奖品,是最高的荣誉。橄榄枝也是和平的象征。据说在古希腊和古罗马,正在交战的双方如果有一方举起橄榄枝,就表示求和免战。联合国的徽章上就有橄榄枝。

5　罂粟和东方罂粟

　　罂粟和东方罂粟同属于罂粟科罂粟属，为不同的两个种。北大校园的一个花坛中，20世纪80年代曾种了一大片虞美人（罂粟属的一种），其中夹杂有比虞美人粗壮的植株，有人说是罂粟，有人说是东方罂粟。之所以不好分辨，是因为这两种植物的花和叶形很相似。

　　罂粟为一年生草本，一般无毛。叶片长圆形至长卵形，先端渐尖；茎生叶基部心形，抱茎，边缘有不整齐缺刻或粗锯齿，或略呈羽状浅裂。单花顶生；萼片2，卵状长圆形；花瓣4，也有重瓣的，多色；雄蕊多数，离生；心皮7～15，合生，无花柱，柱头7～15星状裂。蒴果球形，光滑无毛。种子多数。

　　东方罂粟（*Papaver orientale* Linn.）接近上种，为多年生草本，高达1.1米，粗壮，有硬毛。叶羽状半裂，长达30厘米，裂片规则，长圆状披针形，齿端锐尖。花单生茎顶，花梗上有紧贴的粗白柔毛，花大；萼片2，早落；花瓣4～6，或有重瓣，倒卵形，红色，基部有黑色或各色斑点；雄蕊多数；柱头11～15。蒴果近球形，长达5厘米。花期5—6月。原产于地中海。各地栽培供观赏。

　　从上述的形态特征可以看出两者的区别。罂粟的茎生叶基部抱茎，植物体无毛或稍带毛；东方罂粟的茎生叶基部不抱茎，植物体有硬毛，叶羽状半裂。此外，罂粟叶有缺刻或粗齿，或羽状浅裂，与东方罂粟的叶明显不同。

6　楸树、梓树和黄金树

　　这3种树同属于紫葳科梓属，亲缘关系近，其树形、叶片大小和花都很相似,尤其是棍状的果实。因此,很难快速而准确地区分它们。

楸树(*Catalpa bungei* C. A. Mey.,图 4-7)为落叶乔木,高达15米。单叶对生;叶片三角状卵形或卵状椭圆形,先端渐尖,基部宽楔形至截形,全缘,有时基部边缘有1~4对尖齿或裂片,两面无毛;叶柄长达8厘米。伞房状总状花序;花冠白色,内有紫斑,钟状,裂片5,二唇形,边缘波状;能育雄蕊2,内藏;花柱顶端2裂,子房2室,胚珠多。蒴果细长棍状,长25~50厘米。种子狭长椭圆形,两端有长毛。花期5—7月,果期6—9月。

图4-7 楸树

楸树主要分布于长江流域,河南、陕西和东北等地也有。北京有栽培。本种为速生树种,也为公园、庭园观赏树种之一。古代栽培曾很广。《东京梦华录》记载古代风俗云:立秋日,满街卖楸叶,妇女儿童辈,皆剪成花样戴之。楸树花盛开时宛如淡紫色的云彩。在河南舞阳一带,有采楸花蒸食的习俗,也可以放入面条中食用。

梓树(*Catalpa ovata* Don,图4-8)为落叶乔木,高6米余。单叶对生,有时3叶轮生;叶片宽卵形或近圆形,先端常有3~5浅裂,叶基微心形,侧脉5~6对,基部掌状脉5~7条,全缘。顶生圆锥花序,长达25厘米;花冠黄白色,二唇形,内有黄色线纹和紫色斑点,长2厘米;发育雄蕊2,退化雄蕊3;子房卵形,2室,花柱端2裂。蒴果长圆柱形,长20~30厘米,2瓣裂开。种子多,两端有白色长

图4-8 梓树

毛。花期6—7月,果期7—9月。

　　主要分布在长江流域,北部也有。古代已栽培很广,为观赏树、遮阳树和行道树。《诗经·小雅》中云:维桑与梓,必恭敬止。梓树木材优良,为建筑用材。有书记载:梓潭昔有梓树巨围,叶广丈余……吴王伐树作船……《诗经·风》中云:椅桐梓漆,爰伐琴瑟。说明古代用梓木制作乐器。

　　黄金树(*Catalpa speciosa* Ward.,图4-9)为落叶乔木,高可达30米。单叶对生;叶片宽卵形或卵状长圆形,长15～30厘米,宽达20厘米,先端渐尖,基部心形至截形,全缘,背面密生柔毛,基出脉3条。顶生圆锥花序,长达15厘米;花白色,花冠二唇形,内面有2条黄色及不太明显的狭紫褐色条纹及斑点;能育雄蕊2;子房2室。蒴果长圆柱形,长达40厘米。种子两端有白色长毛。花期6—8月,果期7—9月。

图4-9　黄金树

　　本种原产于美国。我国引种栽培。北京也有,北大校园有多株。为庭园绿化树种之一。

　　以上3种树亲缘关系近,可以从上述特征中找差别。最重要的区别是叶形,楸树叶为三角状卵形,有时基部有1～4齿裂,叶上部狭渐尖;梓树叶宽卵形,与楸树叶明显不同;黄金树叶卵形,全缘,又与前二种不同。其次是花色,楸树花为紫色,梓树花为黄白色,而黄金树的花为白色,容易区分。它们的果实长短也有差异,黄金树与梓树的果长30～40厘米,楸树果长25～50厘米,但重叠部分大,不宜作为区分性特征。

7　鱼目混珠的稗

稗［*Echinochloa crusgalli*（L.）Bea-
nv.，图 4-10 ］属稗属。一年生。秆斜生。
小穗小而圆，比谷子粒大，一面平，一面
凸，有时有芒，密生。圆锥花序直立或
下垂。在日本，稗曾作为主食。《淮南
子》记载：莠先稻熟而农夫辱之，不以小
利而份大获也。稗早于稻熟，易脱粒，
因此也称"莠"。水稻属稻属，其小穗比
稗的小穗大一些，两侧压扁，能育花仅 1
朵；雄蕊 6，而稗有 3 个雄蕊。

图 4-10　稗

稗和水稻均属于禾本科。稗是稻田
里最具危害性的杂草，形态与水稻十分相似，尤其是在幼苗期，混在稻秧中
不易识别。稗长大后，会与水稻争夺营养，影响水稻的生长发育和收成。
因此，必须除去稻田里的稗。但怎么识别它呢？

农民识别稗苗很有经验。他们认为，叶片比较柔软，叶色浓绿，并且叶
片中央有一条白色中脉的，准是稗草，而水稻苗的叶上没有白色中脉。以
此为据除稗，准确率几乎百分之百。

待水稻移植到大田后，如果还混有稗，也能将它们分出来。稗叶较柔
软，中脉白色，无叶舌，而稻叶有叶舌。如果稗开花，就更容易识别了。

以上是稗与水稻（包括幼苗）混生时的识别方法。如果稗生长在荒地
上，鉴别时应依据叶上无叶舌，因为禾本科的野草多有叶舌。

8 谷子田里的"隐身人"——狗尾草

　　禾本科中的杂草,以狗尾草(图4-11)最常见。狗尾草[*Setaria viridis* (L.)Beauv.]为一年生草本,秆高30～100厘米。叶片椭圆状披针形,基部渐狭呈柄状。圆锥花序疏散,长达30厘米。其小穗多,果实又小又多,头年落下的果实,次年开春发芽生长,因此常成片生长。最麻烦的是,狗尾草常混生于谷子[*S. italica*(L.)Beauv.,图4-12)]田里,果实也夹杂在谷粒里,要清除还不太容易。谷子田里的狗尾草常长得"人高马大",甚至比谷子高一头,模样也差不多,所以农民给它取名为谷莠子。

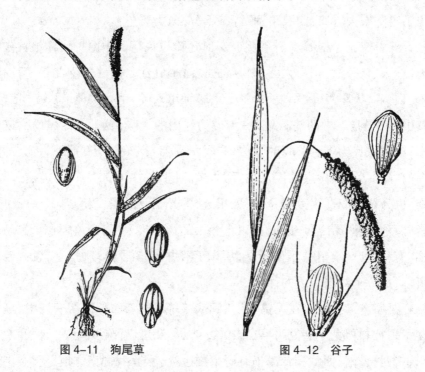

图4-11　狗尾草　　　　　　　图4-12　谷子

　　与谷子苗相比,狗尾草苗易分叉,叶较柔软,颜色发紫。在京西农村,农民间苗时根据上述特征,用小锄加上手,都可除去成堆的狗尾草,十分准

293

确。狗尾草比谷子成熟早，成熟后就散落，不仅影响谷子质量和来年生长，而且容易滋生地老虎等害虫，还是谷子黑穗病等的媒介。

也可以根据穗的特征区分二者。狗尾草的穗与谷子相似，但不如谷子饱满，空壳较多，穗上的刚毛比谷子长。此外，狗尾草成熟时，谷粒连颖片和第一外稃一起脱离，而谷子的谷粒和颖片与第一外稃分离。

9　五谷是什么

五谷之说最早出于《论语》。据《论语》记载：2 400多年前，孔子带学生周游列国，宣传自己的主张。一天子路掉了队，遇见一农夫就问：你看见夫子了吗？农夫答曰：四肢不勤，五谷不分，孰为夫子？

五谷究竟是指哪5种谷呢？一时还难以说清。中国古代称粮食作物为"谷"，有三谷、五谷、六谷和百谷之说。《周礼注》称：三农生九谷，稷、秫、黍、稻、麻、大小豆、大小麦也。凡王之膳食用六谷，稻、黍、稷、粱、麦、苽也。其中，秫是指稻中的糯黏品种；麻应为我国的大麻，南北朝时常吃大麻子粥；粱在古代为多种谷物的总称，有时指大穗长毛的谷子；苽即为菰，即菱白的籽粒，色白，做成的饭很香，称菰米。对于五谷，《周书》说是麦、稻、黍、粟（也为稷）和菽（大豆），楚辞《大招》注的是稻、稷、麦、豆和麻，《汉书·食货志》称为麻、黍、稷、麦和豆。以上各书的说法出入不大，差别在于有麻无稻、有稻无麻、有麻有稻而无黍，所以五谷并不拘泥于5种作物，说六谷也可以，是一个约定俗成的称呼。

稻原产于我国。在无锡、杭州和武汉等地的新石器时期遗址中，就出现了稻粒和稻壳。这说明早在5 000年前，我国已能种稻了。如今，在广东、广西、云南、西藏和台湾仍有野生稻生存。稻是我国南方地区重要的粮食作物，也是世界上许多地区（尤其是东南亚）重要的粮食作物。

黍（*Panicum miliaceum* L.，图4-13）又叫糜子或黄黍，为禾本科黍属作物。一年生,茎簇生,有软毛,下部膝曲。叶条形,有长尖,生软长毛。花序圆锥形,疏散,稍向一侧垂;小穗有短柄,外颖小,内颖大;雄蕊3。颖果近球形,有光泽。原产地尚不清楚。埃及史前就有栽种。我国在周朝以后种植很广,为五谷之冠。如今华北各地还有栽种,北京俗称"黄米",做饭极为黏稠。

图4-13 黍

稷有两种说法。一种为谷子(脱了壳就是小米),原产于我国,野生种是什么尚无定论。半坡村遗址中出土了装有谷子的陶罐,说明我国在农耕开始时已种谷子。据史书记载,从远古到南北朝,谷子一直在粮食作物中占有重要地位。我国重要的古代农书《齐民要术》将谷子排在五谷之首,其"种谷"篇中对谷子的介绍大大超过了其他作物,可见当时谷子的普遍和重要。另一种说法称稷是黍的一个变种或品种,也叫糜子,因稷的形态极似黍。其花穗疏散,直伸或下垂,但谷粒做饭不黏,此点最易区别。

麦为大麦(*Hordeum vulgare* L.)和小麦的总称,后面有介绍。

菽即大豆,属豆科。《广雅》里说:大豆,菽也。大豆原产于我国。《周书》记载:菽居北方。这说明北方地区很早就开始种大豆,栽培史也有5 000多年了。大豆自古就是重要粮食作物,被列为五谷之一。《氾胜之书》认为,大豆易收获、种植,主张每人应种5亩大豆,以防灾荒。今天,大豆虽不为主粮,但仍为重要的油料和工业原料作物。18世纪大豆传入英国和法国,19世纪传入美国等。

麻是指大麻(*Cannabis sativa* L.),属于桑科(或大麻科)。古代也为粮食作物,主要食用它的种子。麻粥就是用大麻子做的。麻还是重要的纤维

295

植物,古代北方织布全用麻,只是在棉花发展之后才退居其次。有一种麻叫胡麻或油麻,种子含油比较多。

10 玉米和高粱

玉米(图4-14)和高粱(图4-15)都是禾本科的粮食作物。20世纪50年代初,北京的主食中还有高粱,如今它已退位。如果从玉米、高粱的籽粒来看,很容易区别,玉米的籽粒远大于高粱,且形状和颜色不同。

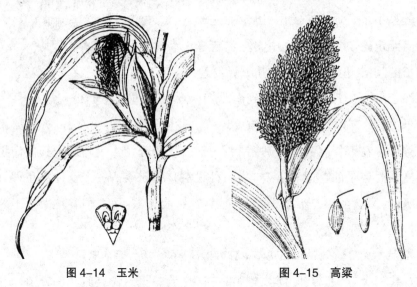

图 4-14 玉米   图 4-15 高粱

如果在一块田里,一边种玉米,另一边种高粱,两者都在开花,也容易识别:玉米的雄花序长在茎秆顶端,为圆锥形花序;雌花序生于茎秆中部的叶腋,粗大的穗轴上有纵行排列的小穗,外面有鞘状的苞片。高粱的花序顶生,为圆锥花序,卵形或椭圆形,其中有柄的小穗为雄性,无柄的小穗为雌性。

如果这块田里的玉米和高粱都处于幼苗期,高不过一尺,并且叶子都是宽带状的,怎样分辨呢?笔者的大学老师曾讲到区分的方法:用手捏一捏玉米秆和高粱秆靠地面处,玉米秆是扁的,而高粱秆是圆的。你不妨试试。

11 大豆和野大豆

大豆和野大豆同属于豆科大豆属,形态相似。

大豆[*Glycine max*(Linn.)Merr.,图4-16]为一年生草本,茎粗壮,有时上部缠绕。全株密生长硬毛,金黄色。三出羽状复叶,托叶披针形,叶柄长达12厘米甚至以上;顶生小叶大于侧生小叶,卵形至菱状卵形,较大,基部圆形或宽楔形;侧生小叶基部偏斜,呈斜卵形。总状花序腋生,花白色带淡紫色,较小;萼齿5,最下齿长;花瓣5,旗瓣近圆形,翼瓣基部有耳和爪,龙骨瓣斜倒卵形;二体雄蕊。荚果条状长圆形或镰刀形,种子间有收缩,密生黄硬毛。种子椭圆形或球形,黄色、黑色或淡绿色。花期4—7月,果期8—9月。

图4-16 大豆

大豆原产于我国,现广布全世界。种子既是粮食,又能榨油。

野大豆(*G. soja* Sieb. et Zucc.,图4-17)又称乌豆、鹿藿。一年生草本,茎缠绕,纤细而长,有褐色伏毛。三出羽状复叶,托叶卵状披针形,叶柄长达5厘米;顶生小叶披针形,先端急尖或钝,全

图4-17 野大豆

297

缘,两面有毛;侧生小叶基部偏斜,斜卵状披针形,小于顶生小叶。总状花序腋生,花小,淡紫色;苞片披针形;龙骨瓣小,有毛;二体雄蕊,(9)+1式;子房无柄。荚果窄长圆形,长达2.5厘米,宽仅5毫米,两侧扁,外被黄色硬毛,种子间收缩。种子2~3粒,黑褐色。花期6—8月,果期7—9月。

分布于东北、华北、华东和中南地区。北京山区、平原均有野生。生于河边、草地和潮湿地。北京大学校园内也有发现。全草作饲料。荚果和种子入药,有止汗、益肾功能,治头晕目眩、风痹汗多。

识别这两种植物时主要抓住:大豆主茎直立,偶上部缠绕,野大豆则茎纤细、缠绕,明显不同;大豆密生长硬毛,荚果大,长3~5厘米,野大豆只有疏生短伏毛,荚果小,长1.5~2.5厘米,而且是野生的。

野外鉴别野大豆时,易与三籽两型豆[*Amphicarpaea trisperma*(Mig.) Baker ex Kitag.]混淆。这种植物也是一年生、缠绕草本,茎纤细有毛。三出羽状复叶,叶柄长达6.5厘米;顶生小叶菱状卵形或宽卵形,长2.5~7.5厘米,宽1.5~4厘米;侧生小叶斜卵形,小于顶生小叶。花有两种:一为茎上腋生总状花序,有2~6花,花冠淡紫色;另一种为茎和分枝的基部腋生,无花冠,仅有几个离生雄蕊,受精后于地下结实。前一种花结的果实狭长圆形或椭圆形,扁平,长达2.5厘米,种子3个。后一种花结的果实倒卵球形,果皮肉质,种子1个。花期7—8月,果期8—9月。

如果只从花和果实上看,大豆与野大豆较好分。如果不在花果期,应注意三籽两型豆的顶生小叶是菱状卵形的,即小叶有四个角,而野大豆的顶生小叶为披针形或狭长圆形,不会有四个角。这是较稳定的性状,作为分辨依据比较可靠。

12　人参和西洋参

人参与西洋参同属五加科人参属,都是著名的药用植物。

人参(见图 3-179)为多年生草本,高可达 60 厘米。主根肥大肉质,圆柱状,有分枝。根茎短,直立茎细圆柱形。叶轮生于茎顶,初出时为 1 个三出复叶,二年生者为 1 个五出掌状复叶,三年生者为 2 个五出掌状复叶……以后逐年增加,最多增至 6 个五出掌状复叶;小叶卵形或倒卵形;基部小叶较小,上部小叶长 4~15 厘米,宽达 4 厘米,先端渐尖,基部楔形,下延,边缘有细锯齿,有小叶柄。总花梗从茎顶叶柄中央伸出,长 7~20 厘米;伞形花序,有花十几朵至几十朵;花小,淡黄绿色,第 4 年始开花;花两性或雄性;萼 5 裂;花瓣 5;雄蕊 5;子房下位,2 室,花柱 2,离生。浆果状核果,肾形,成熟时鲜红色。每室 1 种子,白色。花期 6—7 月,果期 7—9 月。

分布于东北和河北北部山区,以吉林长白山为中心。野生植株现在极为罕见,多为栽培的。

西洋参形态与人参有差别,主要在掌状五出小叶的形态上。西洋参的小叶为广卵形至倒卵形,长 4~9 厘米,宽 2.5~5 厘米,比人参的小叶明显要宽而短些,小叶先端突尖而非渐尖,边缘锯齿较粗。花绿白色。浆果状核果,扁圆形,熟时鲜红色。花期 7 月,果期 9 月。

分布于加拿大和美国。我国有引种。为著名补药,其肉质根与人参在药性上有区别,要根据具体情况服用。

13 小麦和韭菜

20 世纪 60 年代,城里的知识青年下乡参加劳动锻炼时,有不少人分不清小麦苗和韭菜苗,原因是它们长得十分相似,都是宽条形的狭长叶片,绿色。

实际上二者还是很好分的。小麦苗没有韭菜那样的香气,只有青草味。此外,小麦苗的叶鞘内侧上部有叶舌,而韭菜叶有鞘无叶舌。

14　北五味子和南五味子

北五味子[*Schisandra chinensis*(Turcz.)Baill.,图4-18]和南五味子(*Kadsura longipedunculata* Finet et Gagnep.,图4-19)属于五味子科的不同属,前者属于五味子属,后者属于南五味子属。这两个属的区别是:五味子属果实成熟时花托延长,使聚合果呈穗状;而南五味子属花托不延长,因此果实聚成球状。

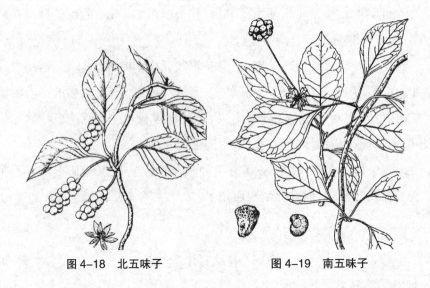

图4-18　北五味子　　　　　图4-19　南五味子

北五味子为落叶木质藤本,小枝稍有棱。单叶互生;叶片纸质至近膜质,宽椭圆形或倒卵形,顶端急尖,基部楔形,边缘有疏生的带腺小齿,无毛;叶柄长达4.5厘米。花单性,雌雄异株,单生或簇生叶腋,花梗细长;花被片6～9,白色或带粉红色,有香气;雄蕊5;雌蕊群呈椭圆形,心皮多个(17～40),密集生于花托上,不久花托延长,成为葡萄串样,即穗状聚合果,而非果序,因为它是一朵花的多心皮(多雌蕊)形成的。浆果,肉质,熟时红色,球形。花期5—6月,果期8—9月。

分布于东北、华北，南至湖北、湖南、江西和四川。北京山区常见。生于阔叶林下。果实入药，名五味子，能治肺虚咳喘、盗汗。

南五味子为常绿木质藤本，全株无毛。小枝褐紫色。单叶互生；叶片革质近纸质，椭圆形或椭圆状披针形，长5～10厘米，宽2～5厘米，顶端渐尖，基部楔形，边缘有疏锯齿；叶柄长1.5～3厘米。花单性，雌雄异株；黄色，有香气；花梗细长，花后下垂；花被片8～17个；雄蕊10～70个，结合成球状的雄蕊柱；雌蕊群椭圆形，心皮40～60个，离生，每心皮胚珠数不定。聚合果近圆球形，径达3.5厘米。浆果深红色至暗蓝色，肉质，卵形。花期6—7月，果期8—9月。

分布于华中、华南、西南及浙江。生于山地。果入药，有补气、活血和消肿的功效，主治肠胃炎、风湿性关节炎和跌打损伤。茎、根和叶也入药，功效同果实。

两者的主要区别为：北五味子（也称五味子）的花白色或带粉红色，南五味子的花黄色；北五味子的聚合果穗状，长14厘米以上，南五味子的聚合果圆球形，直径达3.5厘米。如果看叶片，请注意北五味子的叶缘齿有腺体，而南五味子的叶缘齿无腺体。

知识窗

笔者曾认为，五味子的果实有酸、甜、苦、辛和咸五味，但尝后发觉并没有五味。后来看药书后方知，五味之说来自于《新修本草》：五味，皮肉甘、酸，核中辛、苦，都有咸味，此则五味具也。还有更有意思的说法。韩保升云：蔓生。茎赤色，花黄、白，子生青熟紫，亦具五色。正由于五味子的五味和五色，所以古人认为它禀五运而生，宜多服用。

15 牡丹和芍药

牡丹(图4-20)和芍药皆为著名花卉,同属于芍药科芍药属。在古代,牡丹被称为"花王",芍药被称为"花相",可见它们的名气很大。这两种植物的植株及花很相似,怎样区分呢?

牡丹和芍药之分,先看习性。牡丹(*Paeonia suffruticosa* Andr.)是灌木,冬季落叶后枝干不枯死,第二年春天由枝上的芽生叶开花。芍药(*P.lactiflora* Pall.,图4-21)是多年生草本,每年秋冬季叶及枝条一起枯萎,第二年再从根部生出新的枝叶。

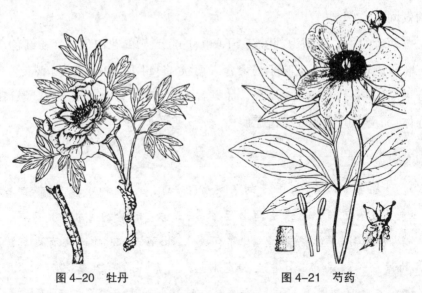

图4-20 牡丹   图4-21 芍药

其二看花。牡丹花单生茎顶,芍药花则数朵生于茎顶和叶腋。此外,牡丹的花盘发达,革质,呈杯状,紫红色,顶端有几个锐尖或裂片,完全包住心皮,心皮成熟时开裂。芍药的花盘浅杯状,只包住心皮的基部,顶端裂片钝圆。

其三看叶。牡丹叶为二或三回三出复叶,顶小叶宽卵形,裂片达中部。

芍药叶也为二或三回三出复叶，但顶小叶狭卵形、椭圆形或披针形，一般不裂。

其四看开花时间。以北京来说，5月初牡丹便盛开，而芍药要等到5月中旬才开花。

从用途上看，牡丹的根皮称为"丹皮"，为镇痉药，有凉血散瘀的功效。芍药的根白色，叫作"白芍"，入药有镇痛祛瘀、通经的作用。

牡丹原产于我国西北部，唐初就开始人工栽种，因繁殖很快，千百年来培育出了许多名贵品种，如黑牡丹、绿牡丹、白牡丹等，并有专著论述。芍药原产于我国，秦岭、北京等地有野生。芍药的栽培历史悠久，宋代的《扬州芍药谱》是我国最早详细记载芍药的专著。在这两种花中，牡丹更受欢迎，常被提名为"国花"的首选花。

草芍药（或山芍药，*P. obovata* Maxim.）与芍药十分相似，不仔细观察很容易弄混。草芍药也是草本，它与芍药的区别在于：草芍药是野生的，小叶倒卵形，边缘无软骨质小齿；花较小（径约7厘米），单生茎顶，色紫。芍药多为栽培的，小叶长圆形，边缘有向前的软骨质小齿；花单生，白色、红色或紫红色。草芍药的根同样能入药。东北、河北、内蒙古、河南、陕西、安徽和四川等地都有分布。

16　桃、梅、李和杏

桃、梅、李和杏都属于蔷薇科，按照传统的分类方法，它们属于同一个属，即李属。有的分类学家将李属分为几个小属，这样的话，桃属于桃属，梅和杏属于杏属，李属于李属。

从叶上看，这4种植物的区别是：桃的叶椭圆状披针形至长圆状披针形，长达12厘米，宽3～4厘米；梅的叶宽卵圆形，长4～8厘米，宽2～4厘米，比桃叶短；李的叶倒卵形至椭圆状倒卵形，长5～10厘米，宽3～4厘米，边缘有圆钝重锯齿；杏的叶明显宽于其他3种叶。

从花上看,桃花粉红色,梅花白色或淡红色,李(图4-22)花白色,杏花红色或白色。其中,以李花最小,直径约2厘米,梅花2～2.5厘米,桃花2.5～3.5厘米,杏花2～3厘米,所以桃花最大。杏花有一个突出特征,萼片开花后反折,而李花、桃花和梅花的萼片开花后不反折,至多平伸开。此外,桃花萼片的背面有绒毛,其他3种萼片背面无绒毛。李花纯白,不会出现变红现象。

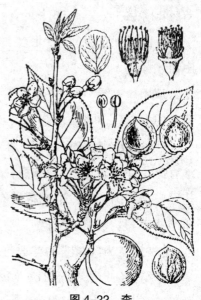

图4-22 李

这4种植物的果实为核果。桃和李的果实容易分辨。杏和梅的果实接近,不同的是,杏果光滑、熟后味甜,梅果有蜂窝状穴、味酸。

从分布上看,桃栽培普遍。梅多栽培于长江以南地区,主要赏花。李分布广,从东北到华东、华南、西南均有。杏除华南以外,各地多有。因此,只有梅的分布范围多限于南方。

17 昙花和令箭荷花

昙花(图4-23)与令箭荷花都属于仙人掌科,但昙花[*Epiphyllum oxypetalum*(DC.)Haw.]属于昙花属,令箭荷花[*Napalxochia ackermannii*(Haw.)Kunth]属于令箭荷花属。这两个属的区别为:昙花属花的筒部比花瓣长,花白色,夜间开花;令箭荷花的花筒部比花瓣短,花红色,白天开放。

昙花的老枝圆柱形,长达2米;新枝扁平,绿色,叶状,边缘有波浪状浅钝齿,中肋明显。花常单生于叶状枝边缘的窝孔处,花朵较大,连筒部长达30厘米,直径达13厘米,开花时筒部下垂,但从近花瓣处翘起;花筒上部分裂,裂片长条形或鳞片状,带紫色,往上逐渐加宽成花瓣状,里面纯白色,端尖,有毛;雄蕊多数,成束;花柱白色,长于雄蕊,柱头长条形裂 16~18 个。果实长圆形,红色。花期 8 月,常在晚上 8 时左右开花,开放约 3 小时就闭合而谢,所以称"昙花一现"。原产于墨西哥。各地栽培。北京也有。为著名观赏花卉。

图 4-23　昙花

令箭荷花直立灌木状,高可达 1 米。茎有长节间,长 15~45 厘米;枝条扁平披针形,基部圆或三棱形,边缘有粗锯齿,齿钝,齿之间有细刺。花生于茎上的凹处,较大,鲜红色,有时有黄、粉、紫或白色;喉部绿黄色,长 15~20 厘米,筒部较短,花被裂片宽展,径达 15 厘米,外卷;花丝和花柱均弯曲。花期 4—5 月。原产于墨西哥。各地多栽培。为著名观赏花卉,花鲜红美丽。

18　永不凋谢的花

常言道:花无百日红。然而这也有例外,如二色补血草(图 4-24)。二色补血草[*Limonium bicolor*(Bge.)O. Kuntze]为蓝雪科补血草属的一种。多年生草木,高 20~70 厘米,全株无毛。基生叶丛生,叶片倒卵状匙形或匙形,长 2~7 厘米,宽 1~2.5 厘米,顶端钝形,有短尖,基部下延成叶柄。圆锥花序由密生的聚伞花序组成,苞片紫红色;花两性;花萼

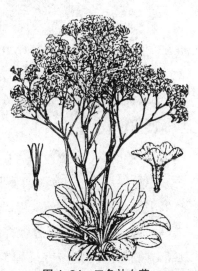

图 4-24　二色补血草

305

漏斗状,长 6～8 毫米,萼筒倒圆锥形,仅 2～3 毫米,有柔毛,具 5 裂片,白色;花瓣黄色,基部合生,顶端深裂;雄蕊 5,离生,下部约 1/4 与花瓣基部合生;花柱 5,离生,柱头圆柱状,子房矩圆状倒卵形。果实有 5 棱,为胞果,包于宿存的萼内。花果期 5—10 月。

分布于华北和河南、陕西、甘肃。生于海碱滩地、盐渍土、草地或沙丘上。北京圆明园曾有发现。全草入药,有活血、止血及滋补强壮的功效。

本种的特征是,花开后花萼不凋谢,即便变干。为特殊的观赏植物。将花枝插于瓶中不加水,可保存一两年,所以被称为永不凋谢的花。

识别特征有:基生叶丛生,匙形;茎枝上无叶;花萼裂片白色,花冠 5 裂,黄色,花萼不凋谢;胞果包宿存的萼内。

近些年来,北京的花卉市场上常常能看到一种被称为勿忘草的植物,它也是补血草属的一种,叫深波叶补血草(*L. sinuatum* Mill.),叶基部下延至茎上成翅状,容易与二色补血草区别。

19　叶上开花的植物

青荚叶属于山茱萸科青荚叶属,其花生于叶片上面,这在植物界十分罕见。此属共 8 种,我国有 5 种,均为落叶灌木。著名种即青荚叶[*Helwingia japonica* (Thunb.)Dictr.]。

青荚叶(图 4-25)高 1～3 米,为灌木。嫩枝绿色。叶互生;叶片卵形或卵状椭圆形,长 3～13 厘米,宽达 9 厘米,先端渐尖,基部近圆形,边缘有细齿,近基部有刺状齿;托叶钻形,早落。花单

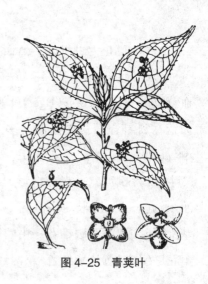

图 4-25　青荚叶

性,雌雄异株;雄花序为聚伞花序;雌花常1～3朵簇生于叶片上面中脉的中部或近基部,花瓣3～5,子房下位,3～5室,花柱3～5裂;雄花有雄蕊3～5个。核果近球形,黑色,有3～5棱。

分布广,浙江、安徽、江西、湖北、广东、广西、福建、云南、贵州、四川和台湾均有,北可达河南、陕西。生于海拔1 000～2 000米的林下。因叶似小舟,花生叶上犹如花乘小舟,故广东称之为"筏花"。

叶上为什么会生花? 这是因为青荚叶的花序生叶腋,其花序总梗与叶片中脉部分愈合,使花位于叶片中脉附近。有叶片的衬托,青荚叶的花虽小但很突出,有利于昆虫发现和传粉。

近缘种有中华青荚叶(*H. chinensis* Batal.)、西藏青荚叶(*H. himalaica* Clarke)等。

20　丁香、野丁香和洋丁香

丁香属于木犀科丁香属,有20种。最常见的是紫丁香和白丁香,为公园和绿化带里的观赏花木。

紫丁香(见图3-201)为落叶灌木。叶对生;宽卵形或肾形,基部心形,全缘,宽可达10厘米。圆锥花序;萼钟状,有4齿;花冠紫色,4裂;雄蕊2,生花冠上。蒴果2裂。4月开花,7—8月果熟。

白丁香为紫丁香的一个变种,叶小而有微毛,花白色。

北京山区还有一些野生的丁香,如北京丁香、毛丁香、红丁香和暴马丁香等。暴马丁香(图4-26)叶顶端突然渐尖,基部常圆形或截形;花白花,雄蕊长

图4-26　暴马丁香

几乎为花冠裂片的两倍。

洋丁香属于桃金娘科蒲桃属,也叫丁香[*Syzygium aromaticum*(L.)Merr. et Perry],形态颇像丁香,但细看明显不同。洋丁香为常绿乔木。叶对生;长圆状卵形,长 5 ～ 10 厘米,宽 2.5 ～ 5 厘米,基部狭楔形,全缘。聚伞状圆锥花序;萼肥厚,先绿色后转成紫色,长管状,4 裂;花冠白色,带淡紫色,基部稍合生,4 裂;雄蕊多数,离生;子房下位。浆果红棕色,椭圆形,有宿存的萼片。种子长方形。

分布于东南亚的马来群岛和非洲。我国广东、广西有栽培。

人们常将紫丁香和洋丁香这两种植物弄混,其实二者的差异很明显。它们的相似处为叶对生,单叶全缘,花小。不同之处为洋丁香的叶较狭窄,雄蕊多数,离生,浆果。

两者的用途也不相同。洋丁香的根、树皮、树枝、果实和花蕾可制取丁香油,入药有温中、暖肾和降逆的作用,治呃逆、呕吐、反胃和泻痢等。而紫丁香不能入药,仅为观赏花木。

21 南沙参和北沙参

南沙参是一味中药,原植物为桔梗科沙参属的轮叶沙参(即四叶沙参,见图 3-252)及其近缘种,以根入药。四叶沙参为多年生草本,有乳汁。主根肥厚,长圆锥形,黄褐色。茎单生,无毛。叶多为 4 个轮生,少有 5～6 个轮生;叶形多变化,从卵形到披针形,有时窄至条形,长达 8 厘米,宽 3 厘米,边缘有粗齿或细锯齿,偶全缘。圆锥花序的下部花枝轮生,顶部花枝轮生或互生;萼 5 裂,裂片条形,有细齿;花冠蓝色,窄钟形,长 1 厘米,5 浅裂;雄蕊 5;子房下位,花柱 1,伸出花冠外,花柱基部有肉质花盘,柱头 3 裂。蒴果孔裂,种子多。

分布于东北、华北、华东及广东、贵州、云南。河北承德也有分布。北京山区未见。根入药,有清热养阴、润肺止咳的作用,可治气管炎、肺热咳嗽等症。

北沙参也是一味中药,原植物为伞形科珊瑚菜属的珊瑚菜(图4-27),以根入药。珊瑚菜(*Glehnia littoralis* F. Schmidt ex Miq.)为多年生草本,全株被短毛。根长,肉质。叶二至三回三出复叶或近羽状分裂,叶柄基部鞘状扩大;小叶卵形,边缘有粗齿;茎上部叶卵形,边缘有圆锯齿。复伞形花序,花小,密集;总梗长达10厘米,密生白色绒毛,伞梗10~14;无总苞,小总苞8~12个,条状披针形;

图4-27 珊瑚菜

萼5齿裂;花冠5瓣,卵形,端部内卷,背面生粗毛;雄蕊5;子房下位,花柱2。双悬果近圆球形或椭圆形,有刺状粗毛,果棱5条,翅状。

分布于辽宁、河北、山东、江苏、浙江、福建、台湾和广东。生于沿海的沙地上。也有栽培,以沙质土为宜。根入药,有润肺止咳、和胃生津的功效,主治肺虚有热、干咳少痰及病后口干舌燥等症。

从上述特征来看,两种"沙参"的区别较大,鉴别时可抓住几点:南沙参有乳汁,北沙参无乳汁;南沙参为单叶,北沙参为复叶,叶柄基部鞘状;南沙参花朵大,蓝色,狭钟状,北沙参花小而多;南沙参为蒴果,北沙参为双悬果;南沙参生长在山地,北沙参生长在海边的沙滩地,叶带肉质。

309

22 贝母和假贝母

贝母属于百合科贝母属,假贝母属于葫芦科假贝母属,都是药用植物,并且都以鳞茎入药。

贝母属有85种,我国有16种。最有名的是浙贝母和川贝母。浙贝母为多年生草本,高达90厘米,光滑无毛。鳞茎半球形,白色。叶片条状披针形,长达20厘米,宽达1.5厘米,顶端卷须状。花几朵成总状,顶生;花下垂,钟状,淡黄色或黄绿色,内面有紫方格斑纹;雄蕊6个;柱头3裂。蒴果有宽翅。

川贝母(*Fritillaria cirrhosa* Don)为多年生草本,高达45厘米。鳞茎有3~4个鳞片。叶片狭披针状条形,较上种的叶短而窄,长4~6厘米,宽达1.2厘米。花钟状,略大于上种;花被片长3.5~4.5厘米,绿黄色至黄色,有紫方格斑纹。蒴果。

假贝母[*Bolbostemma paniculatum* (Maxim.)Franq.,图4-28]为多年生攀缘草本。鳞茎肉质,白色,扁球形或球形,径达3厘米。茎细长可达数米,无毛,有卷须,不分叉或分2叉。叶心形或卵圆形,掌状5深裂,裂片再3~5浅裂,基部心形;叶柄长1~2厘米。花单性,雌雄异株;圆锥花序;雄花淡绿色,小,雄蕊5,离生;雌花子房卵形,3室,每室2胚珠,花柱3,下部合生,柱头2裂。蒴果

图4-28 假贝母

长圆形,平滑,熟时盖裂。种子数粒,棕黑色。花期6—8月,果期8—9月。

分布于河北、河南、山东、山西、陕西、甘肃、宁夏及云南。生于山地或平原。北京山区也有。鳞茎入药,有散结消肿的功能,治淋巴结结核、乳腺炎及肿毒等。

两种贝母因为同科同属,所以十分相似:均为直立草本;叶狭长,对生或轮生;花钟形,两性;蒴果。

假贝母之所以称贝母,是由于具鳞茎,实际上与贝母差异很大。假贝母为草质藤本(攀缘草本);叶宽大,掌状裂;花单性,较小,雌雄异株,花冠

合瓣;蒴果盖裂;鳞茎远大于贝母,药性也不同。

23　小麦和大麦

小麦和大麦同属于禾本科,但小麦属于小麦属,大麦属于大麦属。

小麦(见图3-276)为一年生或越年生(冬小麦头年秋播种,第二年夏收获)。有分蘖,疏丛生状。叶鞘短于节间;叶舌短,膜质,有叶耳。穗状花序顶生;小穗有3～9朵小花,上部花多不结实;颖片革质,外稃顶部生芒,芒长短随品种而有不同,内稃与外稃等长。为广泛栽培的粮食作物之一,麦粒主要作粮食用。茎秆可当饲料等。

大麦(*Hordeum vulgare* L.,图4-29)为一年生。茎秆粗壮,光滑,直立,高达1米。叶鞘疏松;有叶耳,叶舌膜质;叶片长达20厘米,宽达2厘米。穗状花序顶生,长3～8厘米(不计芒);每节生小穗3个,全发育;小穗无柄,仅有花1～2朵,长1～1.5厘米(芒除外);颖狭条形或条状披针形,先端常延伸成芒,位于小穗前方;外稃无毛,5脉,有长芒,芒粗糙,长达13厘米,内稃和外稃等长;雄蕊

图4-29　大麦

3。颖果熟后与内外稃结合,不易剥离。花果期5—6月。

大麦也为重要的栽培粮食作物之一,是制作啤酒及麦芽糖的原料,也为饲料。秆可用于编织草帽。

区分小麦和大麦应抓住:小麦穗状花序(俗称麦穗)上每节有小穗1个,互生,大麦穗状花序上每节有小穗3个;小麦小穗的颖较宽,有5～9脉,大麦小穗的颖狭窄,先端有芒,有5脉;小麦颖果与内外稃易分离,大麦颖果

与内外稃黏着,不易脱粒。

24 菠萝和波罗蜜

菠萝[*Ananas comosus*(L.)Merr.,图
4-30]属于单子叶植物中的凤梨科,为草
本植物。茎短缩。叶簇生,剑状,长达
90厘米,边缘常有尖锐齿;上部叶小、红
色。穗状花序,顶生,球果状,长5~8厘
米,结果时增大;花密集,紫红色,生于
苞腋;苞片三角状卵形或长椭圆状卵形,

图4-30 菠萝

淡红色;花被片6,两轮,外轮萼片状,肉质,内轮花瓣状,倒披针形,青紫色;
雄蕊6;子房下位,藏于肉质中轴内。聚花果,中轴肉质粗大,外有肉质苞
片和螺旋排列的不育子房,顶端常有退化的叶丛。

原产于美洲,我国南部有栽培。聚花果为著名的热带水果之一。

波罗蜜属于双子叶植物中的桑科。常绿乔木,有乳汁。叶厚革质,椭圆
形。花单性,雌雄同株;雌花序矩圆形,多生于主干或分枝上;花被管状。聚
花果,成熟时长40厘米以上,重达20千克,外皮上有六角形的突起,坚硬。

我国广东、海南、广西和云南南部多栽培。花被可生食,种子炒食。

菠萝与波罗蜜都是聚花果,前者的食用部分为肉质中轴、不育子房和
肉质苞片;后者的食用部分主要是肉质花被和种子,种子要炒熟。

25 有毒的断肠花和秋海棠

断肠花(见图3-211)属于夹竹桃科。木质大藤本,全株有乳汁。叶对

生；叶片倒披针形或矩圆状倒卵形，长达 25 厘米，宽达 10 厘米，下面有柔毛。聚伞花序伞房状，花梗长达 7 厘米；花白色，有香气；花冠钟状，较大；雄蕊 5，花药箭头形；心皮 2，合生。蓇葖果，圆柱状，长达 16 厘米。种子有毛。

产于海南省。生于山地林中。叶、化和乳汁含强心苷，有剧毒，误食可致命，所以叫断肠花。

秋海棠（*Begonia evansiana* Andr.，图 4-31）为秋海棠科。多年生草本，有块茎。地上茎高达 1 米，粗壮。叶宽卵形，长达 20 厘米，宽达 18 厘米，基部心形，偏斜，边缘波状，有细尖齿，下面紫红色。花单性，淡红色，径达 3.5 厘米；雄花花被片 5。蒴果有 3 翅，1 翅较大。

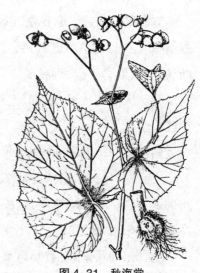

图 4-31　秋海棠

分布于长江以南广大地区，山东、河北也有。生于山地阴湿处。栽培广，供观赏。全草及块茎入药，有活血、消肿、解毒和止血的功效，用于治疗吐血、跌打损伤和毒蛇咬伤等。

秋海棠为什么也叫断肠花？据《采兰杂志》说：昔有妇人怀人不见，洒泪于北墙之下，后洒处生草，其花甚媚，色如妇面，其叶正绿反红，花秋开，名曰"断肠花"，即今之秋海棠也。

313

26　断肠草有几种

有些植物有剧毒，其地方名叫断肠草。下面介绍几种。

钩吻又叫胡蔓藤（见图 1-2），属于马钱科，别名断肠草。木质缠绕藤本。叶对生；卵形或卵状披针形，长达12厘米，宽达6厘米，先端渐尖，全缘。聚伞花序顶生或腋生；花小，淡黄色，两性；萼片5，离生，小；花冠漏斗状，长达1.5厘米，内面有淡红斑点，裂片5，呈卵形；雄蕊5，不外伸，生花冠筒基部；柱头4裂，子房上位，2室，胚珠多个。蒴果卵形，熟时分裂成2个果瓣。种子有翅。

分布于浙江、湖南、福建、广东至西南多省区。多生于平原、丘陵地带。全株有剧毒，别名除"断肠草"以外，还有野葛、葫蔓藤、吻莽、烂断肠等。《本草纲目》记载：此草虽名野葛，非葛根之野者也……广人谓之葫蔓草，亦曰断肠草，入人畜腹内，即粘肠上，半日则黑烂，又名烂肠草。钩吻含钩吻碱，有剧毒。入药有祛风、攻毒、消肿和止痛功效，用于跌打损伤、风湿痹痛和神经痛。

白屈菜（*Chelidonium majus* L.，图4-32）为罂粟科。断肠草是其东北和北京的地方名。多年生草本，全株含黄色汁液。根黄色。茎多分枝，有白短柔毛。叶一或二回羽状全裂，裂片再裂或有不整齐缺刻或圆齿，有白粉。聚伞花序近伞状；花两性；萼片2，早落；花瓣4，黄色，倒卵形；雄蕊多数；心皮2，子房细长圆柱状，花柱短，柱头裂。蒴果圆柱形，直立，长达4厘米，熟后自下而上2瓣裂。种子小，暗褐色。5—7月为花果期。

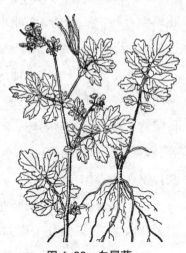

图4-32 白屈菜

分布于全国各地。北京山区多见，如门头沟小龙门南沟的水湿处。入药有止咳平喘、镇痛和消炎的功效，用于治疗慢性支气管炎、胃炎和腹痛等。

野八角（*Illicium simonsii* Maxim.）为木兰科。叶和果实有剧毒，贵州称之为断肠草。叶入药，外用治疥疮。误食后要立即用盐水解之。分布西南各省及湖南、江西和台湾。

羊角拗[*Strophanthus divaricatus*（Lour.）Hook. et Arn.］属夹竹桃科。灌木,有乳汁。叶对生。花黄绿色。蓇葖果叉生,木质,椭圆状矩圆形。种子有毛。分布于福建、广东、广西和贵州等省区。全株有毒,广西叫断肠草。种子外用治风湿病,叶治跌打损伤。

占钩藤（*Cryptolepis buchananii* Roem. et Schult.）属萝藦科,广西叫断肠草。木质藤本,有乳汁。叶对生;叶片椭圆形,侧脉近水平分出,每边约30条。花黄绿色。蓇葖果2,叉分成直线形,长达8厘米。种子有白绢毛。分布于西南地区及广东。根和果实有毒,入药有舒筋活络、解毒消肿的功效,可治跌打损伤、毒蛇咬伤。

以上3种断肠草都有毒,但能入药外用,治跌打损伤等,十分有意思。此外,罂粟科紫堇属的一些种类也有毒,在一些地区叫断肠草,如紫堇和蛇果黄堇。

蛇果黄堇（*Corydalis ophiocarpa* Hook. f. et Thoms.,图4-33）为草本。叶二回羽状全裂,一回裂片5对,二回裂片羽状深裂或浅裂。花淡黄色。蒴果条形,波状弯曲。分布广。北京门头沟百花山海拔600~1 900米处有。生山坡或山沟边。四川和云南称断肠草。入药有止痛、活血和除风湿的功效,治跌打损伤、气血不调等症。

图4-33　蛇果黄堇

瑞香科的狼毒（见图5-9）在一些地方也叫断肠草。

27　桫椤树、娑罗树和娑罗双树

这几种植物的名字很相似,它们之间是什么关系呢? 实际上,桫椤树、

316

娑罗树都是七叶树的别名。

七叶树（*Aesculus chinensis* Bge.，图 4-34）属于七叶树科七叶树属。落叶乔木。掌状复叶，小叶 5~7 个，倒卵状长椭圆形，边缘有细齿。花序长，狭圆锥状；花杂性，白色；花瓣 4，不等大；雄蕊 6。蒴果球形，顶端扁平或稍凹，径达 4 厘米。种子近球形，栗色，种脐大。

分布于陕西、山西、河南、河北、江苏和浙江等省。北京早有栽培。为著名的庭园观赏树木。桫椤树作为七叶树的别名见于《中国树木分类学》，是河南的

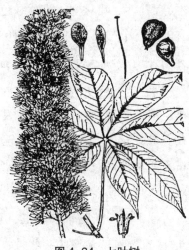

图 4-34　七叶树

地方名。娑罗树则见于《中国高等植物图鉴》第二册中的七叶树词条，因此娑罗树、桫椤树是同一种植物。

有人认为，娑罗树是菩提树，为佛教圣树。实际上这是一种误解，可能是因为其名字中有"娑罗"二字。菩提树属于桑科，它原产于印度，我国广东、云南有栽培。明代有书记载：今南中有娑罗树，干直而多叶，叶必七数，一名曰七叶树。初夏作花，花莛出于枝上，长数寸，茎紫青色，一茎数十花，花色白，结实如栗……从这些描述中可知，娑罗树是七叶树。

娑罗双树（*Shorea assamica* Gaertn.）与七叶树无关，它属于龙脑香科娑罗双属。乔木，常成纯林。叶宽卵形，长可达 28 厘米。由总状花序排成宽大的圆锥花序，顶生或腋生；花两性，黄色；萼片 5；花瓣 5；雄蕊 5；心皮 3，合生。果实上有宿存的萼，比果实长，似果翅。

原产于印度，分布广。传说佛祖释迦牟尼涅槃于娑罗双树间。娑罗双树之名是梵语的英译。

树蕨也叫桫椤，它属于蕨类植物桫椤科。

28 红叶树有哪些种

在叶入秋变红的树木中,最有名的应当是枫香树。枫香树属于金缕梅科,为大乔木。"霜叶红于二月花"描写的就是枫香树的叶。分布于长江以南广大地区。长沙岳麓山、南京栖霞山较多。

槭树科的一些种也为红叶树,如鸡爪槭。为落叶小乔木。叶掌状7～9中裂或更深,边缘有不整齐尖齿。果翅张开几成180°。叶入秋变红,颜色艳丽。南京栖霞山有生长。

元宝槭与上种形态差别较大,其形态特征见第三章的槭树科。入秋叶变鲜红色,为著名观赏树之一。北京山区、城区均有栽培。北大校园有老树。

北京香山入秋满山红叶,为赏红叶胜地。香山常见的红叶树是漆树科黄栌(*Cotinus coggygria* Scop. var. *cinerea* Engl.)的一个变种,也称"红叶"或"黄栌"(图4-35)。灌木或小乔木。单叶互生,叶柄细长;卵圆形或倒卵形,两面有毛。圆锥花序顶生,有毛;花杂性,较小;萼片、花瓣和雄蕊均为5,子房1室。果序上的不孕花有细长花梗,呈羽毛状。分布于河北、河南和山东。北京山区多见。以香山居多,多为人工种植。

图4-35 黄栌

还有一些植物入秋叶也变鲜红色,如火炬树(*Rhus typhina* L.),为漆树科。灌木或小乔木。奇数羽状复叶,小叶披针形。圆锥花序顶生,花小;萼片、花瓣和雄蕊均为5。核果球形,深红色。花期7—8月,果期9—10月。原产于北美。我国引种,北京很多。其雌花序色红如火炬。

乌桕树[*Sapium sebiferum*(L.)Roxb.]为大戟科。乔木。叶菱形或宽菱状卵形。花单性,雌雄同株;无花瓣;穗状花序,雄花多,雌花1～4生花序基部。蒴果球果状。种子黑色,外有白蜡层。分布于长江及以南地区。为油料植物,种子能榨油、制油漆。叶入秋呈红色。

趣闻轶事

唐宣宗年间的一个春天,诗人卢渥进京赶考,考试完毕便到处游玩。一日卢经过宫墙外的水沟旁时,看见水上漂有一片红叶。他很好奇,就将红叶捞了上来,见叶上有一首诗:"流水何太急?深宫尽日闲。殷勤谢红叶,好去到人间。"卢猜想肯定是宫里的宫女写的,于是将这片红叶收藏起来。不久,卢中了进士。一年,宫里打算将部分宫女送出嫁人,卢相中了一位姓韩的宫女。成亲后二人相敬如宾。一天韩氏收拾东西时从书中落下一片红叶,她拿起来仔细端详,看到上面居然有自己题的诗,便泪如雨下。得知事情原委后,二人感慨万千,愈加相互珍爱。

29　红松和赤松

这两种松属树木的名字相似,容易混淆,实际上两者形态差异较大。

红松(*Pinus koraiensis* Sieb. et Zucc.,图 4-36)一年生。枝上密生柔毛。针叶 5 针一束;叶鞘早落。树脂管 3 个,中生。球果大,圆锥状矩圆形,长 9～14 厘米,成熟后种鳞开张,种子不落,种鳞先端向外反折。种子无翅。分布于长白山和小兴安岭。

赤松(*P. densiflora* Sieb. et Zucc.,图

图 4-36　红松

4-37)一年生。枝红黄色,无毛。针叶2针一束;叶鞘宿存。树脂管6～7个,边生。球果小,圆锥状卵形,长3～3.5厘米,成熟后淡黄色,种鳞薄,张开,不久脱落。种子有翅。分布于黑龙江东部、长白山、辽东半岛、山东胶东地区和江苏云台山。山东昆嵛山有天然林。

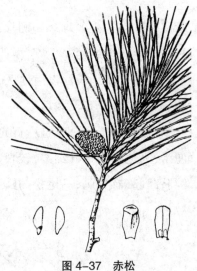

图4-37 赤松

红松树干的外皮脱落后,内皮是红褐色;一年生枝上有红褐色柔毛;冬芽淡红褐色,所以称红松。有一种细皮红松,其树皮常呈灰红色。那么,赤松的"赤"字是怎么来的?赤松的树皮橘红色,树干上部的皮红褐色,一年生枝为红黄色,冬芽为暗红褐色。

30 油松和马尾松

20世纪50年代初,北大校园内的松树很多,挂的牌子是"*Pinus massoniana* Lamb.",即马尾松。笔者查书后了解到马尾松分布于南方,明白园林工人把油松当成马尾松了。其实这两种松树好区分。

油松(见图3-4)的冬芽红色。针叶2针一束,质粗硬,长10～15厘米。树脂管10个,边生。球果卵圆形,成熟后暗褐色,种鳞的鳞盾肥厚,鳞脐凸起有刺尖。种翅长1厘米。

马尾松(图4-38)的冬芽褐色。针叶2针一束,细而柔软,10～20厘米。树脂

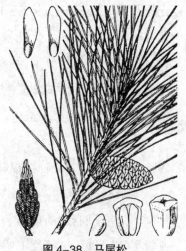

图4-38 马尾松

管4～7个,边生。球果卵圆形或圆锥状卵形,长4～7厘米,熟后栗褐色,种鳞的鳞盾平或稍厚,鳞脐微凹,无刺尖。种翅长1.6～2厘米。

主要分布于长江以南地区,北到汉水流域以南及淮河流域。四川、贵州、云南也有分布及栽培。

这两种树的差别明显。首先看针叶,油松针叶硬直,较短,长不超过15厘米;马尾松的针叶细柔,较长,可达20厘米。其次看种鳞的鳞脐,油松的鳞脐凸起,有尖刺;马尾松的鳞脐微凹,无尖刺。

31　木麻黄和木贼麻黄

木麻黄(*Casuarina equisetifolia* L.,图4-39)属于被子植物亚门双子叶植物纲木麻黄科。常绿乔木,高可达20米。枝纤细,有密生的节,下垂;小枝灰绿色,有纵棱约7条。叶极小,鳞片状,淡褐色,多个轮生。花单性,雌雄同株;雄花序穗状,顶生或侧生,长8～10毫米,雄花有雄蕊1,小苞片4,无花被;雌花序头状,侧生枝上,花柱分叉,线状。果序近球形或椭圆形,径达1.2厘米,有宿存的木质小苞片,内含1小坚果,果有翅。

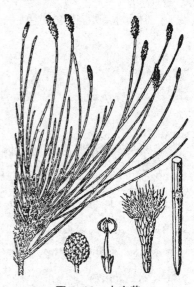

图4-39　木麻黄

木麻黄原产于大洋洲,澳大利亚很多。我国引种,多栽种在福建、广东的海边,作防护林,也为观赏树木。

木贼麻黄(见图3-20)属于裸子植物中的麻黄科。直立小灌木,高不过1米。木质茎明显,有时较粗,在沙漠地区可长成矮乔木状。小枝细,对生或轮生,节间短,纵槽纹不明显,有白粉,灰绿色。叶小,膜质鞘状,大部合生，仅上部分离，裂片2，三角形。雄球花单生或3～4个生于节上，苞片3～4对，基部合生，雄花有6～8个雄蕊，花丝合生，花药2；雌球花2个对生于节上，苞片3对，最上1对部分合生，雌花1～2朵，有2毫米长的珠被管，成熟时苞片肉质，红色，卵圆形，长达1厘米。种子1个，长卵形。

从整体上看，两者很相似，尤其是枝条细、叶极小。仔细观察，两者区别很大。木麻黄枝条节上的叶多个轮生，而木贼麻黄节上的叶膜质鞘状，裂片2个。

32　开心果和腰果

开心果来自阿月浑子(*Pistacia vera* Linn.)，属于漆树科。小乔木。小枝粗壮，有短毛。奇数羽状复叶，小叶3～5个，常为3个，革质；叶片卵形或宽椭圆形，顶小叶较大，侧小叶基部不对称，全缘；上面无毛，下面有微柔毛。圆锥花序；花小，单性，雌雄异株；雄花花被片3～5，有时2或6，大小不等，膜质，雄蕊5～6个；雌花花被片3～5或更多，膜质，子房卵圆形。核果长圆形，长达2厘米，径约1厘米，先端急尖，熟时黄绿色或粉红色，外果皮薄，内果皮骨质。种子扁，无胚乳，子叶厚，稍凸起。

分布于叙利亚、伊朗、土耳其和伊拉克，苏联西南部和南欧也有。我国新疆多栽培。

果实(去外果皮)可食，即干果"开心果"，超市里多见。种子可榨油，入药是一种强壮剂。其油质量上乘，像橄榄油，含多种维生素，可增强体质并能抗衰老。阿月浑子首见于《本草拾遗》，又称无名木。据记载：无名木生岭南山谷，其实状若榛子，波斯呼为阿月浑子也。传说亚历山大率军队远征，经过一个荒无人烟的地方时，就是靠开心果生存下来的。由于人们食其果实时心情好而得名。

腰果(*Anacardium occidentale* Linn.)属漆树科，又称鸡腰果。灌木或小乔木。叶革质，倒卵形，先端圆形、平截或微凹，全缘；两面无毛。圆锥花序

321

宽大,长达20厘米,花多而密;有苞片;花黄色,杂性;花萼外有锈色柔毛;花瓣条形或条状披针形,长约1厘米,外有锈色柔毛,外卷;雄蕊7～10个,常仅1个发育,不育雄蕊较短;子房倒卵圆形,花柱钻形。核果肾形,两侧压扁;果实基部托上有假果,假果梨形或陀螺形,肉质,熟时紫红色。种子肾形。

原产于巴西,栽培广泛。我国广东、广西、云南和台湾有引种。要求气候干热。种子可炒食,味似花生,但比花生酥脆,口感更好。种子含油多,油质好,营养丰富。假果可生食,也可制果汁或罐头。

知识窗

远古时巴西已开始种植腰果。在巴西的民间传说中,腰果是天神赐给人类的神树,所以腰果收获季节,人们要举行庆典,将最大的腰果奉献给天神。这种仪式保存至今。16世纪中期,葡萄牙航海家将腰果带到了印度。猴、鸟等喜食腰果,它们将腰果传到了印度的许多地方。16世纪后期,东南亚各国开始引种腰果。18世纪末,非洲始种腰果。今天,腰果的主要产地是莫桑比克、坦桑尼亚、肯尼亚、巴西和印度。我国约于20世纪30年代开始引种,湛江地区和西双版纳有种植。

33 咖啡和可可树

咖啡和可可是两种著名的饮料植物,它们的原植物差异大,属于不同的科。

小果咖啡(*Coffea arabica* L.,图4-40)属茜草科,为灌木或小乔木。叶对生;薄革质,矩圆形或披针形,长达14厘米,先端长渐尖,边缘波状;叶柄长1.5厘米,有宽三角形托叶。聚伞花序,多个簇生

图4-40 小果咖啡

322

叶腋；苞片基部合生；花有香气，花冠白色，裂片常为5。浆果椭圆形，长达1.6厘米。原产于热带非洲。我国华南地区引种栽培。种子为咖啡的原料。

近缘种为中果咖啡（*C. canephora* Pierre ex Froehn.）。叶较上种大一倍，宽椭圆形，长15～30厘米，先端急尖，边缘浅波状。花白色或微红。浆果近球形，径达1.2厘米。原产于非洲。我国海南有栽培。种子为咖啡原料。

大果咖啡（*C. liberica* Bull. ex Hien）也为近缘种，植株比前两种高大，高达15米。叶对生；革质，椭圆形或倒卵状椭圆形，长15～30厘米，全缘，顶端有短尖。花白色，裂片6～11。浆果大，宽椭圆形，长约2厘米，比前两种大。原产于非洲。我国广东、云南引种。种子为咖啡原料。

可可树（*Theobroma cacao* L.，图4-41）为常绿乔木，属梧桐科。叶卵状矩圆形或倒卵状矩圆形，长20～30厘米，宽7～10厘米。花簇生于老树干或主枝上，直径1.8厘米；萼5深裂，粉红色，裂片长披针形；花瓣5，黄色，下部凹成盔状，上部匙形外卷；花丝合生成筒状，发育雄蕊1～3个聚为一组，另有退化雄蕊5，条状。果实椭圆形至长椭圆形，长可达20厘米，深黄至近红色，5室，每室种子多达14粒。种子卵形，长达2.5厘米。

图4-41　可可树

323

原产于南美洲。我国有引种。种子发酵或烘焙后可制成可可粉或巧克力原料。巧克力源于墨西哥。哥伦布发现美洲后的大约20年，西班牙冒险家科尔特斯带兵征服了墨西哥的阿兹特克国。阿兹特克国王用可可种子制成的饮料招待科尔特斯。科尔特斯很喜欢这种饮料，就将可可种子带回西班牙。百年以后，可可饮料传遍了欧洲。

趣闻轶事

咖啡是风行世界的饮料之一，尤其在西方。我国也有不少咖啡爱好者。但是你知道吗，咖啡的发现过程十分有趣，据说是在16世纪。一天埃塞俄比亚的一个牧羊人发现自己的羊活蹦乱跳，十分兴奋。他好生奇怪，细心观察才发现羊吃了一种红色果实。他也尝了几颗，果然感到神清气爽。于是他采了些果实送给寺院的僧侣，僧侣们吃后也感到很提神。咖啡就这样逐渐被人们所认识。

34　榴梿是什么植物

榴梿果在北京的超市里很常见，很大，表面布满锥形的刺，它属于木棉科。榴梿（*Durio zibethinus* Murr.）为常绿乔木，高可达25米。叶片长圆形或倒卵状长圆形，先端短渐尖，基部圆形；上面无毛，下面有鳞片，侧脉10~12对。聚伞花序细长，下垂，有花多朵；萼筒状，有5~6萼齿；花瓣黄白色，长达5厘米，长圆状齿形；雄蕊5束，花丝基部合生。蒴果椭圆形，淡黄绿色，长达30厘米，径达15厘米，每室有种子2~6。种子有假种皮，白色或黄白色，有强烈的气味。花果期6—12月。

原产于印度尼西亚、马来西亚。我国海南有栽培。

榴梿作为水果，主要吃种子外的假种皮。初吃榴梿时，很多人都难以接受，习惯后则认为很香。榴梿在东南亚很畅销，据说当地人会典当衣服来买榴梿，有民谣戏称之：榴梿红，衣箱空。榴梿的吃法很多，可做糕、煲汤等。

民间传说

传说航海家郑和曾带领一批水手来到马来西亚。住了一段时间后，水手们开始思念家乡，要求返航。这时榴梿上市了，水手们没见过榴梿便买来尝鲜。谁料不少人居然吃上了瘾,把返乡的事淡忘了。于是,郑和就称这果实为"流连"。意思是吃后就留恋它,竟然不思故乡了。由于此果结于树上,后来便改写成"榴梿"。

35　发财树是什么植物

发财树是花卉市场近些年才出现的盆景植物,原名叫马拉巴栗[*Pachira macrocarpa*(Cham. et Schlecht.)Walp.],属于木棉科。之所以叫发财树,据说是它的属名为广东话的谐音,也可能是商家为图吉利所取的名字。

发财树为常绿乔木。掌状复叶,小叶 5~7,长椭圆形或倒卵形,无毛。花大,白色,单生叶腋;花瓣条形;花丝细长,紫色。果实为木质蒴果。花期5—11 月。

原产于墨西哥,也称大果木棉。它生长快,树形美,适于庭园栽种,或作为行道树。因耐旱,也是制作盆景常用的树种。其基部膨大,具观赏价值。宜浅植,多施磷肥和钾肥。

36　火龙果来自什么植物

火龙果如今已成为市场上的常见水果,为椭圆状,淡紫红色,看起来十分诱人。它是仙人掌科量天尺属的一种,但不能确定是哪一种,因为量天尺属约 23 种,果实均可食。

我国引种的是量天尺(*Hylocereus undatus* Britt. et Rose)。在广东肇庆七星岩附近的石山上,可以看到攀爬的量天尺。但市场上出售的火龙果不是这种量天尺的果实。

量天尺的茎三棱形,边缘波状,有小刺。花白色,较大;夜间开花,长达30厘米;外轮花被片黄绿色,向外反卷,内轮花被片纯白色,直立,花冠似漏斗形;雄蕊多数,柱头多数。浆果,有鳞片。种子细小而多。

原产美洲热带和亚热带。我国引种1种,在海南和广东种植,其果可食。肇庆地区的饭店用它的花做汤,很软滑,口感不错。花在当地俗名为"剑花",可以煲汤。

37　红柳不是柳

红柳的名字中虽然有"柳"字,但不是我们所说的柳树,而是柽柳科柽柳属的木本植物。花粉红色,又多又小,再加上枝条柔软似柳枝,被称为红柳(图4-42)。

红柳(*Tamarix ramosissima* Ledeb.)为灌木,高1～6米。枝条细,红棕色。叶小,披针形、卵形或三角状心形,长2～5毫米,锐尖,略内弯。总状序生当年枝上,密集,长达8厘米,再组成圆锥花序,顶生;苞片小;花梗短小;萼片5,卵形;花瓣5,倒卵形,长仅1.5毫米,宿存,淡红色或白色;雄蕊5;花柱3,棍棒状。蒴果三角状圆锥形。

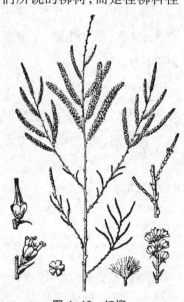

图4-42　红柳

分布于我国西北、华北和东北地区,蒙古、伊朗、阿富汗和俄罗斯也有。生长在盐碱土、沙质土中,为固沙造林植物,常成片生长。开花时为沙地的胜景之一。

近缘种有毛红柳、短穗红柳和细穗红柳等。

第五章 到野外认植物去

到山林、原野直接进行观察,是积累鉴别植物经验的重要途径之一,而且所获取的感性知识,有助于对文献和资料的理解。那么,去哪些地方才能收到好的效果呢? 我国的有花植物近 30 000 种,广布各省区,尤其是山区。这是因为山地环境复杂,小气候多样,适宜多种植物生长,因此认植物首先要到山区。我国是多山国家,从北到南几乎到处都有山。本章主要介绍笔者对一些名山胜地的考察。当然,草原和沙漠地区的植物也不能不看。

1 人参的故乡——长白山

长白山位于我国东北地区东部。地处吉林省境内的白头山终年积雪,其主峰白云峰海拔 2 691 米,为东北地区第一高峰。白头山上有著名的天池,水清如镜。长白山是我国东北地区年降水量最多的地方,植物种类相当丰富,有 120 多科 1 000 多种,其中不少是名花异草、药用植物以及用材树种。

(1) 人参的故乡

人参(见图 3-179)的主产地就是长白山,多长在阔叶林下。清朝时,在长白山还很容易找到人参。人参的采挖期一般在 7 月下旬到 9 月上旬,这

327

时人参开黄绿色的花,随后结橘红色的果实,比较容易识别和发现。如果苗期去采,常会把山芍药、水曲柳幼苗当成人参苗,因为它们很相似。长期以来,由于过度采挖,加上生存环境破坏严重,东北的人参资源几乎枯竭。

人参生长缓慢,种子萌发就要一年多。自然生长上百年的野人参(山参),根重也不过几钱。野人参的根系似人形。当主根生长遇到石头等阻挡时,养分会被运往侧根,使侧根逐年加粗,如果侧根正好一对,就如同人的左右臂,再加上中间的主根,就像人的上身了。在人工栽培条件下,因为土壤疏松,主根发达,侧根细,则难以成人形。

长白山地区人工栽培人参有几百年的历史。其中,抚松县的栽参历史悠久,经验丰富。据说,一株参苗培养6~8年就能采用。

长白山的针阔叶混交林或阔叶林中还出产多种药材,如天麻、细辛、党参、贝母、木通、贯众、藁本、防风和柴胡等。

(2)不能不看的松树

长白山森林中的红松特别多,所以到了长白山,如果进入森林,一定要看一看里面的红松。红松(见图4-36)是松树中最有名的。天然红松林通常分布在针叶林的下段,以海拔500~1 000米居多。认红松应抓住要点。首先,它的主干通直,外皮略带红色,高30米以上,径1米左右。第二,上部的枝条二或三叉状,像扫帚,所以有"平头红松"之说。第三,针叶5针一束,深绿色,长6~12厘米。这些特征,与红松伴生的树种如红皮云杉(别名红皮臭)和臭松、沙松都没有。臭松和沙松属于冷杉属,红皮云杉则属于云杉属。它们的叶最长不过3.3厘米,没有红松叶那么长,而且也不是5针成一束,而是散生的。如果你注意了它们的叶的不同,并且抓住这一点进行辨认,就不仅认识了红松,而且通过比较,也认识了其他几种松树,真是一举多得!

红松的球果很大,卵状圆锥形,长可达20厘米,直径达10厘米。种子红褐色,可食。木材为建筑良材。

与红松一起生长的,还有一些阔叶树,如春榆、蒙古栎、水曲柳、白桦、胡桃楸、黄檗以及槭树。注意,水曲柳不是柳树,而是木犀科白蜡树属的,在当地很有名气。其叶为羽状复叶,对生,果有翅。胡桃楸属于胡桃属,为羽状复叶,小叶比一般的胡桃小叶多,多腺毛;果较小但较多,有腺毛。

在阔叶树的下面可以看到猕猴桃,如果在结果期,还可以吃到甜美的果实。此外,还有五味子。这里的草丛中有多种野花,五颜六色。有一种叫轮叶百合,叶轮生;花橘红色,较多。聚花风铃草也较常见,花蓝紫色,似铃铛,属于桔梗科。

在大约1800米处,有一大片岳桦林,属于桦木科桦属。这种树主干弯曲,树皮灰白色且粗糙。这一带风大,气温较低,弯曲的树干就是风吹的结果,虽不好看,但增强了抗风寒能力。

(3)牛皮杜鹃真有"牛皮"

走过岳桦林后,就看到了苔原。苔原由各种各样的矮草组成,展开若地毯。里面有一种极矮小的灌木丛,那是牛皮杜鹃,属于杜鹃花科。其叶片长数厘米,厚如牛皮,常成片生长。据说它的叶片可制茶叶,喝了这种"茶"水,能抑制高山反应。常见的植物还有蔷薇科的宽叶仙女木,果实为瘦果,有宿存的羽毛状花柱。十分好认。梅花草也不少,开白色花,似梅花。

向上走到大约2300米时,就能看到天池了。在天池边的坡地上,有不少草花。有杜鹃花科的松毛翠,为典型的寒带植物;有高山罂粟,其花朵较大,黄色,美丽;有肾叶山蓼(图5-1),属于蓼科山蓼属,其叶可当蔬菜,有抗坏血病的功

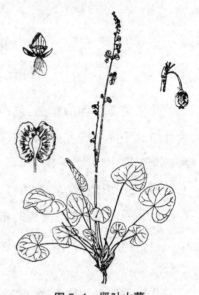

图 5-1 肾叶山蓼

329

效,等等。

高山上还有柳树,但不像树,因为太矮了,几乎贴在地面上,其叶圆而小巧,可以栽培作为盆景。

(4)不要忘记看美人松

松树给人的印象多为四季常青,庄严伟岸,有种大丈夫气概,但美人松却不这样。其壮年期树木,树姿如身材修长的少女,人们称它为"美人松"。美人松是长白山重要的松树之一。要看美人松,最好到二道白河东站,那儿附近就有美人松。其主干很高,但不太粗,树皮红润光洁,在距地面10多米处才出现分枝,分枝多平伸开,分枝的近上部又略向上弯,宛如美人的手臂。小分枝和针叶都向上生长,较短,好似手指。远远望去,真如一幅美人展臂图。要细细品,才能品出其中的美来。

美人松是当地的俗名,分类学上叫长白松。我国植物分类学家郑万钧当年研究后认为,它是欧洲赤松的一个变种,便定名为长白松,以其生长地为名。

2　北京植物览胜

北京市是我国的首都,包括各郊县在内,总面积为 1.641 万平方千米。地处华北平原的西北边缘,城区位置在平原与山地相接处。其西部、北部和东北部群山环绕,东南是向渤海倾斜的北京平原。北京的山区约占全市面积的 3/5 ,山地海拔一般在千米左右。海拔 2 000 米左右的高山多集中在西部和西北部,如门头沟的东灵山和百花山、延庆的大海坨山。山区和平原的交接处为丘陵地带,海拔在 200 米以下。境内有潮白河、永定河等数条河流。

北京是温带大陆性季风气候。四季较明显,夏季高温湿润,冬季则冷而干。降雨多集中于夏季,以7月最多。雨热同期,十分有利于植物的生长和繁殖。

北京的植物种类很多。据《北京植物志》记载,有维管植物169科、869属、2 056种,177个变种或亚种、变型,栽培植物约占1/5。其中,有第三纪残留的种类如构树、臭椿、文冠果和朵树;也有热带迁入的,如香椿、薄皮木(图5-2)、荆条和牛耳草。近几十年来,引种了不少植物,由外地传入的野生杂草也不少,所以今天北京植物的数量应多一些。

有趣的是,北京东部与西部山区的植物分布有差异。例如,东部、东北部山区能见到锦带花、白鹃梅、风箱果,而这些种在西部山区看不到。在西部山区能看到青檀(榆科青檀属)、鞘柄菝葜(百合科菝葜属),又是东部和东北部山区没有的。

如果要观察北京的野生植物,最好选择夏季,这时乔木、灌木和草本均繁

图5-2 薄皮木

茂。地点应选择有代表性的山区。如果看海拔1 300米以下的山区,最好去妙峰山;看1 300米以上的山区,应当去东灵山,那里的植物有代表性。

(1)妙峰山植物杂谈

进入景区后,可以沿旧时的石板路向上攀登。旧石板路是以前的香道,那时每年4月起,赶妙峰山庙会的人都沿这条路登山顶。一路上边欣赏景色,边认周围的植物,会感到其乐无穷。

在海拔100米左右,路边可见到皂荚树,它满身硬刺。常见的还有刺榆,为灌木,小枝上有许多硬长的刺,极有特点。

往上走便到了金仙庵。这里以前是北大金山生物实习站。房舍的后

面为阴坡,有一片茂密的树林。乔木有
槲树、大叶白蜡、鹅耳枥,里面夹杂有槲
栎,株数不多。林下的灌木中有蚂蚱腿
子(菊科灌木,图5-3)、三裂绣线菊、毛
花绣线菊、土庄绣线菊和胡枝子等。草
本植物有苍术、狗舌草、翻白草、委陵菜、
钩叶委陵菜和地榆等。山的阳坡面有一
片栓皮栎。这里的土层薄,水分含量低,
适宜栓皮栎生长。林下的灌木和草本比
较少,仅有荆条、酸枣,坡底的荆条很多,
长得比较高大。

图 5-3　蚂蚱腿子

　　实习站内有两株特大的银杏,皆为
雌株,树干直径达 1 米以上,估计树龄有数百年了。20 世纪 50 年代,其中
一株忽然长出雄花,成为雌雄同株了(银杏一般为雌雄异株)。

　　从实习站北边沿石板路向上爬,翻过一山头,便进入一条山沟中。沟
中的荆条很多。走过一段坡路后,到了一个小平台,叫玉仙台,以前可能是
进山上香的人中途休息的地方,但那些房舍全毁掉了。这儿有一株桑树值
得一提,它是雌树,五六月来此便能吃到桑葚,果是白色的,很甜(比紫果味
道好)。再向上爬就到平三里了。之所以叫平三里,是因为上来的一段路
为缓坡,似乎是水平前进。笔者曾在这一带看到过一小片蒙栎(*Quercus
mongolica* Fisch.):果实相当大,壳斗的鳞片上有瘤状突起。这是蒙栎与辽
东栎的重要区别,辽东栎的壳斗鳞片上无瘤状突起。但仔细观察后笔者发
现,在有些枝条上,壳斗鳞片背部的突起并不明显。也许存在天然杂交,致
使这两个种的区别不明显了。

　　再向上走,路边就有北五味子,是雄株。偶尔也能看到东陵八仙花、山
葡萄和蛇葡萄。往坡下的山沟看去,有开红花的卷丹,花极漂亮。爬过一
个坡后就到了庙儿洼。这里的房子也毁坏了。前面的路又平坦了。路边

有菊科的猫儿菊,开黄色的花。有柳叶菜科的柳兰(图5-4),株高达2米,花红紫色的,成片生长。在妙峰山附近的山坡上,人们种植了大片的玫瑰花,如果开花时前来,满山的香气足以令你心醉。

在妙峰山的山顶,也有不少野生植物。有一种堇菜,叶片羽状裂,叫总裂叶堇菜(*Viola fissifolia* Kitag.),山下是看不到它的。从涧沟村走几里山路去滴水岩,还能看到许多青檀。青檀通常生长在石灰质土壤中,不易见到。它的果有翅,果柄细长,与榆科常见的果实不同。树皮为古代制造宣纸的重要原料之一。

图5-4 柳兰

如果从庙儿洼沿山梁往北,有一条小路下山,不远处能看到五加科的楤木(见图3-182)。这是一种3～4米高的灌木或小乔木,长成一小片,二或三回羽状复叶,茎上有刺。从那里进入一条山沟,可以看见软枣猕猴桃、毛樱桃等。沟里的水边有柳叶菜生长,其粉红色的花朵十分美丽。这里的美景和幽静宛如世外桃源。从这里走出去就是七王坟。

(2)细数东灵山植物

东灵山位于北京的西部山地,其海拔1 200～2 300米的植物很有代表性。可以从小龙门开始观察。这里有几条沟,如南沟、东南沟、西沟和北沟。每条沟里的植物都不少,尤其是南沟。

进入南沟后是一条林荫道,山道弯弯曲曲的,沿途可以看到多种植物。先入眼帘的是高大的马氏杨林,也称辽杨。接着是芸香科黄檗,其树皮有点软,内为黄色,是药材"黄檗"的原料。糠椴的叶很大,有白毛,属椴树科。胡枝子比较多,开紫红色的花,3小叶,有的株高达1米以上。小花溲疏(图

333

图5-5　小花溲疏

5-5)很多,为灌木;叶对生,叶片有星状毛;四五月为盛花期。这种植物叶形多变,有宽的也有窄的,有时老干上生一枝条,上面的叶更窄了。

林下的草本很丰富。水杨梅的花瓣5,黄色,有点像毛茛。它与毛茛花的区别是,水杨梅的花瓣比毛茛略大,颜色也深一些,关键是水杨梅花瓣无光泽,花瓣内侧基部无蜜腺,而毛茛的花瓣有光泽,内侧基部有1个蜜腺。这条沟的水边也有毛茛,可以对比一下。

沟边的阴湿处还有荫生鼠尾草(*Salvia umbratica* Hance)。叶有毛,对生,三角形;花冠蓝紫色;它的雄蕊十分有趣,2个,能育,花丝短,花药的药隔伸长为线形,横架于花丝顶端,以关节相连,称为杠杆形雄蕊。这种形态有利于昆虫异花传粉。其药室因药隔延长而分开,一端的药室退化,另一端的药室有花粉。当昆虫进入花冠口时,若触及药室退化的一端,借杠杆的作用,另一端药室的花粉扣下来,抹在昆虫身上。当昆虫再去另一朵花时,就把花粉带了过去,完成异花传粉。

这条沟中还有伞形科的窃衣,其果实外有钩,可以附着在动物的皮毛或人的衣服上,以此传布。

再往里走,树林更密。先后能看到如下植物。裂叶榆,叶大,顶端有尾状裂,好认。刺五加,为灌木,掌状复叶。东陵八仙花,花序圆盘形,四周有不育花,4个萼片较大,白色,开花几天后变淡紫色,十分显眼。还有鸡树条荚蒾、稠李等。林下的草本有铃兰(图5-6)、

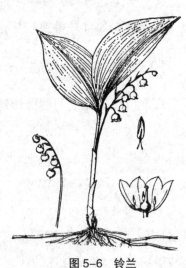

图5-6　铃兰

334

玉竹、二苞黄精、鹿药、北重楼和二叶舞鹤草等。这里有一种乌头，叫二色乌头，苗是缠绕性的，叶掌状裂，花淡紫色。如果仔细观察，还能发现党参，为桔梗科党参属植物，根为著名补药，有一股刺鼻的气味。

在东南沟的上段，可以见到柳兰、荚果蕨。荚果蕨[*Matteuccia struthiopteris* (L.) Todaro]是一种叶很大的蕨类植物，别名野鸡膀子，为球子蕨科。叶片二型：营养叶有长柄，叶片披针形，长达90厘米，宽达25厘米，二回羽状深裂，羽片40~60对，条状披针形；孢子叶狭倒披针形，一回羽状深裂，羽片两侧向背面反卷成荚果状，深褐色。孢子囊群圆形，有膜质的囊群盖。根状茎入药称"贯众"（药名），有清热、解毒、止血和杀虫的作用，可预防流行性感冒、流行性乙型脑炎和麻疹等。在低海拔处，也有杭子梢，它与胡枝子相似，也为3小叶，但小叶下面沿中脉有黄色毛，可与胡枝子区别。

西沟中有许多大花剪秋罗，为石竹科，花橘红色，较大，很美丽。有花葱科的中华花葱（ *Polemonium coeruleum* L.），为多年生草本，高达80厘米。奇数羽状复叶，小叶披针形。聚伞圆锥花序，顶生或腋生；花蓝紫色，裂片倒卵形；雄蕊5；子房上位，球形，柱头3裂。蒴果球形。花期6—7月，果期8—9月。

西沟的深处可找到刺五加和无梗五加，后者较多。还有菊科的狭苞橐吾，叶特大，肾状心形或心形，长近20厘米，边缘有细锯齿；头状花序排成总状，花黄色。花期7—9月。

在往东灵山山顶的途中，会看到许多山下没有的植物。如果从下马威上山梁，顺山梁前进，路边常有坚桦（ *Betula chinensis* Maxim.，图5-7），树皮为褐色；叶小，像榆树叶；果序较短，果几无翅。

走到1 600多米时，会看到大片开黄花的小黄花菜（图5-8），其花蕾为蔬菜，

图 5-7 坚桦

但要用开水焯过才能食用。在海拔1 800米左右出现次生林。里面有多种桦树，以白桦和棘皮桦居多。前者叶三角状卵形，树皮白色光洁；后者叶卵形，树皮粗糙，呈小片状剥离，棘皮之名由此而来。

桦树林下最漂亮的花是金莲花(*Trollius chinensis* Bge.，见图3-70)，属于毛茛科。高50~60厘米。花朵较大，径达5.5厘米；常单朵顶生，橘黄色；花瓣多数，特别狭窄，与雄蕊相似，但花瓣内侧的基部有1个蜜腺，可与雄蕊区分；雄蕊很多，橘黄色；心皮多个，离生。开过的花上有时有一圈蓇葖果，排列紧密，每个上面都有短喙。种子多个，黑色。花期在6月下旬到7月上旬，8—9月已结果。

图5-8 小黄花菜

桦树林下能看到京报春，属报春花科，花较小。另有胭脂花，也属报春花科，花红色美丽。这些只有在海拔1 800米以上的林下才能看到。

图5-9 狼毒

走出树林，不久就看到山坡上的草甸。这里野花遍地。有一种20~30厘米高的草本植物，其花穗顶生，仔细观察，花穗中的有些不是花，而是小珠芽，长有绿色的幼叶。这是珠芽蓼，其花序上除花外，还有小型珠芽。珠芽在母体上发芽，落地后长成新株，这种现象叫胎生。

在海拔1 900~2 000米的高处有一个大草坡，草本植物十分茂盛。最显眼的是狼毒(*Stellera chamaejasme* L.，图5-9)，属瑞香科。多年生草本，有粗壮圆柱形的木质根状茎。叶披针形,全缘。头状花序顶生,花淡粉红色;花被筒状,细长,长约1厘米,5裂;雄蕊10,2轮。果圆锥形,包于花被管内。6—7月为花期。狼毒花常密生,全株有毒。

如果细心寻找,还会发现手参,这是兰科植物。高约40厘米或40厘米以上。花序顶生,花密集,粉紫红色。叶狭椭圆状披针形,基部成鞘状抱茎。最有趣的是它的块根,呈椭圆形,下部掌状裂。块根可入药或泡酒,有强壮筋骨作用。由于采挖过量,已很难找到了。

过了这片草坡,离山顶就不远了。沿途有豆科的鬼箭锦鸡儿(图5-10),很多,为灌木,多刺。偶尔还可以看到开小紫花的勿忘草。这里吸引眼球的非野罂粟莫属。它细柔的茎的上端,开一朵黄色的花,在山风中不停地摇曳。野罂粟只在2 200～2 300米(接近山顶)的草坡上才有。山顶上有一种菊科植物,主茎较粗,上面有几个头状花序,叫大头风毛菊[*Saussurea baicalensis*(Adams)Robins.]。

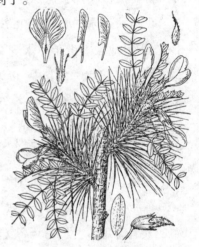

图5-10 鬼箭锦鸡儿

山顶的草地上也有滨紫草[*Mertensia davurica*(Sims.)G. Don,图5-11],但很稀少。它属于紫草科,高20～50厘米。花的特点是,花冠筒细长,2厘米以上,蓝紫色,5裂,裂片钝圆。4小坚果,小坚果卵圆形。

总之,在东灵山海拔1 200～2 300米,植物种类很多,即便走马观花,也能观察到多种植物。如果认真考察并采集标本,就非一日能完成了。

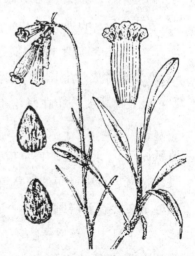

图5-11 滨紫草

3 迷人的草原植物

走进广袤的草原，你会感到心旷神怡。"天苍苍，野茫茫，风吹草低见牛羊"描写的就是优美的草原景色。如今这种景色已较难看到，但草原的特产植物值得我们去认识。

我国的草原主要分布在北部和西部年平均降水量小于 400 毫米的半干旱、干旱地区。由于降水少，风大，气温变化大，使这一地带几乎全是草本植物，偶有小灌木。其中，以内蒙古草原最有代表性，东北和西北也有一部分。

草原植物多为禾本科植物，其次是豆科，占 20%～50%。其中，优良牧草占 60%～80%。

在众多的草本植物中，芨芨草 [*Achnatherum splendens* (Trin.) Nevski，图 5-12]最有意思。它长得又高又壮，秆丛生，高可达 2.5 米，粗达 5 毫米。叶片坚韧，卷折，长达 60 厘米。顶生圆锥花序展开状，长达 60 厘米；小穗仅含 1 花，有芒。芨芨草常成片生长，开花时很壮观。

图 5-12　芨芨草

芨芨草主要分布在西北和内蒙古。早春的嫩茎叶，牛羊喜食。秆和叶也是造纸原料。"北风卷地白草折，胡天八月即飞雪。"诗中所写的白草就是芨芨草。芨芨草也叫"息鸡草"，因为羊、鸡等常在此草下避风。

禾本科中的草原植物还有羊草、鹅观草、小叶章、雀麦、狐茅和早熟禾等几十种，多为优良牧草。

醉马草[*Achnatherum inebrians*（Hance）Keng]又叫羽茅，是芨芨草的近缘种。它比芨芨草矮一些，高约1.5米，叶片长达60厘米。圆锥花序，但不散开而是紧缩的；小穗有芒，长达2.5厘米，弯曲，也不同于芨芨草。醉马草分布于东北、华北至西北地区。此草还有一点与芨芨草不同，即牲畜不能多吃，多吃会中毒。马若吃此草过量，就好像醉酒一般。其原因尚不清楚。

禾本科有毒的草还有抱草（*Melica virgata* Turcz. ex Trin.），牲畜多吃后会引起腹胀、痉挛，严重的甚至死亡。针茅属中的狼针草（*Stipa baicalensis* Roshev.）和针茅（*S. capillata* L.）也有毒。狼针草秆簇生，平滑，高达80厘米。叶片细线形，卷曲，长达50厘米；茎生叶稍宽但短。花序圆锥形；小穗疏生，有长芒。此草在内蒙古北部的丘陵草原上特多，其营养成分少，常刺伤牲畜口腔，导致脓疮。针茅的危害同狼针草。

草原上的豆科植物重要的有苜蓿、草木樨、达呼里黄芪、胡枝子和野大豆等。野大豆无论是青草还是干草，牲畜都爱吃。

这里值得注意的是甘草（*Glycyrrhiza uralensis* Fisch.）。其主根分布深且长，有根状茎。羽状复叶，叶上有腺体。花淡紫色。荚果稍弯，密生腺毛，种子2~4。主要分布于内蒙古至西北。牲畜不太爱吃甘草。甘草为重要的药用植物，近些年滥挖滥采致使甘草逐渐稀少。

豆科的草本中也有有毒的。例如，小花棘豆（*Oxytropis glabra* DC.）又称醉马豆，为多年生草本。牲畜一般不吃，吃后会中毒。又如，披针叶黄华（*Thermopsis lanceolata* R. Br.），小叶3，倒披针形；花黄色；荚果条形，长达9厘米；种子多数；生于水边的草地上。

339

4　奇特的沙漠植物

我国的沙漠主要分布在新疆、青海、甘肃、宁夏和内蒙古等省区。尽管沙漠的环境条件恶劣，但仍有一些植物生长。这里介绍几种。

(1)顽强的胡杨树

在内蒙古西部、甘肃、青海和新疆等地的沙漠中,有一种树会流泪,它就是胡杨。胡杨林多生长在河流沿岸(如新疆塔里木河)或地下水位较高的荒漠。

胡杨(*Populus euphratica* Oliv.,图5-13)属于杨柳科杨属。乔木,高达15~30米。小枝淡灰褐色,有毛。幼树或长枝上的叶为柳叶状,中年树或短枝上的叶为宽椭圆形,老树枝上的叶为肾形,长6~10厘米,宽3~7厘米,有疏大缺刻或全缘。花单性,组成柔荑花序。胡杨的树皮被划破后,会流出树脂,当地人称之为胡杨泪。这种树脂可以蒸馒头,入药有清热解毒、抑酸止痛的作用。叶可治高血压或饲喂家畜,花外用可以

图5-13 胡杨

止血,木材可用于制作家具,堪称沙漠中的宝树。

胡杨耐盐碱,抗干旱和风沙的能力极强,喜光。根系的繁殖力很强,所以常成片生长。胡杨之所以能抗干旱,原因之一是树干内可储存大量水分。如果在粗大的胡杨树干上钻一个孔,会从孔中喷出1~2米的水柱。要看胡杨,可到内蒙古巴彦淖尔市北部的盐湖边。那里距北京近。如果要看大片的胡杨林,最好去内蒙古额吉纳旗或新疆。

(2)沙枣不是枣

沙漠地区有一种叫沙枣(*Elaeagnus angustifolia* L.,图5-14)的植物,它属于胡颓子科。为落叶灌木或小乔木,高达10米。叶矩圆状披针形或稍狭窄,两面都有白色鳞片,下面的更密且呈银白色。花有香气,生叶腋。果

实椭圆形或近圆形,外被白色鳞片。果实像枣,因生于沙地,所以称沙枣,不是鼠李科的红枣。

图5-14 沙枣

沙枣营养丰富,不亚于枣,生食熟食均可。果肉含蛋白质 7.94%、脂肪1.34%、糖类 51.75%、粗纤维 3.9%和矿物质 3.28%。50 千克沙枣能出 15 ~ 20 千克沙枣面,用于酿造沙枣酒。沙枣叶的营养成分与苜蓿差不多,可作饲料。沙枣还是蜜源植物。沙枣能在寒冷干燥的环境中生存,并且耐盐碱、不怕沙埋、生长快,是防风固沙、保持水土的优良树种之一。

(3)沙漠里的"樱桃"

沙漠里的"樱桃"来自白刺(*Nitraria sibirica* Pall.),属于蒺藜科。为灌木。枝条上有短而尖细的刺,呈白色,故名白刺。叶簇生,肉质,倒卵状匙形,顶端钝圆,全缘,有丝状毛。花小,黄绿色,排成顶生蝎尾状花序。核果锥状卵形,长达 1 厘米,熟时紫红色,味道甜中带酸,似葡萄或樱桃,营养丰富。

白刺的根延长,水平走,不怕沙埋和沙压。能从不定根上长出新的枝叶。抗沙和抗风能力很强,为固沙植物。

(4)骆驼刺和胖姑娘娘

341

在甘肃的河西走廊以及新疆的沙漠地区,生长着一些独特的植物,骆驼刺和胖姑娘娘就是其中的代表。

骆驼刺(*Alhagi pseudalhagi* Desv.)和胖姑娘娘常生长在一起,生活习性也差不多,都能进行有性和无性繁殖。骆驼刺的根向下可延伸 5~6 米,而地上茎只有 50 ~ 60 厘米高。茎中的机械组织不发达,所以能抗大风。其茎的下部、根茎的上部以及叶片都能产生不定根、不定芽,因此不怕沙埋,即使沙盖住了2/3的地上部分,依然生长良好。在这一点上,胖姑娘娘不如骆驼刺,因此一些沙丘上只有骆驼刺而无胖姑娘娘。但胖姑娘娘不怕盐分。其叶肉质,当盐分进入细胞后,就与细胞液中的有机物结合,可以避免损伤叶肉细胞。细胞液含盐浓度高,还可以增强保持水分的能力。所以在中等盐渍化的沙地上,胖姑娘娘常占优势。

骆驼刺(图5-15)属于豆科的骆驼刺属。为多年生草本。分枝多,枝上有尖刺。叶片互生,长卵形,下面灰白色。花数朵,生于叶腋的刺上,红色。荚果串珠状。种子1~5粒,圆形,棕黑色。

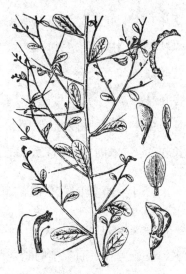

图5-15 骆驼刺

骆驼刺的叶在夏天能分泌黄白色有黏性的糖汁,糖汁可凝结成小颗粒状,像白砂糖一样。如果在地上放一块布,再摇动其枝叶,叶上的糖粒会纷纷掉落。糖粒入药,有涩肠止痛的功能。研末冲水服之,可治痢疾、泻肚等症。种子和花也有同样功效。骆驼刺是骆驼的饲料。

胖姑娘娘[*Karelinia caspica*(Pall.)Less.]的中文普通名为花花柴,属菊科。多年生草本,茎高1米多,中空,粗壮,分枝多。叶卵形、矩圆状卵形或矩圆形,先端钝或圆形,基部有戟形小耳,抱茎;全缘或有不规则小齿,有糙毛或无毛。头状花序长达1.5厘米,3~7个生于上部,排列成伞房花序;总苞圆柱形,总苞片5列;全为管状花,黄色或紫红色;边花多数,雌性,花冠丝状,冠毛1层;中央花两性,8~10朵,细管状,冠毛多层。瘦果圆柱形,有棱。

胖姑娘娘主要分布于新疆、甘肃和内蒙古。多生于戈壁、滩地、盐化沙地及沙质草甸盐土上。

（5）无叶树、肉苁蓉和琐阳

梭梭树或梭梭（见图 3-52）为藜科梭梭属。灌木或小乔木，高达 4 米。树皮灰白色。叶对生，极小，小鳞片状，似乎无叶，所以也称无叶树。胞果，果皮肉质。种子小，胚螺旋状。

梭梭叶紧贴于枝上，绿色的嫩枝能进行光合作用。嫩枝中的细胞液浓度高，可达 15% 以上，吸水力强，含水量约占鲜重的 82%，为典型的盐生植物，能在含 2% 硫酸盐的土壤中正常生长。每年 4~5 月开花，花期 10 天左右。花小，黄色。种皮薄，遇水易膨胀，10 毫米降雨、气温在 20~25℃时，几个小时便萌发，对沙漠环境的适应能力超群。为水土保持植物。嫩枝和果实为骆驼饲料。老树枝干后，可当燃料。

沙漠中有一种寄生植物，叫肉苁蓉。它寄生在梭梭的根上，靠梭梭提供营养。肉苁蓉的植物体圆柱形，黄色。茎上覆瓦状排列着许多鳞片。花序顶生，穗状；花冠裂片 5；雄蕊 5，内藏；有狭披针形苞片。蒴果卵形。

肉苁蓉［*Cistanche salsa*（C. A. Mey.）Benh. et Hook. f.，图 5-16］为列当科苁蓉属。全草入药，有补肾壮阳、润肠通便的功效，当地人称之为"沙漠人参"。它含水多，大的重达 2.5 千克。

琐阳（*Cynomorium songaricum* Rupr）也是沙漠里的一种寄生植物，为琐阳科。它寄生在白刺的根上，为一年生草本，高达 60 厘米。茎肉质，圆柱状，紫黑红色，有鳞片。花序顶生，肉穗状棍棒形，暗紫红色；花杂性。坚果球形。

琐阳入药，有壮阳益精、润肠通便的功效。皮里面的肉白嫩，可以生食，味如荸荠。

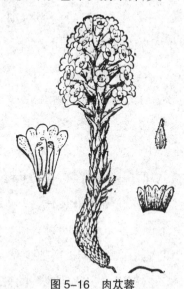

图 5-16 肉苁蓉

343

5 黄山的珍树奇花

黄山位于安徽省南部,是国内著名的风景区之一。素有"三十六大峰,三十六小峰"之称,峰峰奇秀,群峰叠翠。主峰为莲花峰,海拔1 873米。天都峰则以险著称。

由于黄山地形复杂,气候温暖,雨量适宜,植物种类繁多。其中的种子植物有1 000多种。据我国植物学家考察,黄山汇集了四面八方的植物,是观赏植物的好地方。

(1)黄山植物概述

在黄山植物中,华中地区种类达600种以上(占75.9%),如领春木、杜仲、马桑等。马桑(*Coriaria sinica* Maxim.,图5-17)为马桑科。灌木。单叶对生;椭圆形,长达8厘米,基出3主脉;几无叶柄。总状花序,侧生于前年生的枝条上;花杂性;雄花先叶开;雄花萼片、花瓣各5,雄蕊10;雌花心皮5,离生。瘦果浆果状,熟时由红变紫黑,径约6毫米,外面包有肉质花瓣。果实有毒,可致命,已有案例发生。果实可制酒精。种子可榨油,供制油漆和墨。马桑多分布黄山的低山区,海拔较高处少见。

图5-17 马桑

也有华北和东北地区的种类,如六道木、太子参、南山堇菜等,以及浙江南部、福建北部的种类。

黄山植物与日本植物有相似处。产于日本的鸡麻、臭常山、山桐子(属于大风子科）、白辛树、苦苣苔和黄山梅等，在黄山都有。可能是因为日本岛原与我国大陆相连，植物区系与我国同源，加上地形复杂，所以许多种类在第三纪之后都保存下来了。例如，连香树（*Cercidiphyllum japonicum* Sieb. et Zucc.，图5-18）以前被认为是日本才有的种，在黄山也有分布。此种向北还分布到山西、河南、陕西和甘肃，向西到湖北和四川，浙江和江西也有。为落叶大乔木，高达40米。叶对生；近圆形，像小扇子，长宽

图 5-18　连香树

达6～7厘米，5～7掌状脉，边缘有锯齿，是有腺的钝齿。花单性，雌雄异株，先叶开花。蓇葖果2～4个。种子卵形，顶端有翅。

　　黄山松为黄山的"四绝"之一。黄山的松树有多种，以黄山松居多。生长在高海拔地带的黄山松，树形奇特，令人称奇，如玉屏楼附近的迎客松及送客松、望客松等。黄山还有一种松叫蒲团松，树不高，枝叶密集，树冠平坦，似和尚的蒲团而得名。树冠上可以坐几个人或铺上席子躺一躺，为保护蒲团松，这种行为已被禁止。

（2）黄山的"花卉"

　　黄山有一些独特的开花植物，天女花（*Magnolia sieboldii* Koch）就是其中之一。天女花（图5-19）又称天女木兰，属于木兰科木兰属。落叶小乔木。叶宽卵形或倒卵状圆形，长达15厘米，全缘，下面有白粉和短柔毛。花于叶后开放，白色；花药和花丝紫红色；心皮少数。聚

图 5-19　天女花

345

合果窄椭圆形，长达7厘米，蓇葖卵形，端尖。天女花分布有特色，从朝鲜到辽宁、河北的青龙老岭，再到安徽黄山。景点"梦笔生花"附近的山沟中有很多天女花。

20世纪80年代，景区新辟了一条登天都峰的捷径。这条路比老路险而陡，从下往上看去，爬山的人如登直挂的天梯。沿着这条路上行，路边常能看到一种灌木，若在夏天，它的枝条上会挂上灯笼形的小花，也像小酒杯一样。这种植物叫灯笼花(*Enkianthus chinensis* Franch.，图5-20)，属于杜鹃花科吊钟花属，为落叶灌木或小乔木。叶矩圆形，长达6厘米，边缘有圆钝细齿。伞形总状花序，花多，下垂；花冠宽钟状，长宽各达1厘米，肉红色。蒴果圆卵形，顶端向上弯。

图5-20　灯笼花

灯笼花有一个很有意思的特点。沿天都峰往高处走，其植株逐渐变矮，到天都峰峰顶时，它已成为矮株了。可能是海拔、气候和土质等的变化，使它难以长高。灯笼花广布于长江以南地区，四川、云南及广东均有。

6　庐山植物概述

江西庐山也是我国的名山，与黄山一样，有着丰富的植物资源。据不完全统计，有2000多种植物。庐山植物园引种的裸子植物尤其多，是观察裸子植物及研究植物种类的理想场所。

庐山植物最茂盛的地方是含鄱口到太乙村一带。那里的常绿阔叶林中，有樟科的樟、楠木、乌药、山苍树、山胡椒等，壳斗科的青冈栎、锥栗、苦槠等,山茶科的柃木(细枝柃)、山茶、油茶等,胡桃科的化香树等。仔细查看路边密集的灌木丛,会发现南五味子。它的聚合果呈球团状,挂在木质的藤上。还有不太高的野漆树,含乳汁,有毒。树皮和种子入药,能治刀伤。

这一林带的下面还有淡竹叶(*Lophatherum gracile* Brongn.)。从名字上看,还以为是一种竹子,实际上它是禾本科淡竹叶属的一种草本植物,又名山鸡米。叶似竹叶,披针形,宽 2～3 厘米,基部呈柄状。有多年生木质的根状茎,须根的中部膨大,呈纺锤形。秆高达 1 米。圆锥花序,小穗狭窄呈条形,芒短。根入药,有清凉、解热和利尿的功效。

也有鹿子百合,属百合科百合属。高达 1 米。花冠白色,有紫红色斑点。多生长在灌丛、疏林下土层较厚处,喜阴湿和弱光。鳞茎发育,入药治肺虚久咳。

春天,满山遍野都是开放的杜鹃花,红彤彤一片,非常美丽。20 世纪20 年代春季,胡适曾偕友人游庐山,从海会寺到白鹿洞时,看到满山的杜鹃花,尤其是艳丽的紫杜鹃时,便吟诗一首:"长松鼓吹寻常事,最喜山花满眼开。嫩紫鲜红都可爱,此行应为杜鹃来。"

在海拔 900 米以下的树林中,马尾松较多,一般生长在阴坡上。在黄龙寺附近,有大片的柳杉林,属于杉科。

庐山的最高峰为大汉阳峰,海拔 1 474 米。在大汉阳峰下的山坡和山谷里,有一种特殊的草本植物,叫竹节人参[*Panax pseudo-ginseng* Wall. var. *japonicus*(C. A. Mey.)Hoo et Tseng],属五加科人参属。高达 1 米。有根状茎,中间有结节,呈疏串珠状,或结节密而呈竹鞭状。掌状复叶,3～5 个轮生于茎顶,小叶常 5～7 个,近椭圆形或倒卵形。伞形花序单生,花多。根状茎入药,有滋补、止血的功效,常作"三七"的替代品。

大汉阳峰下的山坡上有一种灌木,叫野山楂。其枝条上有细刺。叶片宽倒卵形,边缘有尖锐的重锯齿,顶端 3～5 裂。花白色。果实红色或黄色,可生食。入药有健胃消食、散瘀止痛的作用。

大汉阳峰下的竹林很密,去时必须裹腿,穿厚鞋子,最好穿长筒靴,并

347

带上棍子。因为那一带有竹叶青,它全身绿色,眼红色,为毒蛇。

庐山植物园有珍贵的裸子植物金钱松[*Pseudolarix kaempferi*(Lindl.)Gord.],它属于松科金钱松属。远看有点像落叶松,因为它有短枝,短枝上的叶簇生,但叶片比落叶松的叶片宽。球果成熟时,种鳞和种子一起脱落。落叶松的球果成熟时种鳞不落,据此可区别二者。入秋,金钱松的叶变为金黄色,十分迷人。它是我国特产的单种属。

庐山植物园引种有金松[*Sciadopitys verticillata*(Thunb.)Sieb. et Zucc.],属杉科。乔木。叶二型:一种小、鳞片状,散生于嫩枝上;另一种为条形,聚生于枝端,似轮生,扁平,先端钝圆或微凹,中央有一条明显的纵沟。雄球花卵圆形。球果卵状矩圆形。种子扁,椭圆形,有翅。有关专家认为,其条形叶的中央有纵沟,说明是由两叶合生而成的,叫合生叶。日本有天然的金松林。金松与雪松、南洋杉一起被称为世界三大庭园树木。

庐山植物园的厚朴、岩石园的云锦杜鹃(*Rhododendron fortunei* Lindley,图5-21)等,均为庐山地区比较有名的植物。此外,因山高雾多、气候凉爽,庐山出产的茶品质好,称云雾茶,为国内十大名茶之一。

图 5-21　云锦杜鹃

7　广西植物有奇种

广西壮族自治区位于北纬26°以南,属于低纬度地带。其中部有平原,但总体上山地和丘陵较多。那里气候温暖,日照适中,降水丰沛,夏长冬短,尤其是北纬24°以南,几乎无冬季,属于热带、亚热带季风气候,植物茂盛、种类繁多。

广西植物未详细统计过,可能有6 000余种,有些种类十分奇特。例如银杉,属于松科银杉属,是在龙胜的天然森林中发现的。再如西南部大山中的蚬木[*Burretiodendron hsienmu*(Chun et How)H. T. Chang et R. H. Miau,图5-22],属椴树科,为乔木。奇异的是它的根,从切面上看,年轮的一边宽另一边窄,似蚬壳上的纹理。可能是它生长在石灰岩山地,根夹在石灰岩缝中,不能正常发育

图5-22　蚬木

而形成的。蚬木木质坚硬,刀砍不进,钉子打不进,当地人称之为钢铁树。木材入水即下沉,木屑入水如沉沙,为珍贵硬木。

广西南部有擎天树(*Parashorea chinensis* var. *kwangsiensis* Lin Chi),属龙脑香科,是望天树的一个变种。为常绿高大乔木,高50~60米,胸径1~2米,因此称它为擎天树一点也不为过。果实有5个宿存的萼片,宽长如翅,是鉴别的重要依据之一。木材坚硬耐腐,不生病虫害,无气味,为建筑良材。在我国的植物区系中,龙脑香科的种类极少,因此擎天树的发现就显得十分重要。

桂林市东郊有座瑶山,笔者少年时为躲避战乱曾在那里住过。山里有很多逃军粮(当地的叫法),果实成熟时漫山遍野都有,可以生吃。实际上它是桃金娘科的桃金娘(见图3-173)。高不过2米,为灌木。叶对生,叶片椭圆形或倒卵形。春天开花,紫红色,有点像桃花。果实等可入药,有活血通络、补虚止血的功能。

广西西南部还有人工栽种的八角林,这是一种乔木。据说,那坡、宁明等县有野生树。八角即八角茴香,属木兰科八角属。果实为蓇葖果,常有

349

8个角。

8　多样的四川和重庆植物

笔者1964年曾随植物研究所的研究人员去四川采集植物标本，先后到青城山、峨眉山和金佛山，历时数月。那里植物的种类之丰富，真的是出乎意料！

（1）青城山初见楠木

青城山青翠欲滴，林密叶茂。在北方难以见到的樟科植物楠木（图5-23），在青城山建福宫外居然成林。摘片叶子闻闻，有种樟树的香气。其树干高大通直，木材不腐不蛀，材质温润，有幽香，为优质木材。

从建福宫上行，路边的柳杉、杉木和柏树令人目不暇接。越走林子越密，可以看到多种樟科植物，如木姜子属植

图5-23　楠木

物、钓樟属植物、香楠等，成了樟科的世界。樟科植物在我国有20属约400种，多为常绿植物。这与北方森林完全不同。青城山的森林为常绿阔叶林，它们当然也要落叶，但叶子寿命长些，树上新老叶均有，看起来就常绿了。而北方地区冬天气温低，降水多集中在6—8月，降水量仅几百毫米，远少于南方，因此树木（指阔叶树）冬季落叶，被称为夏绿林（只有夏季有绿叶）。

在一些高大乔木的树干上，附生有大量的苔藓植物及蕨类植物，好像给树木穿上了衣服。这是由于林内湿润、气温高，附生植物的根可以吸收空气中的水分。

最有趣的是，一些大树的枝杈里生长着一丛丛植物。这多半是桑寄生，属于桑寄生科。它们是怎样长到大树上的呢？有一种说法是，桑寄生的种子有黏液，鸟在啄其种子时，种子就粘在鸟喙上，然后被带到大树枝上。这些种子发芽后，根能伸入到树皮中，靠吸收树干内的养料生活。

天师洞位于山腰深处。这里的古银杏令人印象深刻。其老干上有钟乳石一样的结构，显得老态龙钟。据说是张天师亲手栽种，已有2 000年的树龄。

还有一株奇特的棕树，名叫"歧棕"。它的主干上长出了一个分枝，成为二叉式树干。棕树均为单一主干，所以这种现象非常罕见，可能是主干上的潜伏芽萌发所致，具观赏价值。

天师洞附近的报春花很多，有多个种。此外，灌丛里还有樟科的无根藤属植物。此属共20种，为寄生草本，多分布在华南和西南的亚热带、热带地区。常见的是无根藤（见图3-68），为寄生缠绕草本。有盘状吸根，吸附在寄主上。茎线形，褐色。叶小。果小，球形，包在肉质果托内。无根藤在我国仅分布在南方的一些省。

（2）峨眉山植物引人入胜

峨眉山位于四川盆地西南部，是著名的旅游胜地及我国的佛教四大名山之一。主峰为万佛顶，海拔3 099米。峨眉山层峦叠嶂，草木葱茏，植物种类极其丰富，约有140多科3 700种。

在海拔600～900米，也就是伏虎寺、清音阁一带，常绿阔叶林密集，植物种类丰富，其中的樟科植物占优势。万年寺一带也如此。在万年寺附近的林下有一种草本植物，叫铜锤玉带草[*Pratia begoniifolia*（Wall.）Lindl.，图5-24]，属桔梗科。此草平卧在地上，常不分枝，

图5-24　铜锤玉带草

351

节上生根。叶片圆卵形至心形,长不过 1.6 厘米,基部斜心形。花单生叶腋;花冠紫色,近唇形;雄蕊 5;子房下位。浆果紫红色,椭圆状球形,长达 1.3 厘米。因枝条秀长,果实椭圆形且有果柄而得名。全草入药,可治风湿、跌打损伤。分布于华南和西南地区。

在 900~2 000 米一带,常绿阔叶林、落叶阔叶林和针叶林均有,植物种类以樟科居多,并且有多种杜鹃花科植物。洪椿坪、九老洞、九岭岗和洗象池一带植物茂盛。在海拔 1 800 米左右,有珍稀植物珙桐(*Davidia involucrata* Baill,图5-25),属蓝果树科。其花序下有 2 个白色的大苞片,开花时犹如白鸽群栖树,也称鸽子树,为国家保护植物。20 世纪前期传至国外,欧美人极为珍爱。珙桐

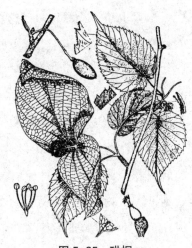

图 5-25 珙桐

叶的大小、形态颇似桑叶。4 月中下旬开花,花分单性和两性,由多数雄花和 1 朵两性花组成顶生的头状花序,下有 2 个白色大苞片,形态优美。果实似杏,含 20% 的油,可作为工业用油。

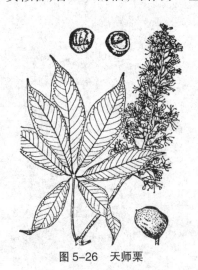

图 5-26 天师栗

在九老洞附近的森林中,可以找到天师栗(*Aesculus wilsonii* Rehd.,图 5-26),属七叶树科。掌状复叶,小叶 5 ~ 7(或9),形态像七叶树的叶,长 10~25 厘米,宽 4~8 厘米,比七叶树的叶大。蒴果顶端尖,果壳较薄,厚 1.5~2 毫米;而七叶树的蒴果顶端平凹,果壳厚 5~6 毫米。其树形优美,为庭园绿化树种。

此外,还有水青树、连香树、红茴香、大戟科的石栗,山茶科和樟科的木本植

物,以及黄花杜鹃、宝兴杜鹃和迎阳报春等。药用植物有竹节三七、玉竹、双叶细辛、千金藤和黄连等。有一种当地叫"山香"的草药,为罂粟科紫堇属,根为镇痛药,又叫"土黄芩"。

登金顶时,会经过一片冷杉林,林下有许多川贝母。它4月中旬开花,花被片淡黄色,有紫色斑纹。地下有小鳞茎,入药能润肺化痰。这里还能找到雪茶,是一种地衣,属于石蕊科。生在向阳处的岩石上,有清热解渴的功效,可当茶饮用。因生在高海拔的雪地,故名雪茶。

往冷杉树上望一望,有时会发现红色的花朵。那是一种附生的杜鹃花。这一带也有大型的杜鹃花,乔木状,花朵大,很好看。

金顶的地势较为平坦。在这里仔细寻找,能发现手参,属于兰科。多年生草本,花序顶生,总状,花多,粉红色,子房扭曲。此种在黑龙江、华北、西北至四川西部均有分布。块茎入药,有补肾益精的作用。山上还有柳兰(柳叶菜科)、山韭菜、小檗和峨山雪莲花。峨山雪莲花即报春花科的峨眉报春,全草可入药。

从洗象池(约2100米)往下,裸子植物种类较多,有云杉、铁杉等。从洗象池上山的路边,杜鹃花很多,有美丽杜鹃、芒刺杜鹃(*Rhododendron strigillosum* Franch.)和无腺杜鹃(*R. hemsleyanum* Wils var. *chengianum* Fang),均为名种。

峨眉山的报春花随处可见。其花钟形,花冠5裂,小巧玲珑,伞形花序。有10多个种。我国云南和四川的高山地区是报春花分布的中心。

(3)金佛山植物有特色

金佛山位于重庆南川,最高峰海拔2251米。这里素有植物王国之称,有5000多种植物。因土壤肥厚,竹林特别茂盛。其中的方竹很有特色,秆略呈方形,高约3米,径1厘米,叶片坚韧光滑。

在竹丛中仔细察看,能找到野生的天麻(*Gastrodia elata* Bl.,见图3-293)。天麻属兰科,高30~150厘米。茎上有节,节上有基部呈鞘状的鳞片,实际上是退化的叶片（与菌类共生的结果）。花在茎的上部组成穗形的总状花序，花黄绿色；花被下部合生成歪嘴壶状。蒴果长圆形。种子微小。地下有粗的块茎，入药为著名的镇痉祛风药，可治头疼、神经衰弱。

金佛山是银杉（图5-27）的又一产地，银杉主要分布在海拔约2 000米处。这里三面环山，林木茂盛，有不少直径在40厘米的树木。当冰川侵袭时，银杉就是在这独特的环境里幸存下来的。它与广西花坪林区的银杉是同一种。这一带还有樟科、山茶科的植物，以及桦木、石栎等。

在黄草坪一带，可以观察到鹅掌楸

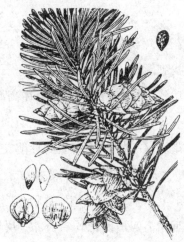

图5-27　银杉

[*Liriodendron chinense*（Hemsl.）Sarg.]。其株高在20米以上，径达1米。叶形如马褂，又名马褂木。为良好的园林风景树种。

金佛山产黄连，黄连为毛茛科。三出复叶，花绿白色，蓇葖果有柄。根状茎入药，味极苦，是有名的消炎药。这里气候凉爽，适宜人工种植黄连。

金佛山也有水青树（*Tetracentron sinense* Oliv.），为我国特产树种。落叶乔木。叶卵形，边缘有密细齿。果实为蓇葖果，4个轮生。

9　植物宝库——云南

云南省的植物种类极多，居各省之冠。据不完全统计，超过了10 000种。其经济植物十分丰富，仅树木就有84科2 700多种，全国70%的药用植物都分布在云南。

云南的植物种类为什么这么多？专家分析，其主要原因是云南的地形和气候复杂多样。云南地貌以山地高原为主,坝子星罗棋布,垂直高差悬殊。其西南部和西北部是横断山脉,山脉南北走向,山高谷深,两边是峭壁,怒江、澜沧江在峡谷中奔流。云南大部分地区属于亚热带高原型季风气候。每年6—10月,从印度洋吹来温暖湿润的西南季风,从这一带的峡谷中长驱直入,因而山下温暖雨多。南部气候带逆河谷北上,热带植物向北分布,蔷薇、杜鹃红紫如云霞。而北部的气候带沿山脊南伸,高山的寒温带植物向南分布。在高山地区,从山脚到山顶有热、温和寒三带植物类型变化。这种地形和气候特点使得多种类型的植物都能适应,久而久之便造就了繁茂的植物乐园。此外,第三纪冰川对云南的影响较小,使不少植物能够安然传代至今。这也是云南植物种类多的原因之一。

由于气候、土壤等条件好,云南适于种植热带植物,如咖啡、橡胶、金鸡纳等,这更增添了云南植物的特色。

(1)玉龙山——天然植物园

云南丽江境内的玉龙山,最高峰海拔5 596米。山上有2 000多种植物,经济树木至少有几百种。

在山的下部生长着大片的云南松(*Pinus yunnanensis* Franch.)。其针叶柔软,3针一束。球果圆锥状卵形。木材为建筑良材。穿过云南松林向上走,在海拔3 100~3 300米,是丽江云杉[*Picea likiangensis*(Franch.)Pritz.]的繁衍带。丽江云杉粉绿色,云南松苍绿色,两者间形成了明显的界线。丽江云杉高达25米,树干挺直,分枝稠密,为良好的用材树种。

丽江云杉的上部有红杉(*Larix potaninii* Batal.)林。这是一种落叶松,树冠嫩绿色,易与丽江云杉区分。红杉林的上部有长苞冷杉林。长苞冷杉(*Abies georgei* Orr)分布在海拔3 400~4 000米,林冠深绿色,与红杉林不同。这样,从玉龙山山脚到山上部,可以看到因树种不同而形成的界限分明的垂直分布图,煞是有趣!

玉龙山的药物,最著名的是冬虫夏草。它生长在海拔4 000米以上的山

355

地,有补肺、补精益气、止血化痰的功效,也可治腰膝疼痛。冬天,一种真菌寄生在某些鳞翅目幼虫的体内,吸收虫体的养料,夏天菌丝从虫体的头部伸出,形成子实体露在地表上,像出土的小苗,所以称冬虫夏草。

在 3 000 米以上的高山地区,可以看到贝母。贝母属百合科,生于草地、树林内及灌丛中。鳞茎入药,有止咳化痰的作用。

在山上的流沙滩,分布着麻黄,为裸子植物。入药为治咳喘的有效药。此外,还有大黄、升麻、党参、独活、川芎、牛膝、白前、柴胡、龙胆和雪茶等。

玉龙山的花木也很有名,主要有杜鹃、茶花、报春花、绿绒蒿(图 5-28)和龙胆花等。在玉龙山下的玉峰寺,有闻名全国的一株山茶树。它由两种茶花嫁接而成,开两种花。每当春暖花开之时,树上的花朵逐渐开放,数目可达上万朵,映红了整个寺庙。

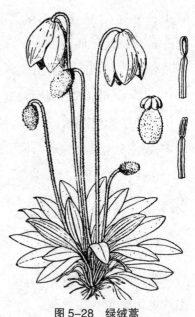

图 5-28　绿绒蒿

(2)西双版纳——热带植物王国

西双版纳的热带植物有数千种。这里的热带森林里有一种树,皮被划破时会流出红色的汁液,它是拟肉豆蔻,属于肉豆蔻科。有一种藤本植物,茎粗如巨蟒,破皮后也会流汁液,但为白色的,这是豆科的藜豆。另外,藤黄科的藤黄破皮后会流黄色的汁液,可以作染料用。而夹竹桃科的鸭脚树,则有白色的乳汁。这里有多种榕树,它们也是有乳汁的,其根露出地面形成板根,以支撑树干。

热带森林里的攀缘植物很多,它们常缠绕在其他树木上,久而久之会导致其他树木枯死,因而被称为绞杀植物。榕属的许多种类就是绞杀植物,靠气根缠绕在其他植物上,如歪叶榕、细叶榕。

这里也是见血封喉的主要分布地。见血封喉是一种大乔木,叶宽,树汁有剧毒,若人畜皮肤的划破处碰上它,就会中毒死亡。以前,猎人们常将其树汁涂在箭头,中箭的动物不久便倒地而亡,故名箭毒木。

这里有一种奇特的竹类植物,叫龙竹,秆很粗,其特别粗的部分用来制水桶,坚硬的竹节用于制作竹盆、竹碗。

材质优良的树木还有柚木、鹅掌柴、儿茶、岭南倒稔子、杜仲、波罗蜜和大蒲葵等。其中的柚木(*Tectona grandis* L. f.)为马鞭草科,高可达50米。枝条四棱形。叶宽椭圆形,对生。圆锥花序,花白色。核果。为世界闻名的用材树种,常用于造船舰、车辆和家具等。

西双版纳的经济植物众多,有咖啡、可可、油棕、腰果、糖棕和橡胶树等。油楂果[*Hodgsonia macrocarpa*(Bl.)Cogn.]又称油瓜、猪油果,属于葫芦科。为藤本。花雌雄异株,20~21时开花。果实和种子均较大,一株每年结果60~70个。现广为栽种。种子可榨油,供食用。南糯山有我国最早的茶园之一,盛产普洱茶。茶园中的茶树大小混杂,还有樟树等杂木,比较独特。

西双版纳的药用植物很有特色,有萝芙木、三七、降真香、鸡血藤和金鸡纳等。萝芙木的根含利血平,可治高血压。降真香用于治刀伤出血。三七分布在云南的东南部,根含丰富的铁质,用于止血、活血等,是云南白药重要原料之一。

西双版纳盛产热带著名水果,有香蕉、菠萝、椰子、芒果、荔枝、柠檬和番木瓜等。此外,还有槟榔。

357

10 海南植物探胜

海南地处热带,气候宜人,矿物及动植物资源丰富。岛上的热带雨林和红树林是国内少有的森林类型,是科研、教学和旅游的理想之地。其植物种类繁多,已发现的有200多科4000多种,其中有近600种为海南特有。

(1)五指山上植物多

五指山位于海南省的中南部,其峰峦起伏呈锯齿状,形似五指。山内遍布热带原始森林,层层叠叠。其中有许多种珍贵木材、兰花及药用植物。

原始森林中的大树和古树比比皆是,但裸子植物和落叶阔叶树很少,这与气候有关。珍贵的裸子植物陆均松(*Dacrydium pierrei* Hickel)就是其中之一,属罗汉松科。其大枝轮生,小枝下垂。叶有二型:幼枝及老树下部枝上的叶镰状针形,大树上部枝条及老树上的叶鳞形或钻形。种子成熟时红色或褐红色。木材结构细致,坚硬耐腐,是优质的建筑材料。国内仅海南有分布。

另一种珍稀裸子植物是鸡毛松(*Podocarpus imbricatus* Bl.,见图3-15),属于罗汉松科。乔木。叶二型:幼树、萌生枝或小枝上部的叶扁平条形,排成2列,像鸡毛,故称鸡毛松;老枝和果枝上的叶鳞形,排列紧密。

海南罗汉松(*Podocarpus annamiensis* N. E. Gray)十分珍稀,为国家保护植物。高16米以上。叶条状披针形。雌雄异株。种子卵圆形。分布在600~1000米的热带雨林和高山矮林中。木材耐腐蚀和虫蛀,易加工,为建筑、家具良材。

原始森林中的一些树木,常在老干上开花,叫茎花,如大戟科的木奶果、桑科以及柿树科的一些种。附生植物也很多,树木上常有藤本缠绕。有一种藤本植物常从河的一边延伸至另一边,人称过江龙,中文普通名榼藤子。过江龙[*Entada phaseoloides*(L.)Merr.]属豆科。偶数羽状复叶。荚果又大又长,木质,每节1粒种子,状如眼镜,因此称眼镜豆。藤及种子入药,有活血散瘀的功效。

尖峰岭和霸王岭有多种珍贵树木,如楝科的红罗[*Dysoxylum binectariferum*(Roxb.)Hook. f. ex Bedd.]。此树高10多米,胸径达2米。奇数羽状复叶,长达30厘米,小叶7~11,对生。果近球形,径达4厘米。种子成熟时为红色。木材坚韧不裂,耐腐耐盐,为造船的优质木料,可与桃花心木媲美。

另一种珍贵植物是海南榄仁(*Terminalia hainanensis* Exell),属于使君子科。为落叶乔木,高达 25 米,胸径达 50 厘米。单叶,近对生;卵形,全缘,基部有 2 腺点。花白色,有香气。果有 3 翅,椭圆形。木材细致坚硬,不裂不变形,耐腐,也是造船良材。为国家保护植物,海南特产。

(2)三种宝树

海南的 3 种宝树主要是指橡胶树、椰子树和咖啡。

橡胶树为大戟科,原产于巴西热带雨林,100 多年前已引种。橡胶是用割胶时流出的胶乳制成的。一株树栽种 6～8 年便能割胶,经济寿命近 40 年。橡胶在工业上用途极广。

椰子树属棕榈科,如今已成为海南风光的标志之一。在海南东南部的近海处,椰子树几乎随处可见。椰子的果实用途很广,椰汁可以制作饮料,果壳可以制工艺品,叶和树干用于建房,等等。

咖啡原产于热带非洲,喜热带气候,见霜即冻死。海南已栽培近百年。咖啡属茜草科,为小乔木。叶对生。花白色。果实鲜红色,似樱桃,为浆果,产种子 2 粒。种子炒熟、磨成粉后,就是可饮用的咖啡。咖啡含有大量的营养物质,其中的咖啡因能使人兴奋,饭后饮少许咖啡可助消化。咖啡、可可和茶树被誉为世界三大饮料树种。

此外,海南还有金鸡纳、槟榔、油棕、香蕉、杧果、龙眼、洋桃和波罗蜜等经济植物或果木。在山区还分布有野荔枝、野龙眼。

(3)海南的仙人掌

海南西南部的气候比较干燥,其近海地带分布有大量的仙人掌。春夏之交,当雨季尚未来到时,其他植物皆枯黄,唯独仙人掌花开始怒放。其花大、黄色,极为漂亮。果实红如玉珠,有甜味,可以生吃。茎可入药,有清热

359

解毒、健胃止咳的功效。在某些地段,仙人掌成片生长若森林。目前已经弄清楚,这些仙人掌是引种而来的,并且已经归化。

（4）西沙群岛植物

西沙群岛位于海南省的东南部,由许多岛屿和环礁组成。这些岛屿和环礁在万顷碧波的南海中显得十分美丽。经过调查,全岛有植物 200 多种。

这里习见的野生植物有马齿苋、野苋、龙葵等。在西沙群岛最大的岛屿永兴岛上,有森林分布。主要树种有抗风桐、露兜树等。抗风桐（*Ceodes grandis* Choisy）属紫茉莉科。为小乔木,高 10 米,胸径 50～60 厘米。叶全缘,近对生。花单性,雌雄异株;圆锥状聚伞花序;花无花瓣,花萼筒状。瘦果。其枝条因干旱而脆弱,只能当柴烧。叶为猪饲料。果上有黏液,能粘在动物身上而被带到远方。

露兜树（*Pandanus tectorius* Sol.,图 5-29）为露兜树科。叶条形,下部有鞘,革质。花雌雄异株。叶含芳香油。叶中的纤维能制绳索、编织席子,也可造纸。

海岸带上有茜草科的海巴戟（*Morinda citrifolia* L.）、海岸桐（*Guettarda speciosa* Linn.）以及草海桐科的草海桐（*Scaevola sericea* Vahl）等。鸟类喜食海巴戟的果实,其根可制黄色染料。此外,还有砂引草,属紫草科,为抗旱的草本植物。

图 5-29　露兜树

如今,西沙群岛也种植了许多经济植物。最多的是椰子,已成林。还有剑麻、菠萝、香蕉、棕榈、番木瓜和蓖麻等,以及萝卜、白菜、辣椒、豆角、南瓜、冬瓜、葱和玉米等农作物。

11　西藏的树木花草

西藏位于我国西南部,平均海拔在 4 000 米以上,是青藏高原的主体部分,有"世界屋脊"之称。由于喜马拉雅山挡住了从印度洋吹来的湿润气流,致使山脉两侧的气候和植物分布迥然不同。北部的羌塘高原干燥寒冷,年平均气温在 0 ℃以下。长期生活在这种环境中的植物常贴地生长,被称为垫状植物。其植物种类少,没有森林。而喜马拉雅山南坡,尤其是南迦巴瓦峰以南,植物种类十分丰富,有森林并且花草茂盛。在西藏东部的波密县和江达县,药用植物多,有天麻、三七、鹿蹄草、雪灵芝和大黄等。

(1)喜马拉雅山的植物

喜马拉雅山南侧海拔 1 000 米以下的地区,有龙脑香科的娑罗双树以及印度栲、石楠、栎树等。其中,珠穆朗玛峰海拔 1 600 ~ 2 000 米一带,有木荷、桢楠、樟树、白兰花、无花果和漆树等阔叶树。

海拔 2 500 ~ 3 000 米一带多为混交的针叶林与阔叶林。针叶林中有铁杉、云杉、西藏红豆杉、喜马拉雅山落叶松和乔松。落叶树多为槭树属植物。

西藏红豆杉属红豆杉科。叶两列,似羽毛状,叶片条状披针形。花雌雄异株。种子外有红色肉质的假种皮,呈杯状或坛状。种子含油多,可制肥皂或润滑油。树形美丽,可作为庭园植物。乔松(*Pinun griffithii* M'Clelland)属松科。球果特大,呈圆筒形,长达 25 厘米。叶 5 针一束,细柔下垂。叶分泌的松糖可食。木材为建筑良材。

乔松林下有花楸、多种杜鹃花、多种蔷薇、小檗和悬钩子等灌木。草本植物多为药草,如三七、柴胡、天南星和龙胆等。还有草莓。

海拔 3 200 ~ 4 000 米一带的森林多为针叶林。这里有喜马拉雅山冷杉,其树脂香气很浓。在喜马拉雅山冷杉中夹杂有少数滇藏方枝柏[*Sabina wallichiana*(Hook. f. et Thoms.)Kom.]和糙皮桦(*Betula utilis* D. Don)。林下的灌木中有杜鹃花、忍冬、枸子、小檗和乌饭树等。

海拔 4 000 ~ 5 000 米全为灌木,其中杂生有几种嵩草。嵩草的出现,表示到了高山地带。这里没有针叶树,灌木多为杜鹃花科的种类,有刚毛杜鹃(*Rhododendron setosum* D. Don)、髯花杜鹃(*R. anthopogon* D. Don)和矮小杜鹃等多种。

海拔 5 000 米以上全为草本植物。这些草本植物又矮又小,像垫子一样铺在地面,即垫状植物。著名种为:垫状点地梅(*Androsace tapete* Maxim.),属于报春花科;苔状无心菜(*Arenaria* sp.),属于石竹科。

垫状植物是由于严寒、干旱、大风和强光辐射而产生的。植物的分枝细密,交织成垫状。叶极小,叶上的气孔下陷,可减少水分蒸腾,并且花多为白色,既保温保湿又能反射阳光。整个植物体很矮,呈一平坦的面,但根系深,抓土极紧,因此不怕强风。可见,高原植物对严酷条件的适应能力是惊人的。

海拔 5 200 米以上就是终年积雪地带,那里极少有植物生存。常见的是岩石上的壳斑状地衣。地衣由藻类植物和菌类共生而成。藻类绿色,能进行光合作用,制造食物;菌丝则能吸收水分和无机盐,供藻类利用。菌丝包裹着藻类,有防卫作用。彼此互利共生,有极强的生命力。

以上是喜马拉雅山南侧从低海拔到高海拔植物分布的大致情况,所介绍的植物仅占当地植物的一小部分,但从中可以看出植物垂直分布的规律,十分有意思。

喜马拉雅山北侧与南侧的情况不太相同。由于地势高,即使雅鲁藏布江河谷地带,平均海拔也在 3 500 ~ 4 000 米,因此北侧看不到大森林。在海拔 3 500 ~ 4 400 米,多生长耐旱的禾本科植物,如白草(*Pennisetum flaccidum* Griseb.)、三刺草(*Aristida triseta* Keng)。灌木为耐旱种类,如西藏狼牙刺[*Sophora moorcroftiana*(Benth)Baker],又称砂生槐,与槐树同一个属。还有蔷薇、小檗和锦鸡儿等。

海拔 4 400～5 200 米是高山草甸,多由嵩草组成,如高山嵩草(*Kobresia pygmaea* C. B. Clarke)。海拔 5 200～5 500 米有与南侧相似的垫状植物,如垫状点地梅和岢状无心菜。到了海拔 5 500 米,就只有生长在岩石上的地衣。再往上为积雪带。

(2)高山栎及其化石

地质史的研究证明,喜马拉雅山地区曾经是汪洋大海,在距今 7 000 万～4 000 万年前,海水退去,出现陆地,陆地不断上升造就了今天的喜马拉雅山。这一沧海桑田变迁的主要证据是,喜马拉雅山上存在大量的海洋动物化石和阔叶树花粉化石。特别是在喜马拉雅山北坡的中段,海拔 5 700～5 900 米的岩石中,发现了一种高山栎的叶化石。这种高山栎生存于第三纪末期。今天的高山栎分布在喜马拉雅山南坡海拔 2 700～2 900 米。如果第三纪末期的气候条件与今天差不多的话,则高山栎化石的发现和现存高山栎的生存地带表明,数百万年以来喜马拉雅山上升了约 3 000 米。高山栎就是这一上升的"见证人"。

高山栎(*Quercus semicarpifolia* Smith,图 5-30)属于壳斗科栎属。为常绿乔木,高可达 30 米。叶椭圆形至长椭圆形,长 2～5 厘米,宽 1.5～3 厘米,先端圆或尖,基部圆形至浅心形,全缘或有刺状锯齿。果实 1～3 个生于一总梗上,壳斗浅盘形,坚果球形,径达 2.5 厘米,有短尖。分布于四川西部、西藏东南部,印度也有。生于 2 300～3 200 米的混交林中。

喜马拉雅山的上升现象,不仅高山

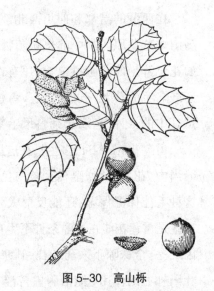

图 5-30　高山栎

363

中国科普大奖图书典藏书系

栎分布的变迁现象可以证明,杜鹃花分布的变迁也能作证。在珠峰地区,杜鹃花如今分布在海拔3 400~3 900米地带。考察发现,在海拔4 300米一带存在1万年以前的杜鹃花叶片化石。这表明,珠峰近万年中还在上升,而且上升了几百米。今天,如果把杜鹃花从海拔3 400~3 900米移植到海拔4 300米,由于气候变化,它们将不能生存。

(3)丰富的野果资源

在雅鲁藏布江的中下游,特别是波密境内,沿江有大片森林。这里的森林出产多种野果,如樱桃、桃和山核桃。每年八九月间,硕果累累,挂满枝头。也有人工种植的水果,如香蕉、菠萝等。因此,这一带被称为西藏的江南。

怒江自波密东部流过,它自北向南流入云南境内。怒江两岸的水果更多,有桃、梨、李、核桃和葡萄等。山里的葡萄尤其多,十分饱满,据说有枇杷那么大,水分多而味甜。

(4)不畏严寒的雪莲花

在西藏的昌都和四川西北部海拔4 500~4 800米处多为石滩,分布着高山矮草草原。其中的垫状植物很多,如花色鲜艳的龙胆科植物,还有许多叫不准名字的草花,五颜六色。雪莲花就是其中的一种,它属于菊科风毛菊属。

雪莲花(图5-31)多生长在这里的石缝当中,花紫红色,全株密被白色绵毛。这种毛能保温保湿,还能反射太阳光。这些是雪莲花能在严酷条件下生存的原因之一。全株晾干入药,有除肺寒咳嗽、壮阳补血的作用,能治脾虚苦涩、肾虚

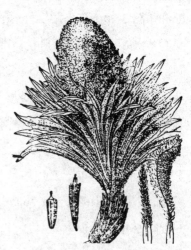

图5-31 雪莲花

腰痛和月经不调等症。

12 台湾植物的风采

台湾省位于我国东南海上。其气候温和,雨水充沛,地形复杂,因而植物种类繁多。据统计,有近 4 000 种植物,其中有不少是台湾特有种,植物资源丰富。

台湾的树木有 800 多种。海拔 200 米以下为热带森林,主要树种是榕树、槟榔、橡胶和芭蕉等,一派热带风光。在海拔 200～1 800 米,多为栎树、槭树和樟树等,还有成片的竹林。野生和栽培的均有。樟树产樟脑和樟脑油。这里的古樟树不少,主干直径常达 3～4 米,是全世界樟树最多的地方。

海拔 1 800～2 500 米一带堪称木材宝库,主要树种是红桧、台湾杉、台湾冷杉和台湾云杉等针叶树。红桧属柏科扁柏属,为台湾特产。树高达 60 米,胸径达 6.5 米。人们认为它仅次于美国巨杉,是亚洲树王。阿里山有一株世界上最大的红桧,树龄有 3 000 多年,被称为"神木",可惜的是在一次雷击后,该树枯死了。新竹有两株大红桧,被称为"观雾 1 号"和"观雾 2 号"。前者高 47 米,胸径 5 米,树龄 2 000 年以上;后者高 34 米,胸径 5.4 米,树龄也在 2 000 年以上。台湾杉也为巨木,高 50～60 米,胸径达 2 米。

海拔 2 500 米以上,树木逐渐稀少。台湾最高峰为玉山,海拔 3 397 米,有台湾屋脊之称。此山的海拔 3 000 米以上,只有矮小的灌木和草本植物。这里有玉山特产的玉山圆柏,其形状奇特,偃伏在岩石上,但叶依然青翠。

台湾的低山上有多种工业原料植物和药用植物。著名的有台湾肉豆蔻(*Myristica cagayanensis* Merr.),属于肉豆蔻科。常绿乔木,高达 20 米,胸径达 1 米。叶长椭圆形,长达 25 厘米,全缘。花单性,雌雄异株;花钟状;花被片 3。果椭圆形,种子 1,有红色假种皮。产兰屿和绿岛。假种皮和种仁入药,为健胃药。

　　肉桂（*Cinnamomum cassia* Presl）属樟科。叶、小枝和果可提取芳香油。茎皮为香料，也入药，有活血祛瘀、散寒和止痛之效。肉桂很好认。叶有香气，革质，矩圆形，全缘，长8～20厘米，离基三出脉。花小，白色。果椭圆形，黑紫色。

　　台湾平原地区的经济作物多，有水稻、小麦、甘蔗、茶、花生、豆类、胡麻、黄麻和烟草等。还有椰子、槟榔、莲雾、番木瓜、杧果、菠萝、荔枝、桂圆、香蕉和柑橘等水果。莲雾（见图3-174）又称洋蒲桃，属于桃金娘科。果实清脆而甜，以屏东县林边乡近海地带出产的最佳。当地土壤中的盐分含量高，能抑制根部吸水，所以果肉细胞中的糖分含量高。当地人常说：莲雾不怕盐水淹，愈淹愈甜。

　　台北市有许多古树，树龄多在百年以上，有的可达300年。其中榕树最多，还有楠木、台湾朴树、菩提树、重阳木、樟树、杧果、金龟树、枫香树、橄榄、松树、无患子和龙眼等，多达近百株。

　　这些古树中值得一提的是金龟树。此树属豆科，中文普通名为牛蹄豆〔*Pithecellobium dulce*（Roxb.）Benth.〕。常绿乔木。枝条常下垂，有托叶状短刺。二回羽状复叶，羽片1对，小叶1对，倒卵状矩圆形，长达5厘米。花序头状，圆锥状排列；花白色至淡黄色。荚果条形，膨胀，长达12厘米，旋卷。种子黑色。台湾分布多，广东、广西也有。野生或栽培。木材为建筑材料。台北市景文街一小学内有两株，树龄在百年以上。其树干很粗，树皮膨胀如多个乌龟爬在上面，故而得名。

13　香港和澳门植物点评

　　香港和澳门的植物也不少，去旅游的人不妨留心看看。香港位于广州以南，热带气候，雨量多，植物种类不少，但古木古树少。汪曾祺在《香港的高楼和北京的大树》一文中写道：香港多高楼，无大树……半山有树……下面简要介绍几种香港比较有意思的植物。

红苞木（见图3-90）属金缕梅科。为常绿乔木，高10米以上，树干通直。单叶，厚革质，卵形，叶上面亮绿色，背面淡绿色。每年1—3月开花；花生枝顶，径约2.5厘米，似钟形，基部有多数苞片，外形像一朵花，实为头状花序，内有花5~6朵；花两性；花瓣3~4，红色，匙形，长3.5厘米，宽6~8毫米；雄蕊与花瓣等长。果序宽3.5厘米；蒴果，长1.2厘米。分布于香港和广东、广西。

竹叶青冈［*Cyclobalanopsis bambusaefolia*（Hance）Chun ex Y. C. Hsu et H. W. Jen］属于壳斗科青冈属。常绿乔木，高达12米。叶薄革质。4月开花；单性同株，雌花成簇。坚果圆锥形，长2.5厘米，基部有壳斗，上有环纹。原产于香港，一些山坡上有分布。其特点是，叶狭长如竹叶，壳斗上有环纹。

岭南山竹子（*Garcinia oblongifolia* Champ.ex Benth.，图5-32）属藤黄科。常绿乔木，高达6米。叶对生，革质。花单性，雌雄同株；雌花单生。果球形，黄绿色，径2.5厘米。花期5月，果期10月。果可食，也可供观赏。1851年由青邦氏（J. G. Champion）发现于香港。生于低海拔的山坡林下。广东等省也有。

图5-32　岭南山竹子

南酸枣［*Choerospondias axillaris*（Roxb.）Burtt et Hill］属漆树科。为落叶乔木，高达9米。羽状复叶，小叶7~15。花红色。核果长2.5厘米，核1个，顶有5个小孔。果可食，形如枣，味酸。因北方没有，故称南酸枣。

香港红山茶（*Camellia hongkongensis* Seem.）为山茶科。常绿乔木，高9米以上。叶深绿色，革质，长7.6~12.5厘米。11月末至次年3月开花；花鲜红色，直径5.1厘米；雄蕊多，黄色，美丽。1849年依历上校（Colonel Eyre）

报告此种时,香港已发现多株。分布于丛林中。树形优美。

　　洋紫荆属豆科。常绿乔木。单叶,近圆形,有 2 裂,长 7.6～10.2 厘米。花紫红色,直径在 10.2～15.2 厘米;花瓣 5,不等大。每年 11 月至次年 3 月为花期。1908 年,一法国神父在薄扶林海边发现,由亨利·卜力爵士(Sir Henry Blake)命名。为香港特区区花。

　　香港的山坡上也有野生的余甘子,高达 1.5 米。单叶互生,排成 2 列,酷似羽状复叶;叶条状矩圆形,长 1～2 厘米。花单性,雌雄同株。蒴果,球形,外果皮肉质。余甘子的果实可生食或腌渍。果入药,有止渴化痰的功效。

　　总的来说,香港没有特产的树木,野生种类与广东省的相同。但是,引进了国外的一些乔木,如来自美洲和澳洲的乔木。香港有多种热带水果,也与广东相似。

　　澳门的植物与香港类似,但种数不如香港多。与香港相比,其城区内有不少古树,如古榕树、古樟树。风顺堂街有一株百年以上的细叶榕,树高 20 米,直径 1 米多。荷兰园正街有多株古樟树,皆百岁高龄,树上有牌子说明"身份"。凼仔岛和路环岛的树木不少,有台湾相思、凤凰木、榕树和桉树等。澳门也有野生的余甘子。

　　海岸边有红树林。红树林的主要树种有木榄、秋茄树、桐花树和海漆等。有意思的是,这些植物体内含单宁,可防止海洋动物啃食,是植物自卫的方法之一。

　　澳门有药用植物约 200 种。澳门有一种蔬菜叫西洋菜(见图 3-87),属十字花科。传说在很多年前,一位葡萄牙人在来澳门的途中患病,被弃于荒岛上。岛上无水无粮,他只能吃一种野生植物,病居然痊愈了。后来他被路过的船只搭救,顺便将那种植物带到澳门,从此澳门有了这种蔬菜。由于非澳门所产,人们就给它取名为西洋菜。

　　澳门城中最大的公园是白鸽巢公园,园内的凤凰木和波罗蜜树很多,供观赏。

第六章　世界植物珍闻

　　自然界中有不少珍稀并且奇特的植物,它们往往因生存环境特殊,或者距离我们太远,而难以被见到。本章将选择一些典型而有趣的例子进行介绍。

1　样子像龟甲的草

　　在非洲南部的干旱地带,生长着一种独特的藤本植物,其藤的基部膨大,呈半球形,外面有块状的斑,很像乌龟的壳,所以叫龟甲草。龟甲草(*Dioscorea elephantipes* Spreng.)属于单子叶植物薯蓣科。

　　有趣的是,当天气特别湿润时,"龟甲"的顶部会发出许多细长的枝,枝上生叶并开花结实,十分茂盛(图6-1)。但是一到旱季,那些枝叶就全部枯死,只剩下乌龟壳状的基部,以待来年的雨季。

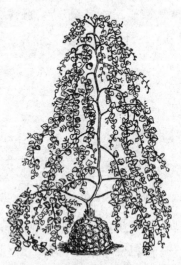

图6-1　龟甲草

　　龟甲草的这种特性是长期适应干旱气候而形成的。在沙漠及荒漠地区,植物抗旱的本领真是五花八门,龟甲草就是其中一例。

2 出"米"的树

在菲律宾、印度尼西亚等国的许多岛屿上,生长着一种名叫西谷椰子的树木,其主干粗直,里面富含淀粉,当地人能将它加工成"米"样的食品。

西谷椰子的寿命一般在 10～20 年,开花后便枯死。当地人便在开花前将它砍倒,锯成若干段,每段长 1 米左右,再从中间劈开,然后用竹制的工具把茎内的淀粉刮出来,放入盛有水的桶内。淀粉逐渐沉入水底后,倒掉水,待淀粉干燥就可以加工成洁白如米的颗粒,人称"西谷米"。一株高 10～12 米、粗 20～25 厘米的树,通常能出 100 千克左右西谷米。西谷米除食用外,还用于纺织工业,并且远销到世界各地。

西谷椰子(*Metroxylon sagu* Rottb.)属棕榈科,为常绿大乔木。顶生羽状复叶,长达 6 米。肉穗花序圆锥状;花多,淡红色;苞片黄褐色;花冠 3 裂;雄蕊 6;子房不完全 3 室,胚珠 3。果大如李。树的嫩芽为蔬菜。

3 树上长面包的面包树

面包树生长在印度、斯里兰卡、巴西和斐济等的热带地区,所结的果实呈圆球形,直径在 15～20 厘米,重 1.5～2 千克。将它放在火上烤一烤就可以吃,味道酸中带甜,并有香味,风味似面包。台湾、广东和海南已引种面包树。北京一些公园的温室里有栽培,供观赏。

面包树的果实营养丰富,其碳水化合物的含量相当于白薯,还含丰富的维生素 A 和维生素 B, 也有蛋白质和脂肪。一棵面包树能结果 60～70 年。每年的 11 月至次年的 7 月为结果期,结果期长达 9 个月。树上常常是一些果实成熟了，另一些果实刚开始发育。一株成年树所结的果实够一两个人吃。果实除当粮食外，还可以做果酱或酿酒。

面包树属于桑科波罗蜜属，其主要特征参见第一章。它的果实多结在树枝上，有时也结在主干上。面包树有两个品种：一种果无核，果肉坚实好吃，另 种果有核，果肉柔软，但味道差些。种子炒熟或煮熟可吃，味似板栗，叫"面包栗"。目前尚有野生面包树存在，但果小味酸。

4　世界上最大的种子

非洲东部的塞舌尔群岛上有一种椰子树，叫复椰子树、大实椰子或海椰子。它的种子是世界上最大的种子，长约 50 厘米，中央有一条沟，犹如由两个椰子合生而成。

复椰子的果实与椰子一样，外果皮由海绵状的纤维组成。去掉这层果皮，就露出带硬壳的大核。这硬壳也是种子的组成部分，厚度与椰肉差不多。

复椰子树(*Lodoicea sechellarum* Labill.)属于棕榈科复椰子属。主干通直，高 10～30 米，径约 30 厘米。叶大，扇形，长 7 米，宽 2 米。花雌雄异株。果实重 5 千克左右，大的可达 30 千克。果实发育缓慢，从受粉、结实到成熟约需 13 年！种子发芽期为 3 年，要求强光，并且每年只抽 1 片新叶。

复椰子的果肉可以煲汤，入药能治吐血和久咳。

5　带保镖的植物

巴西的森林中有一种树木，叫蚁栖树。之所以叫蚁栖树，是因为有一种蚂蚁常栖息在这种树上。人称这种蚂蚁为益蚁。

森林中还有一种蚂蚁，它们爱吃蚁栖树的叶，常常将蚁栖树的叶弄成碎片，拖到窝里当"粮食"。每当这种蚂蚁爬上蚁栖树时，益蚁就群起而攻之，将它们驱逐下去，从而保护了蚁栖树，俨然是蚁栖树的保镖。

实际上，蚁栖树也在以某种方式保护益蚁！蚁栖树树枝的节间中空，益蚁可在里面居住。其叶柄基部有丝毛，上面会生一种小球体，内含蛋白质和脂肪，可供益蚁食用。每当益蚁把这种球体搬走后，原处又会长出新的小球体，源源不断地供应益蚁。这种现象就是生物界的互利共生现象。

蚁栖树（*Cecropia peltala* Linn.）属桑科蚁栖树属。其茎上有节间，如同竹秆。单叶，掌状深裂，叶柄很长。

6 世界上最大的花

常见的花直径一般为数厘米，大的花如牡丹花和荷花，直径分别达17厘米和25厘米，但它们也不能与大花草相比。大花草（图6-2）的花是世界上最大的花，其直径可超过1米。它有5个花被片，每片长30～40厘米。花心部分像面盆，有圆口，可以盛5～6升水。

图6-2 大花草

阿诺德大王花（*Rafflesia arnoldii* R. Br.）属大花草科，是一种寄生草本，常寄生在葡萄科植物白粉藤的根茎上。其植物体无叶无茎无根，一生只开一朵花。花刚开时有香味，过几天就腐烂，臭不可闻。产于印度尼西亚苏门答腊的热带森林里。

7　吃动物的植物

在人们的印象里，通常是动物吃植物，很少看到植物吃动物。但植物界确实存在这样一类植物，它们有 500 种左右，能"吃"昆虫等小动物，叫食虫植物。

食虫植物中最有代表性的是猪笼草，属于猪笼草科猪笼草属。此属有 70多种，多生长在印度尼西亚、马来西亚的热带森林里，非洲马达加斯加也有。广东南部的荒野中就有一种猪笼草[*Nep-enthes mirabilis*（Lour.）Druce，图 6-3]，其叶片的中脉伸长成须状，顶端特化成瓶状。瓶口有个"盖子"，可以打开或关上。瓶底有腺体，其分泌物含消化酶。通常，瓶口是敞开的。瓶口和盖的边缘会分泌

图 6-3　猪笼草

蜜汁，能引诱昆虫来吃。因瓶口十分光滑，飞来的昆虫很容易滑落瓶中，然后被消化吸收。昆虫可为猪笼草提供氮素营养。由于叶形奇特，现已人工培养作为观赏植物，但价格不菲。

茅膏菜科的茅膏菜属有多种，全为食虫植物，如茅膏菜[*Drosera peltata* Smith var. *lunata*（Buch.-Ham.）Clarke]。其植株高达 25 厘米，无毛。叶片半月形或半圆形，宽仅 4 毫米，边缘密生长腺毛，毛的顶端膨大，红紫色；叶柄盾状生。花序蝎尾状，花白色。蒴果小。分布于长江及珠江流域。生于山地或林缘。

茅膏菜的叶缘有腺毛，叶面上的腺体能分泌蜜汁。当昆虫来吃蜜汁时，一触动腺毛，茅膏菜的叶片便立即合上，将昆虫包裹并消化，然后将其体内的营养吸收。

广东、台湾有一种长叶茅膏菜（*Drosera indica* L.，图6-4），高30厘米。叶狭长，长8厘米以上，上表面遍布腺毛。花粉红色。蒴果倒卵球形。腺毛能粘住虫子。夏天如果把此草挂在门边，可以防蚊虫。

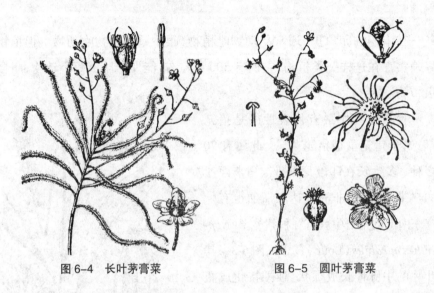

图6-4　长叶茅膏菜　　　　　　　图6-5　圆叶茅膏菜

圆叶茅膏菜（*Drosera rotundifolia* L.，图6-5）分布于广东北部、福建、浙江、湖北、黑龙江和吉林，欧洲和北美洲也有。叶基生，叶形似带长柄的勺，上面长有许多腺毛，多位于边缘。当虫子飞来时，腺毛可将虫体包住消化。

南、北美洲森林中的沼泽地带分布一种捕蝇草（*Dionaea muscipula* Ellis），其叶片上部犹如两片蚌壳，中央生有敏感的毛，边缘有一排刚毛。当昆虫落在叶上时，触及上面的毛，蚌壳状的部分就猛然闭合，两边的刚毛则交错相扣，使昆虫插翅难逃。当这只昆虫被消化完毕，叶片重新张开，等待新的猎物。

食虫植物除上述的种类以外，还有狸藻（水生植物）、瓶子草等多种。

8　会麻醉人的草

波利尼西亚生长一种草，其根部含一种有麻醉作用的脂状物质，可以入药,有利尿作用。人吃了这种东西,就像喝醉酒一样。不少当地人非常喜爱吃,而且会像抽鸦片那样上瘾。

这种草的拉丁学名为 *Piper methysticum* Forst.,属于胡椒科胡椒属。当地的俗名为"卡瓦—卡瓦"或"沙考",中文普通名叫卡瓦胡椒。为多年生草本,高可达 3 米。叶片膜质,圆心形,全缘,先端尖锐,有柄。肉穗花序,生叶腋;花小而多,黄绿色。野生或栽培。

9 树干像萝卜的树

在巴西,亚马孙河流过的地方分布着大片的热带雨林,而南部和东部常年干旱,分布着稀树干草原。在热带雨林和稀树干草原之间生长着一种树,它的形状特殊,树干中部膨胀,上下较细,状如萝卜,人们叫它萝卜树。它的形状像纺线用的纺锤,两头尖细,又称为纺锤树。纺锤树属于木棉科,拉丁学名为 *Cavanillesia arborea* K. Schum.。其树干直径可达 5 米以上。叶心形。花红色,很好看。

旱季来临时,纺锤树的叶会落光,雨季到来后又长满叶。纺锤树在雨季会大量吸收水分,而且把一部分水储存在树干内,以供旱季慢慢使用。

10 出"牛奶"的树

在亚马孙河流域的热带雨林里生长着一种树木,叫牛奶树(*Brosimum calactodendron* D. Don)。此树属于桑科,其树皮光洁。有趣的是,如果用刀将树皮割开,就会流出白色的树汁。用杯子接住树汁,加点水,在火上煮开就可以饮用,风味与牛奶差不多。当地人把这种树汁当饮料。在树皮划一个口子,一小时就能收获一升"牛奶"。

11   最粗的树木

在意大利的西西里岛上有一株老栗树,其树冠庞大,据说能容纳百位骑手避风雨,被称为"百马树"。有人称这棵树是世界上最粗的树,树的周长可达 55 米,30 多人手拉手才能合抱。

笔者所知的最粗的树是生长在墨西哥某教堂前的一株墨西哥落羽杉(*Taxodium mucronatum* Ten.)。此树已有 800 多岁,属于杉科落羽杉属。树干直径在 17 米以上,比美国巨杉还粗好多。

12   最高的树木

树高在 30~50 米,通常被认为是很高的了。如果高达 60 米,则被认为是高得惊人,如望天树。然而还有更高的树,如澳大利亚的杏仁香桉树,最高可达 156 米,真可谓直插云霄。它的叶很奇特,不是平展的,而是直立的,这样阳光不易照到叶表面,可以减少水分蒸腾。这是由于当地旱季的阳光特别强烈。

这种桉树属于桃金娘科桉树属。其叶中含有挥发性的桉叶油,起自我保护作用。我国早已引种,华南及云南有栽培。

13   最小的木本植物

最小的木本植物可能是林奈木,也称北极花(图 6-6)。这是一种常绿的匍匐小灌木。茎纤细,有短柔毛,高约 8 厘米。叶小,近圆形,长 1 厘米左右。花白色或粉红色，有香气；花冠钟状；雄蕊4。果实近球形，熟时黄色，长仅3毫米。北极花属于忍冬科，拉丁学名为 *Linnaea borealis* L.。

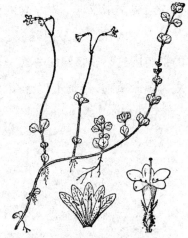

图6-6 北极花

林奈1730年到瑞典北部考察，在那里发现了100多种新植物。经过潜心研究，林奈于1753年出版了《植物种志》一书，书中收集了7 700种植物，采用包兴的双名法为植物统一命名。林奈的另一重大贡献是建立了植物人为分类系统。瑞典国家科学院为表彰林奈的贡献，决定用林奈的名字命名一种植物。林奈推辞不掉，就选择一种矮小的木本植物来命名，以表示微不足道。

14　短命的植物

非洲北部的沙漠中有一种小草，叫短命菊（*Odontospermum pygmaeum* O. Hoffm.，图6-7）。为一年生，高不过10厘米，有分枝。每枝上开的花实际上是头状花序；花有两种，边花为舌状花，中央花为管状花。奇妙的是，如果天气变得特别干燥，花序会立即闭合。

湿润时的形状　　　　　干燥时的形状

图6-7 短命菊

当雨季来临时，短命菊的种子很快发芽，并且生长、开花和结实。这一过程大约在一个月内完成。之后不久就进入旱季。短命菊靠落入沙中的果实度过旱季。如此一代一代地繁衍下去。由于生命周期很短，人们称之为短命植物，再加上属于菊科，便叫短命菊了。

15　一窝假白薯

北美洲的沙漠地区生长有多种仙人掌，其形态多种多样，还有特别高大的种类。它们的特点是，叶退化为刺状；茎肉质多水，绿色，可以进行光合作用；花多为绿色或黄色，美丽。果实可以食用。其中有一种仙人掌叫块根仙人掌（*Wilcoxia* sp.），地上茎细且分枝多，像草一样。如果将植株下面的地挖开，就会看到一窝像白薯那样的块根。这些块根富含水分和营养物质。进入旱季，块根仙人掌就靠块根中的营养物质生存。此外，块根上还可以长出新植株。

16　世界古树掠影

世界各地有不少古树。这些树不仅是珍贵的植物资源，还是活的物种基因库。下面简要介绍几种。

美国加利福尼亚州的巨杉世界闻名，其树干参天，高可超过110米，直径10~12米。有的树龄在3 500年以上。将这些树锯倒后，人们要用梯子才能爬到树干上。当地有一棵巨杉，人们在其树干近地面处开了一个很大的洞，行人和汽车可以从中穿行。这棵巨杉已成为著名的旅游景点之一。

猴面包树生长在非洲的稀树干草原。那里的旱季缺水，雨季则雨量充沛。猴面包树雨季大量吸水后，树干直径可达10米，但它并不太高，一般在 10 米左右，上部的分枝也不长，样子像矮胖子。令人印象深刻的是，有些树的树干已经空心，树洞被当成仓库存放东西，甚至住人。据测算，有些树的树龄在 5 000 年以上。

在非洲的加那利群岛上，有一株年龄最大的龙血树，据说近 8 000 岁（图6-8）。后毁于风灾。龙血树属于百合科。

我国历史悠久，古树古木不计其数，如古松、古槐等，有些还十分奇特。

余甘子属于大戟科，为灌木或小乔木，高通常 1~3 米。在云南省元谋县的

图 6-8　8 000 多岁的龙血树

一个寺庙前有一株余甘子，高竟然达到了 15 米，胸径达 1.2 米，实属罕见。其主干耸直，分枝多，生长茂盛，为当地一奇景。盈江县昔马乡也有一棵野生余甘子，高达 25 米，胸径 0.8 米，树势雄伟。这说明乔木与灌木并无绝对界限。

酸枣为灌木，高不过 1~4 米。山西省高平市石末乡有一株酸枣树，高近 10 米，主干径达 1.6 米。据估测，这棵酸枣树年纪有 2 000 岁。它一直在结枣，结的枣有酸、甜、苦和辣等味，被称为"酸枣王"。

本书的前几章也介绍了不少古木、巨木和奇木，这里不再赘述。

后 记

在本书的编写过程中,为增强趣味性,笔者有选择性地添加了一些民间故事或趣味逸事。虽然这些并不一定是事实,但都与植物有关。根据笔者几十年的植物分类学教学实践与研究,这类资料有助于学生理解并掌握烦琐的植物分类知识。由于材料来源很广,有书籍、报刊、杂志等,就不再一一列出。

本书在出版过程中,得到了多位同仁的帮助。中科院植物研究所王文采院士百忙之中为本书作序,而且审阅了部分内容,提出了不少宝贵意见。北京师范大学生命科学学院刘全儒副教授全面审阅了本书稿,提出了许多建设性的意见。在此向他们表示诚挚的感谢!

《植物的识别》于 2010 年在人民教育出版社首次出版,责任编辑柴西勤为本书的出版在许多方面付出了很大的心血,人民教育出版社的有关领导也给予了有力支持,谨向他们表示感谢。

这次湖北科学技术出版社热情邀约,将新版《植物的识别》收入"中国科普大奖图书典藏书系",是对本书的肯定与爱护。对此,我深感欣慰。借此机会,也对原书中的三处内容进行补充或修订,并将原书的彩色插图更换为黑白线条图(这项工作由湖北科学技术出版社负责)。这样做的目的是考虑线条图在表示花、果实等器官结构方面的优势,利于读者准确掌握植物的形态、提高识别植物的能力。新绘制的插图绝大多数仿《中国高等植物图鉴》中的插图,少数仿《北京植物志》。在此,也向上述两套图书的插图作者和出版社表示感谢。

汪劲武
2017.8.31